园林绿化项目管理

编著　王宜森　窦逗　胡娟　王宇
田晓平　金宇西　凌志海

东南大学出版社
·南京·

内容提要

本书是园林绿化项目管理指导用书,主要介绍了园林绿化项目从市场拓展、项目招投标、项目施工前期准备、项目实施过程到竣工及养护移交全过程的管理和控制要点。

本书可作为园林绿化项目管理人员职业技能培训教材,也适合于农林工作者以及大中专院校相关专业的师生阅读参考。

图书在版编目(CIP)数据

园林绿化项目管理 / 王宜森等编著. — 南京:东
南大学出版社,2023.8
ISBN 978-7-5766-0816-8

Ⅰ.①园… Ⅱ.①王… Ⅲ.①园林-绿化 Ⅳ.
①S731

中国国家版本馆 CIP 数据核字(2023)第 141135 号

责任编辑:戴坚敏　责任校对:韩小亮　封面设计:顾晓阳　责任印制:周荣虎

园林绿化项目管理

Yuanlin Lühua Xiangmu Guanli

编　　著:王宜森　窦逗　胡娟　王宇　田晓平　金宇西　凌志海
出版发行:东南大学出版社
社　　址:南京市四牌楼 2 号　邮编:210096　电话:025-83793330
出 版 人:白云飞
网　　址:http://www.seupress.com
电子邮箱:press@seupress.com
经　　销:全国各地新华书店
印　　刷:南京迅驰彩色印刷有限公司
开　　本:787 mm×1092 mm　1/16
印　　张:18.25
字　　数:467 千字
版　　次:2023 年 8 月第 1 版
印　　次:2023 年 8 月第 1 次印刷
书　　号:ISBN 978-7-5766-0816-8
定　　价:88.00 元

前　言

党的十八大以来,我国大力推进生态文明建设,牢固树立和践行绿水青山就是金山银山的理念,推进美丽中国建设,园林行业的发展迎来了历史性机遇。同时,随着园林行业市场化程度的加深和行业体制、机制的逐步完善,园林企业和行业人才队伍建设也有了更高的要求。园林企业应牢固树立品牌意识,努力提高技术和人才水平,创新全周期工程项目管理模式,降低工程成本,提高工程品质,保持企业长久发展。

为指导园林绿化从业人员,提高园林绿化项目管理效率及品质,我们编写了这本指导性较强的图书。本书凝聚了多位行业从业者多年的项目管理成功经验,紧扣行业发展趋势和企业发展需求,数据翔实、语言简洁通俗,内容上涵盖了园林绿化项目从拓展、立项、招投标到组织实施再到最后的验收、审计及移交全过程。本书对于项目管理人员熟悉掌握园林绿化项目全过程管理具有非常高的指导意义。

全书共分为五个章节。第一章"项目拓展与招投标",详细解析了项目从市场调研分析到招投标及合同签订阶段的策略与关键事项;第二章"项目施工前期及准备"对项目施工前人、材、机、资金的筹备进行了阐述,并以案例的形式展示了施工组织设计的编制要点;第三章"项目施工管理"对项目施工过程中的进度、质量、安全、成本四个方面的管理进行深度剖析;第四章"项目竣工验收、结算审计"阐述了相关的流程与注意事项;第五章"养护移交",梳理了项目养护移交相关制度和流程,阐述了客户回访的目的及方式。本书主要章节内容由王宜森、王宇、胡娟、田晓平、金宇西、凌志海、窦逗编写,王宜森、刘殿华、刘雁丽完成了全书的策划、统稿、编审以及校对工作,在此表示感谢! 最后,感谢为本书编写和出版提供支持和帮助的各位同行和朋友!

书中阐述不妥之处,敬请读者批评指正。

编著者

2023 年 5 月

目　录

第一章 项目拓展与招投标

第一节 项目拓展

项目拓展,就是将服务和产品的市场扩大化,是市场部门的核心任务。项目拓展需要通过市场调查分析确定,根据自身优势及市场需求进行产品定位和市场定位。项目市场分析包括宏观环境情况、项目市场状况及同业市场状况等方面。宏观环境状况主要包括宏观经济形势、宏观经济政策、金融货币政策、资本市场走势、资金市场情况等;项目市场状况主要包括现有产品或服务的市场销售情况和市场需求情况、客户对新产品或服务的潜在需求、市场占有份额、市场容量、市场拓展空间等;同业市场状况主要包括同业的机构、同业的目标市场、同业的竞争手段、同业的营销方式、同业进入市场的可能与程度等。

不同的市场拓展所需的市场分析资料不完全相同,要根据业务拓展需要去搜集,并在市场拓展计划中简要说明。在项目拓展过程中会基于某种特定的问题进行分析,例如市场拓展所面临的问题和所要解决的问题,这些问题产生的原因是什么,解决这些问题的基本思路是什么,出发点是什么,通过何种途径、采取什么方式解决等。

为了规范市场人员的操作流程,结合园林绿化设计、施工项目型销售的行业和专业特点,特编制项目拓展方面的内容,便于企业管理人员和业务人员明确相关责任,提高管控效率,达成业务指标。

一、信息收集与鉴别

(一)信息收集

鉴于目前我国城乡发展以及基础设施建设的需要,园林绿化工程行业前景广阔。市场人员要广泛收集项目信息,最大范围地覆盖项目类型,后期通过筛选合理的公司资源,聚焦于最具吸引力和最有把握的项目上,提高市场团队开发效率。市场人员可以关注的信息来源包括行业网站新闻、专业项目网站信息、政府网站新闻、环保局环境评价信息、公司团队及合作单位提供的信息等。

(二)项目甄别

对不同来源的市场信息进行收集、甄别、判断,筛选出适合公司的项目信息,并建立项目跟进的计划和策略,以便后续项目信息的及时更新。

针对目标项目市场,拓展人员需填写《市场中心业务拓展登记表》(表1-1),并完善该项目的具体信息。

表 1-1　市场中心业务拓展登记表

序号	项目名称	建设单位	项目概述	项目造价	甲方联系人	我方对接人	首次对接时间	项目初步分析

　　市场人员还需重点分析评估项目是否在本企业主营和兼营范围之内；该项目的工程规模、技术要求等是否符合本企业技术等级；项目付款方式是否符合公司生产需求；工程项目是否符合国家法律法规和公司内部规章制度的要求，否则可能导致外部处罚，造成公司经济损失和信誉损失；工程项目是否符合公司实际情况，是否会造成公司人力资源、资金、时间占用，致使公司整体效益降低以及其他针对性分析等。

　　项目甄别的总体原则是符合公司最大利益，避免浪费公司的人力资源、资金和时间等。

二、拓展立项与决策

（一）明确立项主体

　　在对接项目时，须提前由拓展立项责任主体（区域公司、设计院、市场中心等）将立项信息（包括但不限于：项目概况、资金来源、付款方式、存在风险、运作进度、挂网时间、需要的资源投入等）完整地上报市场中心，市场中心获取完整的立项信息后负责牵头完成项目拓展立项，提前报公司领导审批、确定。立项的同时要确定项目性质、业务奖励及费用标准等。

（二）项目拓展立项

1. 填制《项目拓展立项审批表》

　　市场拓展人员需填制《项目拓展立项审批表》（表 1-2）上报市场中心经理和主管领导审批，重大项目需组织项目拓展评审会议讨论决议，最终按照规定审批权限进行审批。

表 1-2　项目拓展立项审批表

	名称		地点		合同额		
项目信息	项目描述						
	类型	EPC	分包		施工		其他
	阶段	立项批复	规划设计		招标准备		其他
	付款方式						
甲方信息	业主类型	政府部门	央企		地产公司		其他
	主管部门						
	甲方		负责人		电话		
重要信息	特别关注的信息						
项目拓展	拓展类型及费用比例	自主拓展	深耕		配合		外部合作
	拓展负责人		拓展成员				

续表 1-2

申请人及 立项理由	
立项部门	

日期：

2．审批流程

（1）项目金额低于 1 000 万元或占最近一期经审计后的营业收入的 30％以下的，项目拓展立项由总经理或总经理授权的主管领导组织高管会议进行项目决策。高管分别从工程管理、技术难度、法律风险、财务指标等方面进行考量，实行"超过高管 2/3 决策制"，即只要 2/3 以上高管同意，公司就能对该项目进行投标或签订合同。相应项目决策会议应形成会议记录，参会高管意见以书面形式留底备查。

（2）项目金额特别大的项目（指项目金额超过最近一期经审计后的营业收入的 30％的），需将项目拓展立项提交公司董事会审议，上会前拓展人员应提交前期项目调研报告、工程概算等基础项目资料作为董事会决策依据。上述审批通过后，工程项目拓展正式立项。

（三）项目跟进

项目正式拓展立项后，市场拓展人员对项目进行进一步的拓展跟进，深入了解客户需求，从公司层面全面调集各项资源，确保项目落地及合同签订。

委托发包（议标）的项目立项后，由市场人员洽谈业务，完成合同签订。

招标项目立项后，由市场人员配合投标人员完善项目投标流程，确保项目中标，完成合同签订。

在整个投标过程中需要不断收集资料、分析竞争对手等，并反馈给公司领导做决策，为最终的项目报价和项目落地提供强有力的支持。

第二节　项目投标

一、投标市场分析

（一）投标市场筛选

为了更准确地确定目标市场，使资源投入更加有效，进一步提升企业盈利，投标人员需要定期对投标市场进行针对性筛选，筛选条件为：

（1）公司近期及长期业务重点拓展区域及辐射周边。

（2）公司已建、在建项目分布区域及辐射周边。

（3）公司子公司、分公司、项目部等所在区域及辐射周边。

（4）公司的信用评价在投标市场中优势明显的区域。

（5）其他考虑因素。

（二）投标市场调查

对初步选定的投标市场做进一步详细的市场调查，市场调查的内容（包含但不限于）：

（1）投标市场经济、基础设施建设及园林相关行业发展情况等。

（2）投标市场相关招投标法律法规、市场准入（备案）标准、信用评价体系、评标办法等情况。

（3）投标市场一定时间内的项目储备情况,园林相关项目发包业务量、发包项目金额、发包项目数量等。

（4）投标市场当地或长期活动的园林同行业企业数量、规模、背景、综合实力等相关情况。

（5）投标市场以往园林相关项目中标企业的规模、背景、综合实力等相关情况。

（6）投标市场以往园林相关项目投标报价价格走势、中标价格区间等。

（7）投标市场园林相关项目的商务合作模式（EPC、EPC＋F、BOT 等）、核心商务条款（支付条款、投资回报、下浮率等）。

（8）其他需调查情况。

（三）投标市场分析

根据调查的相关情况,整理核心数据,对照公司资信、人员、业绩、奖项等综合实力及优势,分析目标市场竞争优劣势,形成系统的分析报告,对明确目标市场及后续项目运作提供指导性意见。市场调查分析报告内容（包括但不限于）：

（1）行业市场规模分析。

（2）行业市场政策导向分析。

（3）企业信用评价等级分析。

（4）企业综合实力分析。

（5）企业投标成本分析。

（6）企业技术管理优劣分析。

（7）企业商务合作模式、营销模式分析。

（8）其他。

二、招标文件分析

定期搜集目标市场的招标公告及招标文件发布信息,对具体项目的招标公告、招标文件内容进行系统全面的细化分析,为是否投标提供依据。

（一）资格条件分析

资格条件是否符合,关系着项目能否报名成功,公司是否有参与投标的资格。投标人员需要对资格条件进行全方位的分析评估,并确定公司现有条件是否能满足基础的招标资格条件要求。相关表格见表 1-3、表 1-4。

表 1-3　常规投标人资格条件设置表

资格条款	具　体　描　述
企业资质	1. 园林绿化工程普遍要求具备有效的企业法人《营业执照》 2. 关于失信被执行人等信用类的门槛要求:如企业未处于被责令停业、财产被接管、冻结和破产状态,以及投标资格被取消或者被暂停且在暂停期内;企业没有因拖欠工人工资或者因发生质量安全事故被有关部门限制在××承接工程的 3. 是否允许联合体投标 4. ……

续表 1-3

资格条款	具 体 描 述
项目负责人 资格	1. 园林类专业中级职称(含)以上(专业以职称证书为准,如职称证书反映不出园林绿化专业则必须提供学历证书) (注:园林类专业含园林规划设计、园林植物、风景园林、园林绿化、园艺、城市规划、景观、植物(含植保、森保等)、风景旅游、环境艺术等专业) 2. 有无在建工程,如有在建工程必须符合××号文规定 3. ① 社会养老保险证明(××年××月至××年××月)(并加盖社保中心公章或社保中心参保缴费证明电子专用章);② 有效的身份证、职称证书、学历证书;③ 拟投入本工程项目负责人与投标人签订的有效劳动合同
企业近年 完成的 类似项目	××年××月××日至××年××月××日(以竣工验收报告时间为准)承担过类似单项合同造价大于××万元的园林绿化工程
可投入的 技术和 管理人员	主要包括项目经理、施工管理、技术质量管理、安全管理、合同管理、环保管理以及设备材料管理的负责人。证明材料包括:工作简历、身份证明、建造师职业资格、专业技术职称、安全生产考核合格、完成类似项目业绩、目前工作岗位、行政或技术职务等身份和工作能力等
财务状况	可以判断投标人经营状态,是否濒临破产,能否为工程施工项目提供足够生产、流动资金,例如提供资产负债率<70%等要求
可投入 设备能力	用于评定是否具备完成招标项目的设备能力,能否满足规定的施工强度要求。证明材料主要包括:设备的来源、规格型号(容量)、数量、制造年份、现值、功率、工况、所在地、可到达项目现场时间等
地方投标 准入资格	例如: 南京市公共资源交易中心:提供有效期内的南京市建筑业企业信用管理档案 苏州市公共资源交易中心:外地进苏建筑业企业投标前进行信息登记,取得《外地进苏建筑业企业信息登记书》(具体按苏住建〔2018〕14号执行),未按规定提供的,资格审查不予通过(持有苏州市年度信用手册(有效期内)的外地企业无需办理信息登记手续,在规定端口上传有效的年度信用手册即可) 珠海市公共资源交易中心:拒绝企业信用等级为珠海市园林绿化企业信息管理平台中最低等级的投标 ……
……	……

表 1-4　某 EPC 总承包资格预审评分分析案例

评审因素	评审标准	得分情况	解决措施
一、资格审查评审			
评审依据	评审标准	满足/ 不满足	解决思路
企业资质	1. 具备独立法人资格 2. 具备:①市政公用工程施工总承包三级及以上资质;②古建筑工程专业承包叁级及以上资质;③风景园林工程设计专项乙级及以上资质或工程设计综合甲级,并且在人员、设备、资金等方面具有承担本项目的能力和经验 3. 具备有效的营业执照和安全生产许可证 4. 未被暂停或取消××市范围内招标项目的投标资格		

续表 1-4

评审因素	评审标准	得分情况	解决措施
企业资质	5. 根据最高人民法院等 9 部门《关于在招标投标活动中对失信被执行人实施联合惩戒的通知》(法〔2016〕285 号)规定,申请人不得为失信被执行人(以招标人或者招标代理机构、评标委员会在资格预审当日通过"信用中国"网站(www.creditchina.gov.cn)查询的记录结果为准)(以联合体投标的,联合体中有 1 个或 1 个以上成员属于失信被执行人的,联合体视为失信被执行人。招标人应对属于限制参与工程建设项目投标活动失信被执行人依法依规予以限制)	满足	满足常规条件的基础上,提供承诺、相关信用网站截图等
施工项目负责人	拟派施工项目负责人必须为市政公用工程专业二级及以上注册建造师(须在本单位注册)并同时具备建造师安全生产考核合格证书(B 证),且不得担任其他在建建设工程项目的项目负责人	满足	拟投入×××
设计负责人	拟派项目设计负责人必须为一级注册建筑师或一级注册结构师	满足	拟投入×××
项目技术负责人	具备相关专业中级及以上职称	满足	拟投入×××(出示相关专业证明)
安全员	具备安全生产考核合格证 C 证	满足	拟投入×××(注意有效期)
总承包项目经理业绩	项目负责人近 5 年承建类似项目业绩得 6 分,最高得 6 分(提供合同原件扫描件和中标通知书原件扫描件;时间以合同签订时间为准)	满足	×××工程设计施工总承包项目业绩
项目管理机构	项目部人员数量配备满足项目需要	满足	拟投入管理机构人员配备是否符合相关法律法规标准

(二)评标办法分析

评标办法的深入细化分析能从一定程度上论证该项目投标的中标概率。目前投标市场上常用的评分办法有综合评分法、经评审的合理低价法、经评审的最低价法、两阶段招标评标办法、评定分离评标办法等。各个地区的评分办法根据当地的相关招投标政策会有所不同,以下列举几种常见的评标办法:

1. 综合评分法(即"打分法")

综合评分法,是指评标委员会按照招标文件设定的评分标准,对投标文件需评审的要素(业绩、奖项、管理机构、报价等)进行量化打分,以综合评分最高的投标人作为第一中标候选人。

采用此评分办法的招标项目一般为大型或综合型项目,评标结果更加科学,有利于发挥评标专家的作用,同时能有效防止低价不正当竞争,能充分体现投标企业的综合实力,达到好中选优的效果。对于此类项目,公司需要对评标办法中的评分因素进行严谨的评估和分析,确定综合得分,如果综合得分为满分或扣分较少,则应作为重点项目积极应标。相关分析案例见表 1-5、表 1-6。

表 1-5 常规评分因素分析案例

评分因素	具体描述	公司情况分析
投标报价(投标报价合理性)	控制价下浮率以及根据招标文件规则要求的报价合理性合计后的总得分	根据市场竞争情况和实际情况合理预估
施工组织设计	暗标或者明标,市场不同,要求规则差异化较大,一般分为5~10项评分节点	在公司现有模板体系上,根据招标文件针对性要求编制,由评委打分,属于主观分;根据市场竞争情况以及公司提供的施组符合性程度评分,平等竞争情况下,公司现有技术方案可保证一定的标准分
投标人业绩	例:投标人自××年××月××日(以竣工验收时间为准)以来承担过已竣工单项合同项目金额在××万元(含)以上的综合性景观绿化工程施工业绩的(合同内容除苗木栽植外,包含园路、广场铺装或园林景观桥梁等景观工程的,视为综合性景观绿化工程),每有一个得1分,最高得2分	根据招标文件的实际加分要求情况,以及公司现有业绩符合度获取本条款分数,属于客观分,一般情况下公司符合条件方可参与投标
投标人市场信用评价	一般分为行业信用分、第三方信用分等,根据当地要求提前办理或报审批公示通过后可使用,办理周期从半年到1年不等	根据招标地区招标政策要求,以及公司在当地施工、备案等情况获得的评分,地区不同,差异性较大。本条款属于客观分,一般情况下公司在本项条款占分比例优势较大时方可参与投标
投标人奖项	例:××年×月×日(以获奖日期为准)以来,投标人承担的园林绿化项目获得过国家级工程质量奖或中国风景园林学会颁发的园林工程奖的得2分;获得过省级建设行政主管部门或协会颁发的工程质量奖的得1分;获得过市级建设行政主管部门或协会颁发的工程质量奖的加0.5分	××年××月××日(以获奖日期为准)以来,投标人承担的园林绿化项目获得过鲁班奖或中国风景园林学会科学技术奖园林工程金奖的,每有一个得1分,最高得2分;获得过中国风景园林学会科学技术奖银奖或省级及以上建设行政主管部门或协会颁发的优质工程奖的,每有一个得0.5分,最高得1分
……	……	……

表 1-6 某项目综合评标法分析案例

评审因素		评审标准	得分分析	解决措施
详细评审标准				
报价(61分)	工程总承包报价(59分)	以有效投标文件的评标价进行算术平均,该平均值下浮 K(K取值为3%、3.5%、4%、4.5%,开标时由招标人代表随机抽取)为评标基准价。评标价等于评标基准价的得满分,每低于评标基准价1%扣0.1分,每高于评标基准价1%扣0.6分,偏离不足1%的按照插入法计算得分		

续表 1-6

评审因素		评审标准	得分分析	解决措施
		详细评审标准		
报价(61分)	投标报价合理性(2分)	招标控制价各子目综合单价下浮7%乘以权重系数80%,加所有通过评标入围的投标报价中相应子目综合单价的算术平均值(剔除超过招标控制价中相应价格±20%的综合单价)乘以权重系数20%,确定报价合理性分析基准价。清单综合单价分析,与偏离程度基准值相比较误差在±10%(含±10%)以内的不扣分,超过±10%且该子目的合价金额超过该投标文件的评标价0.5%以上的,每项扣1分,最低得0分	按实际报价情况	搜集当地报价,分析报价区间、市场行情、综合标的区定额标准,综合考虑
		说明:(1)评标价指经澄清、补正和修正算术计算错误的投标报价;(2)有效投标文件是指未被评标委员会判定为无效标的投标文件		
初步设计文件(25分)	1. 设计说明书(4分)	1. 设计说明能对项目的设计方案解读准确,构思新颖 2. 简述各专业(附属)工程的设计特点 3. 项目设计的各项主要技术指标是否满足招标人的功能需求 4. 项目设计是否符合国家规范标准及地方规划要求	按实际情况	设计院牵头针对性响应
	2. 技术方案(12分)	1. 总体布置(总平面设计) 2. 设计原则 3. 设计依据 4. 各专项(附属)工程设计方案		设计院牵头针对性响应
	3. 设计深度(4分)	1. 是否符合设计任务书要求 2. 是否符合国家及省市相关规定		设计院牵头针对性响应
	4. 绿色设计与新技术应用(3分)	1. 提出切实可行的生态理念与措施 2. 是否符合国家及地方的有关绿色标准 3. 采用的新技术、新材料、新设备、新工艺等		设计院牵头针对性响应
	5. 经济分析(2分)	1. 概算文件编制内容完整、合理 2. 是否符合设计说明书 3. 是否符合国家法律法规及规范标准 4. 是否符合地方政府有关的政策文件规定		设计院牵头会同核算中心针对性响应
项目管理方案(9分)	1. 总体概述(2分)	对工程总承包的总体设想、组织形式、各项管理目标及控制措施、设计、施工实施计划、设计与施工的协调措施等内容进行评分	按实际情况	总体设想符合目标控制
	2. 采购管理方案(1分)	对采购工作程序、采购执行计划、采买、催交与检验、运输与交付、采购变更管理、仓储管理等内容进行评分		针对性采购方案
	3. 施工平面布置规划(1分)	对施工现场平面布置和临时设施、临时道路布置等内容进行评分		针对性合理规划

续表 1-6

评审因素		评审标准		得分分析	解决措施
		详细评审标准			
项目管理方案(9分)	4. 施工的重点难点(2分)	对关键施工技术、工艺及工程项目实施的重点、难点和解决方案等内容进行评分		按实际情况	重点展示针对关键技术施工的高水平解决方案
	5. 施工资源投入计划(1分)	对劳动力、机械设备和材料投入计划进行评分			人材机配置合理
	6. 新技术、新产品、新工艺、新材料(1分)	对采用新技术、新产品、新工艺、新材料的情况进行评分			结合公司现有技术展示四新
	7. 建筑信息模型(BIM)技术(1分)	对建筑信息模型(BIM)技术的使用等内容进行评分			展示 BIM 技术运用
		注:(1)项目管理组织方案总篇幅一般不超过 100 页,每超 1 页扣 0.1 分,总扣分最多 2 分;(2)项目管理组织方案各评分点得分应当取所有技术标评委评分中去掉一个最高和最低评分后的平均值为最终得分。项目管理组织方案中除缺少相应内容的评审要点不得分外,其他各项评审要点得分不应低于该评审要点满分的 70%			按标准响应
项目管理机构(2分)	项目管理机构其他人员(不含项目负责人)	具备园林绿化相关专业高级工程师及以上职称的,有 1 个得 0.5 分,最高得 1.5 分。具备市政公用工程一级注册建造师资格的,有 1 个得 0.5 分,最高得 0.5 分 说明:如果职称证书没有明示园林绿化专业的,须提供加盖职称评审部门印章的相关园林绿化专业职称评审申报表。园林专业:指与园林绿化工程规划、设计、施工及养护管理相关的专业,包括园林(含园林规划设计、园林植物、风景园林、园林绿化等)、园艺、城市规划、景观、植物(含植保、森保等)、风景旅游、环境艺术等专业 注:(1)项目管理机构不接受退休人员参与;(2)上述证书原件扫描件上传到投标文件中,否则不得分		满分 2 分	
工程业绩(3分)	1. 投标人类似工程业绩(1分)	××年××月以来,投标人承担过单项合同额××万元及以上的园林绿化工程总承包项目的,有一个得 1 分,本项最高得 1 分 注:如仅有类似设计业绩乘 0.8,如仅有类似施工业绩乘 0.7。本项只计取一个业绩的最高得分		满分 1 分	

续表 1-6

评审因素	评审标准		得分分析	解决措施
	详细评审标准			
工程业绩（3分）	2. 工程总承包项目经理类似工程业绩（2分）	××年××月以来，投标人拟派总承包项目经理须作为项目负责人承担过单项合同额××万元及以上的园林绿化工程总承包项目的，有一个得2分，本项最高得2分 注：如仅有类似设计业绩乘0.8，如仅有类似施工业绩乘0.7。本项只计取一个业绩的最高得分	满分2分	

2. 经评审的最低价法

经评审的最低价法是指，对符合招标文件规定的技术标准，满足招标文件实质性要求的投标，按招标文件规定的评标价格调整方法，对投标报价以及相关商务部分的偏差做必要的价格调整和评审，即将价格以外的有关因素折成货币或给予相应的加权计算，以确定最低评标价或最佳的投标。经评审的最低投标价的投标推荐为第一中标候选人，但投标价格低于成本的除外。

目前采用此评分办法的招标项目，一般多为非国有资金投资项目，例如地产项目、亚行项目等。招标人对项目成本控制严格，价格竞争异常激烈，如何在保证品质的前提下将价格降低是此类项目的难点。公司应对此类项目进行严格的成本测算，低于成本预期的，应谨慎评估是否放弃投标。公司追求的是质与价的合理性综合性标的，有利润的支撑更有利于公司质量的把控。某项目最低价法分析案例见表1-7。

表 1-7 某项目最低价法分析案例

评审因素	评审标准	得分分析	解决措施
一、资格审查评审			
评审依据	评审标准	满足/不满足	解决思路
营业执照	具备有效的营业执照	满足	提供最新资料
企业资质	具备有效的企业营业执照	满足	提供最新资料
安全生产许可证	具备有效的安全生产许可证	满足	提供最新资料
项目负责人资格	拟派项目经理任职条件应满足国家及项目所在地政策法规的要求	满足	提供符合要求的资料，考虑区域性
投标保证金	××万元整，投标保证金的提交形式及要求： 1. 现金（采用银行转账方式）：投标人应当将转账银行的投标保证金进账单于投标保证金截止期限前提交给招标人，汇入账户 2. 单项目承诺函：适用于本区域或本城市公司项目中有未结工程款（未结工程款≥投标保证金金额）的投标人 3. 投标保函：投标人在银行等招标人认可的金融机构开具的投标保函（采用招标文件规定格式）	满足，拟采用年度承诺函	根据项目情况，选择最符合公司整体利益的方式

续表 1-7

评审因素	评审标准	得分分析	解决措施
投标保证金	4. 年度承诺函:适用于××股份总部及各区域公司的"年度免缴名录"内,且已按要求签署年度承诺函的投标人 选用方式 1～3 的投标人,须于投标保证金递交截止时间前将相应缴纳凭证(盖章扫描件)上传至××股份供应商协同平台	满足,拟采用年度承诺函	根据项目情况,选择最符合公司整体利益的方式

二、评分细则评审

评审依据	评审标准	得分情况及评审分析	如何满足得分,提供解决思路
经济标评审	投标人提供的适用税率相同的情况下,用含税总价进行评审;投标人提供的适用税率不相同的情况下,可抵扣增值税的项目按不含税价进行评审,不可抵扣增值税的项目仍按含税总价进行评审。如含税投标报价小于或等于含税控制价,但不含税投标报价超过不含税控制价的,仍视为有效投标报价。不含税总价不需投标人填报,统一采用"不含税总价＝含税总价/(1＋适用税率)"公式进行计算 招标人依据评标办法从有效投标人中确定 1 名中标人 本次评标办法采用价格竞争法,按照最低价竞争方法,根据投标总价由低至高依次排名确定中标候选人,有效最低价为中标价(如有效最低报价相同,由招标人组织有效最低报价相同的投标人现场抽签确定中标候选人)	根据实际情况得分	拟定具备竞争力的报价

3. 经评审的合理低价法

经评审的合理低价法是指经济专家根据否决投标条款对商务投标文件进行初步评审,通过商务标初步评审的投标人才能进入商务标详细评审。经济专家对商务标进行详细评审,判断其投标报价组成的合理性。如投标报价与技术方案明显不匹配的则为不合理报价,应当判定该商务标评审不通过。招标文件应当载明投标报价与技术方案明显不匹配的具体情形,如:投标报价中未包含技术方案中的相关内容;或者投标报价中虽包含技术方案中的相关内容,但该投标报价不足以实现招标项目具体的功能需求等。

在通过技术标评审和商务标评审的投标人中,投标报价最低的投标人为第一中标候选人,次低的为第二中标候选人,依此类推。

景观绿化类工程目前采用此评分办法的招标项目,一般多为 2 000 万元金额以内的项目,没有重大技术难度,专业标准要求不高,招标流程较为简单快捷。采用此类评分办法的项目,招标人一般对项目成本控制严格,没有过高的利润空间,价格竞争较为激烈,公司应对此类项目进行严格的成本测算,综合考虑报价利润率。为了保有市场参与度,如有一定的利润空间,则在可接受范围内参与项目投标;如低于成本预期,考虑放弃投标。

根据招标文件的计算方法和公司公式计算后,中标价格根据抽取的系数,结合以往经验总结,一般在控制价下浮率的 5%～30% 区间内浮动。

参与此种评标方式的投标,一般需要项目标的金额达到一定的范围。例如:南京本地景观绿化项目大于 500 万元;江苏省内其他区域大于 1 000 万元,省外项目大于 2 000 万元。相关分析案例见表 1-8。

表 1-8　某项目合理低价法分析案例

评审因素	评审标准	得分分析	解决措施
一、资格审查评审			
评审依据	评审标准	满足/不满足	解决思路
营业执照	具备有效的营业执照	满足	提供最新资料
企业资质	具备有效的企业营业执照	满足	提供最新资料
安全生产许可证	具备有效的安全生产许可证	满足	提供最新资料
项目负责人资格	具备园林绿化相关专业(园林绿化、风景园林、园林、园艺、林业或植保专业)中级及以上技术职称(如职称专业不能体现出园林绿化相关专业,请提供《专业技术资格评审表》,以评审专业为准);投标人拟派的项目负责人必须为本单位人员,且在投标时提供投标前 6 个月内本单位为其办理的任意 1 个月社会养老保险或医疗保险缴纳证明	满足	提供符合要求的资料,考虑区域性
投标保证金	××元整,投标保证金的提交形式及要求:以转账支票(同城)、电汇(异地)、网上银行支付等方式从投标人法人基本存款账户提交至保证金专用账户,投标保证金应在投标文件递交截止时间前到账,开标后由评标委员会在系统中查询投标保证金缴纳情况。投标人应在投标截止时间前将本单位的基本账户证明材料原件扫描件上传至企业诚信库。以未经审核备案的账户提交的投标保证金不予接受。投标人以个人、办事处、分公司、子公司名义或从他人账户及投标人企业的其他账户提交的投标保证金无效	满足,拟采用保证保险形式缴纳投标保证金	根据项目情况,选择最符合公司整体利益的方式
二、评分细则评审			
评审依据	评审标准	得分分析	解决思路
经济标评审(投标报价 92.00 分)	开标时,由招标人在以下两种方法中随机抽取确定一种方法作为投标报价的评审标准: 方法一:以有效投标文件(有效投标文件是指初步评审合格的投标文件,下同)的评标价(评标价是指经澄清、补正和修正算术计算错误的投标报价,下同)算术平均值为 A(当有效投标文件≥7 家时,去掉最高和最低 20%(四舍五入取整,末位投标报价相同的均保留)后进行平均;当有效投标文件 4～6 家时,剔除最高报价(最高报价相同的均剔除)后进行算术平均;当有效投标文件<4 家时,则以次低报价作为投标平均价 A)	根据实际情况得分	拟定具备竞争力的报价

续表 1-8

评审因素	评审标准	得分分析	解决措施
经济标评审（投标报价 92.00 分）	评标基准价 $A \times K$，K 值在开标时由招标人代表随机抽取确定，K 值的取值范围为 95%～98%。 方法二：以有效投标文件的评标价算术平均值为 A[当有效投标文件 ≥ 7 家时，去掉最高和最低 20%（四舍五入取整）后进行平均。当有效投标文件 4～6 家时，剔除最高报价（最高报价相同的均剔除）后进行算术平均。当有效投标文件 < 4 家时，则以次低报价作为投标平均价 A]，招标控制价为 B，则评标基准价 $= A \times K_1 \times Q_1 + B \times K_2 \times Q_2$，$Q_2 = 1 - Q_1$。$Q_1$ 取值范围为 65%～85%；K_1 的取值范围为 95%～98%；Q_1、K_1 值在开标时由招标人代表随机抽取确定。K_2 的取值范围，建筑工程为 90%～100%，装饰、安装为 88%～100%，市政工程为 86%～100%，园林绿化工程为 84%～100%，其他工程为 88%～100%。$K_2 = 95\%$ 说明：(1) 评标价等于基准价的得满分；投标报价与基准价相比的偏差率，每高 1% 扣 0.6 分，每低 1% 扣 0.5 分。偏离不足 1% 的，按照插入法计算得分，得分保留两位小数；(2) 评标价指经澄清、补正和修正算数计算错误的投标报价；(3) 有效投标文件指初步评审合格的投标文件；(4) 评标结束后，上述方法一和方法二的评标基准价不因招投标当事人异议、投诉以及其他任何情形而改变，但评标过程中的计算错误可做调整		
经济标评审（投标总价合理性分析 3.00 分）	以资格审查合格的投标文件评标价分析（未提供在有效期内的第三方信用报告的除外）算术平均值为 A[当有效投标文件 ≥ 7 家时，去掉最高和最低 20%（四舍五入取整）后进行平均；当有效投标文件 4～6 家时，剔除最高报价后进行算术平均；当有效投标文件 <4 时，则次低报价作为投标平均价 A]，最高投标限价为 B，则评标基准值 $-(A \times 70\% + B \times 30\%) \times K_3$，$K_3 = 88\%$。$K_3$ 的取值范围：建筑工程为 94%～90%，装饰、安装及幕墙工程为 92%～88%，市政工程、园林绿化工程为 88%～84%，其他工程为 90%～86%。投标报价高于或等于基准值的不扣分；投标报价每低于基准值 1% 的，扣 0.3 分，最高扣 3 分；偏离不足 1% 的，按照插入法计算扣分。除计算性错误外，基准值不因异议、投诉等任何原因而调整	根据实际情况得分	报价制作人员在制作报价时需考虑报价满足合理性
综合标评审（信用考核 1.50 分）	以信用服务机构出具的企业信用报告（类别：招标投标）中"分数"为评分依据，即信用得分 $= 1.5 \times$ 分数 $/100$	我公司得分 $\times \times$	根据得分折算，本项需提前办理，办理流程咨询当地相关机构

续表 1-8

评审因素	评审标准	得分分析	解决措施
综合标评审（信用考核 1.50 分）	注：（1）信用报告由投标人从诚信库中的"信用报告"栏目中挑选后链接至投标文件中；未按要求提供的视为未提供，该项不得分。（2）企业诚信库中的"信用报告"由"信用××"平台推送，投标人根据需要与平台联系推送，电话：×××××××		
综合标评审（园林绿化信用评价 3.50 分）	投标人园林绿化企业信用得分按照××市住房和城乡建设局《关于××年下半年××市园林绿化企业信用综合评价工作情况的通报》（××建发×号文）进行计算：设综合得分为"A"，园林绿化信用得分=3.5×A/100 注：上述文件中无对应信用评价得分的企业按照初始信用分计算	我公司得分××	根据得分折算，本项需提前办理，办理流程咨询当地相关机构

4. 两阶段招标评标办法

两阶段招标评标办法是指：第一阶段，评标委员会对投标文件根据量化因素及量化标准进行评审，确定合格投标人；第二阶段，评标委员会根据招标人代表在开标现场公开抽取所确定的评标方式（平均投标报价方式、平均投标报价下浮方式、最低投标报价方式、随机方式 4 种），确定中标候选人。

目前采用此评分办法的招标项目，一般多为国有资金投资项目，且项目体量较大，复杂性较高，建设方采用此种评标办法可以筛选到公司体量较大、业绩好、管理和技术人员储备多、同行业市场竞争性较强的企业。若公司在同行业中竞争力较强，可以参与此类项目，便于了解市场行情，也有利于公司竞争性分析；若综合实力较强，可获得二阶段报价的机会，中标概率较合理低价法会高出许多。某项目两阶段评分法分析案例见表 1-9。

表 1-9 某项目两阶段评分法分析案例

评审因素	评审标准	得分分析	解决措施
一、资格审查评审			
评审依据	评审标准	满足/不满足	解决思路
营业执照	具备有效的营业执照	满足	提供最新资料
企业资质	设计资质必须符合下列条件之一：风景园林工程设计专项资质甲级或者工程设计综合资质甲级；施工资质要求投标企业无需提供企业资质证书	满足	提供最新资料
安全生产许可证	本项目园林绿化施工企业无需提供安全生产许可证	满足	提供最新资料
项目负责人资格	未实施注册执业资格的工程项目，取得建设工程类高级专业技术职称（投标人为工程总承包项目经理，缴纳养老保险的时间要求：××××年××月至××××年××月。提供养老保险缴纳证明。在高等院校、科研机构、军事管理单位等从事工程设计、施工的技术人员不能提供养老保险缴纳证明的，由所在单位上级人事主管部门提供相应的证明材料）	满足	提供符合要求的资料，考虑区域性

续表 1-9

评审因素	评审标准	得分分析	解决措施
工程总承包项目经理类似业绩	工程总承包项目经理应当承担过以下类似工程业绩之一： （1）工程总承包业绩要求：自××××年××月××日以来，承担过单项合同造价 6 000 万元及以上且单项合同景观绿化面积 14 万 m² 及以上景观绿化工程的工程总承包业绩，且担任工程总承包项目经理(需提供中标通知书、合同、竣工验收证明，三者缺一不可；时间以竣工验收时间为准，金额以合同为准；提供的业绩证明材料必须反映出相关数据和内容，否则视为未提供) （2）工程总承包分包的设计业绩要求：自××××年××月××日以来，承担过工程总承包分包的单项合同投资额或建安费 6 000 万元及以上且单项合同景观绿化面积 14 万 m² 及以上景观绿化工程的设计业绩，且担任设计负责人(需提供工程总承包中标通知书、合同以及分包合同，时间、金额均以分包合同为准，提供的业绩证明材料必须反映出相关数据和内容，否则视为未提供) （3）工程总承包分包的施工业绩要求：自××××年××月××日以来，承担过工程总承包分包的单项合同造价 6 000 万元及以上且单项合同景观绿化面积 14 万 m² 及以上景观绿化工程的施工业绩，且担任施工项目经理(需提供工程总承包中标通知书、合同以及分包合同、竣工验收证明，缺一不可；时间以竣工验收时间为准，金额以分包合同为准；提供的业绩证明材料必须反映出相关数据和内容，否则视为未提供) （4）工程施工业绩要求：自××××年××月××日以来，承担过单项合同造价 6 000 万元及以上且单项合同景观绿化面积 14 万 m² 及以上景观绿化工程的施工业绩，且担任施工项目经理(需提供中标通知书、施工合同、竣工验收证明，三者缺一不可；时间以竣工验收时间为准，金额以合同为准；提供的业绩证明材料必须反映出相关数据和内容，否则视为未提供) （5）工程设计业绩要求：自××××年××月××日以来，承担过单项合同投资额或建安费 6 000 万元及以上且单项合同景观绿化面积 14 万 m² 及以上景观绿化工程的设计业绩，且担任设计负责人(需提供设计合同，时间、金额均以设计合同为准，提供的业绩证明材料必须反映出相关数据和内容，否则视为未提供) （6）工程监理业绩/工程总承包监理业绩：自××××年××月××日以来，承担过单项合同工程造价 6 000 万元及以上且单项合同景观绿化面积 14 万 m² 及以上景观绿化工程的监理业绩，且担任总监理工程师(需提供中标通知书、监理合同、竣工验收证明，三者缺一不可；时间以竣工验收时间为准，金额以合同为准；提供的业绩证明材料必须反映出相关数据和内容，否则视为未提供)。 业绩认定标准：上述资料均以"e 路阳光"交易平台中录入信息为准。工程总承包项目经理业绩必须是投标人承接的	满足	拟提供××绿化工程

续表 1-9

评审因素	评审标准	得分分析	解决措施
投标保证金	投标保证金的金额:50 万元。投标保证金的形式:①转账;②支票;③汇票;④电汇;⑤银行保函(以上必须是本单位基本账户开出)。递交方式:投标保证金必须从投标人的基本账户汇到投标保证金专用账户。以银行保函形式缴纳投标保证金的须将银行保函递交到指定银行,银行保函必须由投标人基本账户开户银行出具	满足,拟用电汇	根据项目情况,选择最符合公司整体利益的方式

二、评分细则评审

评审依据	评审标准	得分情况及评审分析	如何满足得分,提供解决思路
第一阶段评审	设计文件评审合格且资格审查合格的投标人中,只有设计文件得分汇总排在前 5 名的才能进入第二阶段开标、评标。按顺序取满 5 家后,如后续单位与第 5 名得分相同的,也进入第二阶段开标、评标;设计文件和资格审查评审合格的投标人少于 5 名时,全部进入第二阶段开标、评标(设计文件得分带入第二阶段)	根据实际情况得分	拟定具备竞争力的报价
第二阶段评审(经济标57 分)	本标段的评标基准值计算方法为:以有效投标文件的评标价进行算术平均,该平均值下浮 3%～7%(具体数值由招标人在 3%、3.5%、4%、4.5%、5%、5.5%、6%、6.5%、7%中确定 4 个及以上数值,开标时随机抽取)为评标基准价。有效投标文件是指进入第二阶段评审入围且初步评审合格的投标文件。评标价等于评标基准价的得满分;每低于评标基准价1%扣 0.1分;每高于评标基准价 1%扣 0.6 分。偏离不足 1%的,按照插入法计算得分	根据实际情况得分	拟定具备竞争力的报价
第二阶段评审(技术标方案设计文件 35 分)	设计说明 1　设计说明能对项目解读充分,理解深刻,分析准确,构思新颖。等级分:(优:2;良:1.8;中:1.6;差:1.4;无:0) 设计说明 2　项目规划设计各项指标满足任务书及规划设计要点并科学、合理。等级分:(优:2;良:1.6;中:1.6;差:1.4;无:0) 设计说明 3　技术指标满足任务书要求,符合规划要求。等级分:(优:2;良:1.8;中:1.6;差:1.4;无:0) 设计说明 4　设计理念、各专业(附属)工程设计说明。等级分:(优:1;良:0.9;中:0.8;差:0.7;无:0) 技术方案 1　总体布置方案、节点方案。等级分:(优:4;良:3.6;中:3.2;差:2.8;无:0) 技术方案 2　专业(附属)工程设计方案。等级分:(优:5;良:4.5;中:4;差:3.5;无:0) 技术方案 3　设计依据的技术标准、采用的设计指标等。等级分:(优:3;良:2.7;中:2.4;差:2.1;无:0) 技术方案 4　环境影响分析。等级分:(优:3;良:2.7;中:2.4;差:2.1;无:0)	根据实际情况得分	拟定具备竞争力的报价

续表 1-9

评审因素	评审标准	得分分析	解决措施
第二阶段评审(技术标方案设计文件35分)	设计深度 1　是否符合设计任务书要求。等级分:(优:3;良:2.7;中:2.4;差:2.1;无:0) 设计深度 2　是否符合国家规定的《风景园林工程设计文件编制深度规定》。等级分:(优:2;良:1.8;中:1.6;差:1.4;无:0)		
	绿色设计与新技术应用 1　提出切实可行的生态理念与措施。等级分:(优:1;良:0.9;中:0.8;差:0.7;无:0) 绿色设计与新技术应用 2　是否符合国家及地方的有关绿色标准。等级分:(优:1;良:0.9;中:0.8;差:0.7;无:0) 绿色设计与新技术应用 3　采用的新技术、新材料、新工艺等。等级分:(优:1;良:0.9;中:0.8;差:0.7;无:0)		
	经济分析 1　估算文件编制内容完整、合理。等级分:(优:1;良:0.9;中:0.8;差:0.7;无:0) 经济分析 2　是否符合设计说明书要求。等级分:(优:2;良:1.8;中:1.6;差:1.4;无:0) 经济分析 3　是否符合国家法律法规及规范标准的规定。等级分:(优:1;良:0.9;中:0.8;差:0.7;无:0) 经济分析 4　是否符合地方政府有关的政策文件规定。等级分:(优:1;良:0.9;中:0.8;差:0.7;无:0)		
第二阶段评审(技术标项目管理组织方案5分)	总体概述:对工程总承包的总体设想、组织形式、各项管理目标及控制措施、设计与施工的协调措施等内容进行评分。等级分:(优:2;良:1.8;中:1.6;差:1.4;无:0) 设计管理方案:对设计执行计划、设计组织实施方案、设计控制措施、设计收尾等内容进行评分。等级分:(优:1;良:0.9;中:0.8;差:0.7;无:0) 施工管理方案:对施工执行计划、施工进度控制、施工费用控制、施工质量控制、施工安全管理、施工现场管理、施工变更管理等内容进行评分。等级分:(优:2;良:1.8;中:1.6;差:1.4;无:0)	根据实际情况得分	根据项目的形式、特点,结合公司最新施工工艺技术等,制作针对性管理组织方案
第二阶段评审(商务标项目管理机构3分)	项目管理机构:(1)工程总承包项目经理:具有园林专业高级及以上职称的得 1分;(2)设计负责人:具有园林专业高级及以上职称的得 0.5分;(3)施工项目经理:具有园林专业高级及以上职称的得 0.5分;(4)造价负责人:具有国家注册一级造价工程师(旧版为注册造价工程师)资格的得 1分(提供注册证书)。满分:3分 注:专业以职称证书为准,如职称证书反映不出园林专业则必须同时提供毕业证书;园林专业:指与景观绿化工程规划、设计、施工及养护管理相关的专业,包括园林(含园林规划设计、园林植物、风景园林、园林绿化等)、园艺、城市规划、景观、植物(含植保、森保等)、风景旅游、环境艺术等专业。同时提供上述项目管理机构人员与投标人签订的有效劳动合同、社保机构出具的近半年(××××年××月—××××年××月)投标人为其缴纳的社保缴费证明[加盖社保公章或具有可验证的二维码(或验证码)],加盖社保中心参保缴费证明电子专用章的社保材料可视为原件,提供原件扫描件上传至电子投标文件中(证书均以"e路阳光"交易平台中录入信息为准,不满足要求不得分)	公司得分×分	管理机构的选择,注意项目的区域属性,提供满足条件的管理机构人员

5. 评定分离评标办法

评定分离评标办法,是指将招投标程序中的"评标委员会评标"与"招标人定标"作为相对独立的两个环节进行分离。所谓"评定分离",就是改变以往评标定标全部由评标专家决定的做法,主要突出招标人的择优定标权。即评标委员会的评审意见仅作为招标人定标的参考,招标人拥有定标的决策权,按规定通过得票来确定中标人。

(1) EPC 工程总承包一般采取定性评审、评定分离的招标方式,招标人在定标时会从以下几个方面着重选择优质投标人:

① 投标人的工程总承包管理能力与履约能力。

② 是否具有工程总承包管理需要的团队。

③ 工程总承包管理团队的主要人员是否具有较为丰富的工程管理经验。

④ 投标人是否建立了与工程总承包管理业务相适应的组织机构、项目管理体系。

⑤ 投标人的整体实力、财务状况和履约能力情况,投标人是否进行一定程度的设计深化,深化的设计是否符合招标需求的规定。

⑥ 考核投标报价是否合理。主要考核投标人是否编制了较为详细的工程量估算清单,工程量估算清单与其深化的设计方案是否相匹配,投标单价是否合理。如果投标人报价时只有单位指标造价,如每平方米造价、每延米造价等,或者只有单位工程合价、工程总价,则可能无法判断其投标报价是否合理,招标人在定标时可能优先选择能判定为报价合理的投标人。

(2) 一般项目常参考其他定标依据,在同等条件下,择优的相对标准一般有以下方面:

① 资质高的企业优于资质低的企业。

② 营业额大的企业优于营业额小的企业。

③ 具有技术复杂、难度大工程业绩的企业优于技术相对简单、难度较小工程业绩的企业。

④ 履约评价好的企业优于履约评价差的企业,或者参考投标人在招标人之前的工程中的履约评价。

⑤ 无不良行为记录的企业优于有不良行为记录的企业,不良行为记录较轻的企业优于不良行为记录较重的企业。

⑥ 已有履约记录且履约评价合格的企业优于没有履约的企业。

⑦ 获得国家级荣誉多的企业优于获得荣誉少的企业。

⑧ 行业排名靠前的企业优于行业排名落后较多的企业。

目前采用此评分办法的招标项目,一般多为前期工作扎实、建设单位或其委托的代建单位具备较丰富的项目管理经验和较强的经济技术管理力量,建设方采用此种评标办法可以筛选到的企业多为体量较大、业绩好、管理和技术人员储多、同行业市场竞争性较强的公司,公司应对此类项目进行针对性评估,考虑市场环境及公司符合性情况,选择性地参与此类投标。若公司在同行业中竞争力较强,参与此类项目,可以了解市场行情,有利于公司竞争性分析,并且由于综合性实力较强,可能获得中标机会。某项目评定分离法分析案例见表1-10。

表 1-10 某项目评定分离法分析案例

评审因素	评审标准	得分分析	解决措施
一、资格审查评审			
评审依据	评审标准	满足/不满足	解决思路
投标报价（权重10%）	对所有进入定标程序的投标人的工程总承包报价进行排序。排序：由低到高排序，报价越低，排序分越高。排序分分别为5分,4分,3分,2分,1分	根据实际情况得分	在报价时参考区域常规报价以及当地定额标准，结合公司实际管理和施工成本，尽可能让利
拟派团队能力（权重30%）	拟派团队中除工程总承包项目经理、施工项目经理、设计负责人以外的专业技术人员中：有12人及以上为高级工程师及以上职称且同时具备工程建设类注册执业资格的，为最优，排序分为5分；有9~11人为高级工程师及以上职称且同时具备工程建设类注册执业资格的，排序分为4分；有6~8人为高级工程师及以上职称且同时具备工程建设类注册执业资格的，排序分为3分；有3~5人为高级工程师及以上职称且同时具备工程建设类注册执业资格的，排序分为2分；有1~2人为高级工程师及以上职称且同时具备工程建设类注册执业资格的，排序分为1分；未提供不得分(注：以上人数均含本数；工程建设类注册执业资格包括注册建筑师、注册监理工程师、注册结构工程师及其他勘察设计注册工程师、注册建造师、注册造价师等具有注册执业资格的人员，以本单位注册证书为准。证书原件扫描件上传至投标文件中，不满足要求不计分)	满足	管理机构的选择，注意项目的区域属性，提供满足条件的管理机构人员
企业获奖（权重15%）	按所有定标候选人承建的景观绿化类项目，获得过市级优质工程及以上奖项的数量多少进行比较：获得5个及以上为最优，排序分为5分；获得4个奖项，排序分为4分；获得3个奖项，排序分为3分；获得2个奖项，排序分为2分；获得1个奖项，排序分为1分；未提供不得分。以上获奖工程须提供获奖证明（获奖证书或获奖文件），国优有效期为3年，省优有效期为2年，市优有效期为1年，有效期自发证或者发文之门起算。发证、发文时间不一致的，以发证的时间为准，奖项有效时间以递交投标文件截止日期时间往前推算（提供证书原件扫描件上传至电子投标文件中，未提供不计分）	满足	提供满足要求的全部获奖证书及相关证明资料，同时推进新奖项评选的进度
定标候选人业绩（权重20%）	企业自××年××月××日以来承担过单项合同造价××万元及以上的景观绿化工程业绩有5个及以上为最优，排序分为5分；企业自××年××月××日以来承担过单项合同造价××万元及以上的景观绿化工程业绩有4个，排序分为4分；企业自××年××月××日以来承担过单项合同造价××万元及以上的景观绿化工程业绩有3个，排序分为3分；企业自××年××月××日以来承担过单项合同造价××万元及以上的景观绿化工程业绩有2个，排序分为2分；企业自××年××月××日以来承担过单项合同造价××万元及以上的景观绿化工程	满足	根据公司实际情况，提供满足条件的业绩及相关证明资料，同时推进在建项目竣工验收办理

续表 1-10

评审因素	评审标准	得分分析	解决措施
定标候选人业绩（权重 20%）	业绩有 1 个,排序分为 1 分;未提供不得分(设计业绩需提供设计合同,时间、造价均以设计合同为准,提供的证明材料必须反映出相关数据和内容,否则视为未提供;工程总承包业绩或施工业绩提供中标通知书、合同、竣工验收证明,三者缺一不可,造价以合同为准,时间以竣工验收时间为准,提供的证明材料必须反映出相关数据和内容,否则视为未提供。证明材料原件扫描件上传至电子投标文件中)		
体系认证（权重 10%）	投标人取得质量、环境、职业健康安全体系认证证书(截至开标之日有效的):有其中 3 个,排序分为 5 分;有其中 2 个,排序分为 4 分;有其中 1 个,排序分为 3 分;没有的排序分为 2 分(注:体系认证证书原件扫描件上传至投标文件中)	满足	提供满足要求的资料
工程总承包项目经理答辩评分（权重 15%）	本项目采用对工程总承包项目经理进行答辩,工程总承包项目经理针对定标委员会现场讨论拟定的问题进行回答,共 2 题。答辩题由定标委员会针对本项目实际情况现场提出,出题范围包括对项目实施需求的理解;项目实施中的重难点分析及过程控制。排序分分别为:5 分,4 分,3 分,2 分,1 分	根据实际情况得分	在拟定项目经理阶段考虑具备实际施工经验的项目经理

（三）合同条款分析

对于招标文件中合同条款的分析,付款方式是最重要的评价指标,工程款支付进度越快、支付比例越高对公司越有利。以有预付款、进度款的付款方式为最优;有进度款、无预付款的付款方式次之;无预付款、无进度款,工程竣工后付款的方式最次。各地区付款方式案例见表 1-11。

表 1-11　各地区付款方式案例表

地区	招标形式	付款方式
江苏南京	公开招标施工项目	1. 每月 10 日,根据承包人上月 25 日提交工作量并经监理和发包人认可的已完成合格工程量的 60% 逐月支付(其中预付款在支付第一次、第二次进度款时分别按预付款金额的 50% 扣回);在竣工验收合格后支付至已完成产值的 70%。在支付上述工程进度款的同时,按合同规定扣除其他由发包人代付的费用 2. 工程结算经审核结束并将竣工资料移交发包人后 2 周内付至结算价(不含由发包人垫付的各项费用)的 97%;保留 3% 的质量保修金,缺陷责任期(养护期)满后 28 天内付清(无息) 3. 所有工程付款必须经监理工程师签发证书并经发包人现场代表确认后,发包人才予以支付。本合同签订后如双方就工程款支付达成补充约定,相关补充约定构成本合同的组成部分
广东珠海	公开招标施工项目	1. 每月 25 日报送进度款申请 2. 月进度款按照完成清单工作量的 80% 支付,施工措施费按完成分部分项工程量比例的 80% 支付。承包人向发包人提交完整的进度款申请资料,月进度款通过发包人确认审核后 30 个工作日内按月支付。进度款累计支付不超过暂定合同总价(包括补充协议暂定合同价,扣除暂列金额)的 80%

续表 1-11

地区	招标形式	付款方式
广东珠海	公开招标施工项目	3. 工资支付专户资金:每月进度款由发包人按比例直接存入工资支付专户(具体比例按照珠海市相关规定执行) 4. 工程变更及签证支付: 　a. 单项工程变更签证金额按照该变更签证实际完成的造价计算,原合同清单未发生的工程量不予计量 　b. 每一单项工程变更签证超过(含)100 万元的,按完成工程量的 70% 支付 　c. 合同金额在 5 亿元以上(含)的:每一单项工程变更签证金额不足 100 万元的,每当变更签证金额累计达 500 万元以上(含)时,按累计完成工程量的 70% 支付 　d. 合同金额在 5 亿元以下的:每一单项工程变更签证金额不足 100 万元的,每当变更签证金额累计达 200 万元以上(含)的,按累计完成工程量的 70% 支付。 5. 人工和材料调差支付: 　a. 每 6 个月申报一次,经发包人批准后,可支付审批额的 90% 　b. 人工和材料调差金额为负值的,发包人有权在进度款中扣除 6. 工程完工并经发包人确认后支付至完成产值的 90% 7. 如需政府相关部门审核,以政府相关部门意见为准 结算款:工程全部完工并经发包人、监理单位及政府相关部门验收合格且办理全部工程结算手续后 30 个工作日内,支付至本工程结算总额的 97%。 质量保证金:本工程结算总额的 3% 作为质量保证金,自本工程缺陷责任期满且承包人按照法律规定及合同约定全面妥善履行了该期间的保修义务后,由承包人提出申请并办理相关退保手续,经发包人书面确认后 45 个工作日内无息付清(有未决、索偿事项的除外);若发生承包人迟延履行保修义务,或应承担因质量问题产生的对发包人及第三方的赔偿责任等情况,或存在其他未决(索偿)事项的,发包人从质量保证金中扣除相应的款项后,余额无息返还承包人(如有),质量保证金不足抵扣的,承包人应补足
安徽宿州	公开招标EPC 项目	设计费支付方式:施工图全部完成后(如需审图,审图通过后)拨至合同价款的 60%,剩余 40% 竣工验收合格后一次性支付。若为联合体中标的,联合体中承担设计任务方不得以设计费发包人未支付为由拖延设计周期,不提供设计成果。 工程进度款支付方式:完成总工程量的 50% 付至合同价的 30%,项目竣工验收合格后付至合同价的 60%;养护期满 1 年且绿化成活率 100%,审计结算后付至审计价款的 80%;养护期满 2 年且绿化成活率 100%,付至审计价款的 97%;余款作为质量保证金,竣工验收合格满 3 年后且绿化成活率 100%,付至审计价款的 100%
江苏宿迁	公开招标EPC 项目	设计部分付款:提交设计图纸后付总设计费的 60%,余款待工程竣工验收合格后付清。 施工部分付款:完成工程量 50% 付合同价款的 30%;工程完成,经甲方组织验收合格后支付至合同价款的 70%;工程验收 1 年且工程审计结束后,支付至审定价款的 85%;自验收合格之日起满 24 个月后,经验收苗木成活率达 100%,付至审定价的 100%
江苏淮安	公开招标施工项目	1. 预付款为合同总价扣除暂列金后的 10%,待工程机械、人工进场后支付(中标单位必须提供相同数额的无条件银行保函) 2. 施工进度款:开工后每 2 个月支付一次,每次支付当期完成工程量(工程量须经招标人、监理及跟踪审计单位核定)60% 的进度款,项目提交完整的工程竣工结算资料并经相关部门验收合格后付至合同价的 70%,同时扣回剩余预付款;经审计部门审计结算后付至审定价的 97%;剩余 3% 作尾款待缺陷责任期满 1 年后无质量问题一次性(无息)付清。以上进度付款均不包含利息及增项或签证应支付的费用,变更或增项应支付的费用待工程审计结束后纳入工程审定价内支付,也不包含预留金和暂列金额及暂估价。付款时需提供增值税专用发票

续表 1-11

地区	招标形式	付款方式
江苏淮安	公开招标施工项目	结算审计费用支付方式:审计核减率介于 5% 和 10% 之间的(即 5%<核减率≤10%),超出 5% 部分审计费用由施工单位承担。核减率超出 10%,则由施工单位承担全部审计费用
江苏连云港	公开招标采购养护项目	本项目服务期限为 3 年,采购人根据考核结果,1 年的养护费用按 4 个季度支付,每季度支付年养护费用的 25%,支付前由中标人开具正式发票,采购人在收到发票后于 30 个工作日内将绿化养护服务费转至中标人账户
江苏盐城	公开招标施工项目	工程款支付方式为工程施工按实际进度支付工程量的 30% 工程款,工程初验收合格后付至工程总价的 50% 工程款,经竣工验收合格审计结束后支付至审计总价的 80% 工程款(审计期间不支付工程款),余款 20% 待养护 2 年后一次性结清(其中苗木部分按成活苗木数量进行结算,对达不到苗木数量要求的,承包人必须进行补植并保证成活,不符合规格要求的苗木不予付款)。履约保证金为现金缴纳的在工程竣工验收合格后无息返还,银行保函则在工程竣工验收合格满 6 个月后无息返还。农民工工资支付按补充协议相关条款执行
江苏徐州	地产邀请招标	预付款:无;预付款金额:无;预付款保函:无 履约担保:无 完工款:本项目全部完工后,由监理、建设方、设计方验收合格,乙方完成全部承包范围工程,并完成最终确认工作,甲方支付实际完成工作量的 85% 结算款:本项工程供货完成,安装、验收合格并结算完成后,付至本合同结算金额的 97%(同时提供包含质保款在内全额增值税专用发票) 保修款:合同结算金额的 3%,保修款不计利息,保修期满后 2 年按照《工程保修协议书》中的规定结清

(四)报价成本分析

1. 清单招标项目

(1)软件版测算成本:核算中心投标岗人员用预算软件将分部分项综合单价中的管理费和利润归零,只留人材机,根据市场价将材料采购价计入,得出来的直接成本,再加上公司内部一定的管理费、措施费用和税金等作为成本控制价。

(2)为了进一步准确测算成本,区域核算总监根据实施项目所在地的劳务、机械和材料市场价,以及清单工程量列出明细进行直接费成本测算,再加上公司内部一定的管理费、措施费和抵扣完后的税金等成本,更加准确地测算成本。一般此成本要小于等于软件版测算成本,超过部分即为利润亏损。

根据以上两条测算出来的成本再进行比对分析和调整,确定最终报价成本。

2. EPC 招标项目

EPC 项目的成本测算,不论是方案阶段、方案设计阶段,还是最终定版的施工图阶段,一定要有逆向思维,即根据目标利润率反推各单位工程人材机等各成本占比和成本数据,然后限额设计和调整施工内容、做法、材料品种和规格,以达到最终目标利润率。

首先根据甲方确定的投资估算造价和明细,梳理各单位工程的造价组成,可划分为景观绿化工程、土建工程、市政工程和安装工程等。

其次确定各单位工程造价占总造价的比例,不同的专业工程有不同的目标利润率。

最后根据各单位工程造价占比和利润率加权平均,得到本项目的最终目标利润率。

EPC项目3个阶段的设计中,施工单位务必与设计院密切配合。首先梳理材料价格,要对当地材料信息价和采购价进行对比分析,对于采购价大于信息价的材料,在设计中应避免或少用,宜大量采用信息价大于采购价的材料;对于没有信息价的材料,施工单位要提前梳理同期审计过的项目,对无信息价的材料审定价格提前进行预判。施工单位将梳理好的材料分析建议提前给设计院,然后由设计院针对性地进行设计,确保目标利润率。

(五)项目竞争分析

对投标市场外部竞争环境的分析结果,也是评估项目投标可行性、中标概率的关键性因素。一般从以下方面分析项目的外部市场竞争情况(包括但不限于):

(1)前期是否已跟踪项目,跟踪的深度。

(2)目标标的当地市场信用分及准入机制对公司现有情况是否有制约,公司在开标前期是否能完成制约抵抗。

(3)目标标的的资格审查条件、加分条件对公司现有资料是否有制约,公司在开标前期是否能完成制约抵抗。

(4)已知竞争对手对于目标标的的得分情况和公司得分情况的差距是否过大。

(5)对目标标的的招标文件情况详细评估,出具重点项目招标文件评分分析表,综合评审公司竞争力。

(6)目标标的项目的特殊性。

分析招标文件图纸、清单等相关资料,判断是否为公司擅长的施工领域范围,并确认软景、硬景及其他单位工程的总投资占比。

三、投标立项与策略

(一)投标立项

投标人员经过对招标公告、招标文件等的系统分析,对投标可行性的初步判别,筛选符合条件的招标项目并填写《项目投标立项审批表》(表1-12)、《招标文件评审表》,项目复杂、评分办法综合性较强的招标文件还需填写《重点项目招标文件评分分析表》,按投标立项流程将分析结果汇报部门负责人,并由相关部门负责人签字确认,投标人员及时跟进投标决策。

表1-12 项目投标立项审批表

工程名称			
工程造价		项目类型	公司运作项目( ) 自主项目( )
付款方式			
其他注意事项			

部门意见:一般立项( )　　重点项目立项( )　　重点项目讨论立项( )

申报人:　　　　　　　　部门负责人:　　　　　　　　日期:

续表 1-12

重点项目会签栏（1天）	
分管领导：	工程副总（或其他相关高管）：
总经理：	董事长：

（二）投标策略

1. 靠提高经营管理水平取胜

主要做好施工组织设计，采用合理的施工技术和施工机械，精心采购材料、设备，选择可靠的分包单位，安排合理的施工进度，力求节省管理费用等，从而有效地降低工程成本并获得较大的利润。

2. 靠改进设计和缩短工期取胜

主要靠仔细研究原设计图纸，发现有不合理之处，提出降低造价的修改设计建议，以提高对发包人的吸引力。另外，靠缩短工期取胜，即比规定的工期有所缩短，帮助发包人达到早投产、早收益的目标。

3. 低利政策

主要适用于企业承包任务不足时，以低利承包一些工程，维持企业运转。此外，承包人初到一个新的地区，为了打入这个地区的承包市场建立信誉，也往往会采用这种策略。

4. 加强索赔管理

有时虽然报价低，但注重施工索赔，也可能赚到高额利润。

5. 着眼于未来

为争取将来的优势，减少当下盈利。例如，承包人为了掌握某种有发展前途的工程施工技术，可能采用这种策略。

6. 投标决策最重要的依据是公司核算人员的计算书和分析指标

在进行投标决策研讨时，应当正确分析公司和竞争对手情况，并进行实事求是的对比评估。

（1）可高报价情况：施工条件差的工程；专业要求高的、技术密集型的工程，并且公司在这方面又有专长，声望也较高；总价低的小工程；发包人不愿做，又不方便不投标的工程；特殊工程，如造型钢结构、硬质景观较多的工程等；工期要求急的工程；投标对手少的工程；支付条件不理想的工程。

（2）可低报价情况：施工条件好的工程；工作简单、工程量大且一般公司都可以做的工程；公司目前急于打入某一市场、某一地区，或在该地区面临工程机械等设备无工地转移时的工程；公司在附近有工程，而项目又可利用该工程的设备、劳务，或有条件短期内突击完成的工程；投标对手多，竞争激烈的工程；非急需工程。

7. 投标时还应注意增值税一般计税项目和简易计税项目的涉税差异

公司内控制度中增值税发票管理暂行办法有如下规定：

（1）市场中心在开展建筑工程业务招投标时，要提前同财务中心、核算中心明确是否设定为"甲供材"项目，对确定为"甲供材"的业务，在投标文件和合同中要加入含有"甲供材"内容的条款。

（2）除PPP项目和甲方有特殊要求的项目外，新拓展建筑工程业务应优先考虑设定为

"甲供材"项目。

（3）含有"甲供材"条款的建筑工程项目,财务中心应按照简易计税方法(3%税率)计算增值税并开具发票;其他建筑类项目,财务中心应按照一般计税方法(9%税率)计算增值税并开具发票。增值税一般计税项目和简易计税项目的涉税差异见表1-13,增值税一般项目与简易计税项目税负对比表见表1-14。

表1-13 增值税一般计税项目和简易计税项目的涉税差异

序号	差异因素	一般计税项目	简易计税项目	备注
1	判断依据	2016年4月30日以后新项目	1. 甲供工程:全部或部分设备、材料、动力由工程发包方自行采购的建筑工程 2. 清包工方式提供的建筑服务 3. 2016年4月30日以前老项目	甲供工程可以选择一般计税项目
2	增值税税率	9%/6%	3%	6%为纯养护
3	分包扣除	外地预缴时可以扣除,机构所在地申报缴纳时不可以,总纳税金额不变,只是先缴纳和后缴纳的问题,故分包扣除意义不大	可以	
4	应交增值税	销项税额－进项税额	(全部价款和价外费用－支付的分包款)/(1+3%)×3%	专票和苗木免税发票要早开
5	采购进项税	可以抵扣,需要专票	不可抵扣,普票专票可选	发票做要求
6	利润表影响	不只是采购价格,进项税取得也存在很大影响	主要是采购价格	见表1-14

表1-14 增值税一般项目与简易计税项目税负对比表 单位:元

项 目	增值税(3%)	增值税(9%)取得专票或苗木免税发票情形	税金(9%)	增值税(9%)未取得专票或苗木免税发票情形
含税价	10 000.00	10 000.00		10 000.00
主营收入	9 708.74	9 174.31	825.69	9 174.31
主营成本	7 000.00	6 203.06		7 000.00
其中:苗木(30%、9%)	3 000.00	2 730.00	270	3 000.00
土建材料(20%、13%)	2 000.00	1 769.91	230.09	2 000.00
机械(5%、3%/13%/9%)	500	442.48	57.52	500
人工(15%、3%/9%)	1 500.00	1 376.15	123.85	1 500.00
项目毛利率	27.90%	32.39%		23.70%
应交增值税	291.26	144.22		825.69

续表 1-14

项　　目	增值税(3%)	增值税(9%)取得专票或苗木免税发票情形	税金(9%)	增值税(9%)未取得专票或苗木免税发票情形
税金及附加	34.95	17.31		99.08
项目实际利润	2 673.79	3 635.41		2 075.23
项目实际利润率	26.74%	29.54%		20.75%
实际税负率	3.26%	1.62%		9.25%

以上策略不是互相排斥的,可根据具体情况,综合灵活运用。

四、投标程序

投标立项完成之后,正式进入投标文件编制阶段。投标工作由市场中心统筹,各相关部门协同配合共同完成整体投标工作,必要时成立投标小组,由市场中心牵头组织标书筹备会。投标小组的任务分工如下:

1. 市场中心

完成投标报名、备案、资格预审等投标前准备工作;编制投标文件资信标、技术标;负责牵头、协调其他相关部门的投标工作,汇总、检查、装订、递送标书,确保在规定时间内参加开标会议并跟进开标结果。

2. 成本核算中心

负责编制投标报价。市场中心与成本核算中心及时沟通招标文件中相关投标报价技术问题,由市场中心汇总发出投标疑问,及时跟进答疑文件并及时告知成本核算中心。成本核算中心提前沟通报价完成时间节点,确保在规定时间内完成投标报价。

3. 设计院

EPC项目由设计院完成设计方案及设计相关的资料提供(如有)。市场中心与设计院沟通的招标文件中涉及设计相关问题,应及时向招标代理发出疑问并及时将答疑澄清文件交接给设计院,提前沟通设计方案及其他设计文件的完成时间节点,确保在规定时间内完成设计方案。

4. 财务中心

办理投标保证金、银行资信证明等相关财务资料,编制PPP项目财务方案(如有)。市场中心与财务中心在投标过程中及时沟通招标文件中涉及财务的相关问题,开标前及时确认投标保证金到账情况。如招标文件中要求提前支付保证金的,市场中心应提前与财务中心沟通,确保在规定时间内完成汇款。

5. 材料采购中心

材料询价、材料样品准备(如有)。市场中心与材料采购中心沟通招标文件中相关材料样品的技术问题,及时发出疑问并及时将答疑澄清文件交接给材料采购中心,提前沟通材料样品的完成时间节点,确保在招标文件要求的时间内送达指定地点。

6. 工程管理中心

协助编制施工组织设计(如有)。针对技术要求较高、难度较大的投标项目,由工程管理中心协助市场中心完成施工组织设计的编制工作。工程管理中心负责安排项目经理进行现场踏勘,根据工程现场情况分析工程的重难点,协助编制施工进度计划、人材机计划、整体施工部署等。市场中心与工程管理中心沟通招标文件中相关施工组织设计的技术问题,及时发出疑问并及时将答疑澄清文件交接给工程管理中心,提前沟通施工组织设计完成的时间节点,确保在规定时间内完成施工组织设计。

7. 证券法务部

编制 PPP 项目法律方案(如有)。市场中心与证券法务部沟通招标文件中相关法律方案的技术问题,及时发出疑问并及时将答疑澄清文件交接给证券法务部,提前沟通法律方案完成的时间节点,确保在规定时间内完成法律方案。

8. 总裁办

协助办理原件借出、公章使用、公车使用等。市场中心与总裁办及时沟通投标所需原件的借出时间,并确认原件所在位置,确保在规定时间内能借出原件。市场中心按公司规定及时完成原件借阅、公章使用、公车使用等申请流程,总裁办协助处理相关工作,确保不影响后续投标。

投标流程见图 1-1。

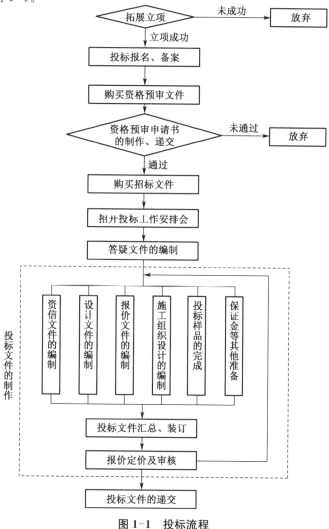

图 1-1　投标流程

五、投标文件编制

(一) 招标文件的研读、答疑

做好招标文件的解读与研究工作,完全理解并充分响应招标文件要求,是做好投标工作的第一要诀。投标后能否中标,不仅取决于公司实力的强弱,还取决于投标人对招标文件的理解程度和对招标人需求的把握程度。

1. 招标文件的一般组成内容

招标文件的一般组成内容(包括但不限于):

第一章　投标人须知

第二章　评分办法

第三章　合同条款及格式

第四章　工程量清单

第五章　图纸

第六章　技术标准和要求

第七章　投标文件格式

2. 招标文件研读步骤

招标文件的解读工作由市场中心投标负责人牵头,成本核算中心、设计院、财务中心、资源采购中心、证券法务部等各相关部门负责人配合完成。各相关部门负责人应清楚各自负责解读的章节或专业,各自解读时应将阅读招标文件时发现的问题、重点、难点、不明确或含混不清之处做好记录,写下自己的理解。必要时,由市场中心投标负责人组织召开标书解读会,检查各相关人员的解读成果。最终解读成果由投标负责人汇总并统一形成文件,以投标疑问的形式发给招标人或招标代理,投标负责人及时跟进招标人或招标代理的反馈答疑澄清文件。

3. 招标文件研读重点注意事项

一般来说,招标文件研读重点主要有以下方面(包括但不限于):

(1) 了解项目性质、工期计划、截标日期、各类保函要求等关键事项。

(2) 明确投标人的责任、工作范围和报价要求。

(3) 明确投标书编制内容及要求,特别是资格审查项、评分项、废标项的要求。

(4) 理解项目的技术要求,以便制定合理的技术方案。

(5) 了解工程中拟采用的材料和设备,以便进行市场询价。

(6) 发现招标文件中的错误、含糊不清或相互矛盾之处,汇总后提交给招标人或招标代理,并及时跟进招标人或招标代理的反馈答疑澄清文件。

(7) 发现招标文件(合同、技术文件等)中暗藏的风险和不利因素,以便做出合理的应对措施。

(8) 找出合同中含有的不合理规定或投标人要承担风险的条款,以便采取相应的对策。标书解读也是风险管理中重要的一步,通过解读来发现和识别招标文件中存在的风险,能够引起投标团队的重视,做好应对工作。

(二) 资信标编制

投标文件的组成一般包含三大部分:资信标(资格审查及评分资信文件)、技术标(施工组织设计、设计方案等)、经济标(投标报价文件)。

资信标的编制工作非常重要,只有通过了资格审查,投标人才有资格参与后续的价格竞标,因此资格审查是投标的敲门砖,也是投标文件合格与否的最低标准。同时,只有评分资信文件达到满分或者公司最优水平,才能增加中标概率。因此,在资信标的编制过程中,投标人员需要充分理解并完全响应招标文件的所有实质性要求以及评分办法中的加分项要求,对于答疑沟通之后也无法确定的事项,一定要汇报上级领导,按照最稳妥、最安全的方案处理。

1. 资信标的一般组成

资信标的一般组成(包括但不限于):企业概况;企业法定代表人身份证明、授权委托书、代理人身份证明;企业营业执照、资质证书、安全生产许可证;企业业绩、奖项;拟选派的项目经理资格证书、项目经理业绩;管理机构人员证书;当地信用评级证明材料;投标保证金证明材料;相关承诺书;评分办法加分项相关证明材料等。

2. 资信标的编制步骤

第一步:通篇研读招标文件,分析汇总招标文件中所有资格审查要求及评分办法加分项要求,根据具体要求完成资信标的目录大纲编制工作。

第二步:按照招标文件及资信标目录大纲选定合适的投标项目经理、项目经理业绩、企业业绩、专业资质、财务状况等核心资格审查资料,确保完全响应招标文件的所有资格审查要求。

第三步:按照招标文件及资信标目录大纲选定合适的加分项,例如业绩、奖项、人员、信誉等,确保完全响应招标文件所有评分办法的要求。

第四步:招标文件答疑截止之前,根据答疑回复情况进行资信标文件的检查及修正定稿工作,确保完全响应招标文件及所有答疑文件的要求。原则上,资信标文件必须在答疑截止之前完成全部定稿。

3. 资信标编制的重点注意事项

资信标编制过程中需注意以下方面(包括但不限于):

(1)招标文件中工期、质量、人员、业绩、备案等响应性条款是否符合要求。

(2)招标文件中的时间节点要求,例如保证金缴纳时间、答疑时间、开标时间等,严格按要求执行。

(3)招标文件中的废标条款,逐条核对投标文件是否满足要求(特别是投标函、承诺书等需要签字盖章的地方)。

(4)招标文件中前后不一致之处、疑问、含义不明或有引申意义的要求是否与代理沟通确认。

(5)招标文件中的相关备案要求。及时与相关人员沟通并在规定时间内完成相关备案手续(业绩备案时需将业绩扫描件发至市场中心相关负责人审核,得到批准后方可使用)。

(6)招标文件中的评标办法,逐条核对投标文件提供的资料是否达到公司最优水平。

(7)对于未参与过投标地区的文件,可通过研究网站上该地区其他工程的中标公示,判断需特别注意的废标条款,引以为戒。

(8)需要其他部门协助提供的资料及原件一定要提前沟通,留出一定准备时间(特殊情况除外),控制好时间节点。提供的原件要与投标文件提供的复印件保持一致(特别注意合同原件)。

(9)与前期负责报名、备案、资审的负责人对接,确保同一项目中提供的项目经理及其他资料信息完全一致。网上报名的要注意在投标报名截止前核对是否需要更换项目经理,如需更换要确认投标的项目经理和报名的项目经理保持一致,打印网上报名回执单。

(10) 实行网上投标的,在投标截止前要确认投标文件是否上传成功(南京项目需要缴纳工具费才能确认文件上传成功)。

(11) 在准备营业执照、资质证书、人员证书等证书类资料时应注意提供的证书都在有效期内。

(12) 在准备企业或项目经理类似项目业绩证明材料时应注意所准备的材料的工作内容、开竣工时间、合同金额、规模等关键数据是否满足招标文件的要求。所有提供的业绩证明文件需上级领导确认之后才能进行备案并上传投标系统。

(三)技术标编制

技术标在投标文件中占有相当重要的地位,既是招标人考核投标人技术与组织水平的依据,也是投标人中标后组织施工和管理的依据。技术标编制水平的高低关系到投标人能否中标。

1. 技术标的一般组成

(1) 施工招标项目技术标的一般组成(包括但不限于):工程概况及特点;施工现场平面布置和临时设施、临时道路布置;施工进度计划;劳动力、机械设备和材料投入计划;主要施工方案;主要施工技术措施;确保质量、安全、文明、工期的措施;工程重难点分析及应对措施;新技术、新产品、新工艺、新材料应用等。

(2) EPC招标项目技术标的一般组成(包括但不限于):总体概述;设计管理方案(包括但不限于方案总体设计、方案功能分析、方案技术图纸、设计进度和成本控制等);采购管理方案;施工管理方案(包括但不限于施工执行计划、施工进度控制、施工费用控制、施工质量控制、施工安全管理、施工现场管理、施工变更管理、施工的重点难点、施工资源投入计划和新技术、新产品、新工艺、新材料应用)以及其他辅助性文件。

2. 技术标的编制原则

(1) 贯彻国家、项目所在地有关工程建设的各项方针和政策。

(2) 在充分调查研究的基础上遵循施工工艺规律、技术规律及安全生产规律,合理安排施工工序。

(3) 全面规划,统筹安排,保证重点,优先安排控制工期的关键工程,确保工期实现。

(4) 采用国内外先进施工技术,科学地确定施工方案。积极采用新材料、新设备、新工艺和新技术,努力提高质量水平。

(5) 充分利用现有机械设备,扩大机械化施工范围,提高机械化程度,改善劳动条件,提高机械效率。

(6) 合理布置施工平面图,尽量减少临时工程和施工用地。尽量利用原有或就近已有设施。同时,要注意因地制宜,就地取材,尽量减少消耗,降低成本。

(7) 采用流水施工方法、网络图计划安排施工进度,科学安排冬季、雨季项目施工,保证施工能连续、均衡、有节奏地进行。

3. 施工招标项目技术标编制的一般步骤

第一步:研究图纸、清单、招标文件并编制目录大纲施工招标项目技术标编制工作主要由市场中心技术标编制人员完成。工作人员需详细认真地研究图纸、清单、招标文件，严格按照招标文件技术标编制要求，整理技术标大纲目录，确保完全响应招标文件与招标人的要求，要重点注意以下事项：

（1）工程的位置、地质、规模、结构形式与特点，工程所在地雨季及冬季时间。

（2）施工环境条件以及施工的重点和难点。

（3）工期、质量、安全、环保、文明施工等要求。

（4）招标人的精神和设计的意图。

第二步：施工现场勘察，要重点注意以下事项

（1）施工现场周边交通情况，机械设备、材料运输通道。

（2）施工现场周边环境是否会扰民，周边是否有需要保护的地下管线、地上高压线等。

（3）施工地理位置和地形、地貌。

（4）现场现状、施工条件、可利用场地大小等。

（5）施工临时设施、临时道路设置，施工用临时水源、电源位置等。

第三步：工程特点、重点、难点分析

编制技术标的第一个重要步骤就是结合工程的特点来分析工程的重点和难点。这就要求技术标编制人员需要具备丰富的理论知识和现场施工经验，准确地把握项目重点和难点，为施工方案编写提供思路。

工程重点一般是指在工程中所占工程量比较大，需要施工时间比较长，对完成整个工程起主导作用的分部分项工程。对重点工程要编制详细的施工工艺流程及保证质量的技术措施和方法。

工程难点是指技术要求高、施工难度大的部分施工工程。例如：工程地质条件复杂、建筑物造型复杂、特殊结构、特殊要求等。工程难点的施工方案和管理办法是否科学合理，最能体现施工企业的整体施工经验是否丰富和技术力量是否雄厚，这部分内容可以结合新技术、新产品、新工艺、新材料的应用进行详细的描述，并尽量做到图文并茂。

第四步：施工部署、进度计划及资源配备计划（人、材、机）

施工部署是经通盘考虑、运筹后的工程施工战略部署，主要包括施工准备、劳动力计划、机械设备计划、材料计划、施工进度计划、现场布置及流水段的划分等。投标人根据工程特点，结合现场条件将各施工阶段合理划分施工区段，科学划分流水段，合理进行工序穿插，在满足进度要求的情况下配备足够的人力、机械、物资等资源，在保证上一道工序质量的前提下，下一道工序提前插入施工，从而缩短工期。

施工总进度控制计划是对本标书要求的目标工期的承诺。以整个工程为对象，综合考虑各方面情况，对施工过程做战略性的部署，确定主要施工阶段的开始时间及关键线路，充分考虑关键线路机动时间、季节施工等不利影响，明确施工主攻方向，做好各种人员及物资的调配。施工总进度计划的合理性是保证整个工程能够按照既定的目标工期顺利完成的关键。

施工进度网络计划图可采用梦龙、瀚文等专业软件直接进行编制。通过对工程量的计算，分析出所需投入的各项资源情况（劳动力、材料和机械设备等），对生产诸要素（人力、机具、材料）及各工种进行计划安排，在空间上按一定的位置、在时间上按先后顺序、在数量上按不同的比例，合理地组织起来，在统一指挥下有序地进行，确保达到预定的工期目标。

第五步：施工现场总平面布置

施工现场总平面布置是施工的动态部署。随着工程的进展,不同的阶段应有相应的平面布置图。主要有施工现场临水临电平面布置图,生活区、办公区平面布置图,施工现场消防平面布置图,施工现场材料堆放平面布置图等。

施工现场平面布置是以现场条件、占地时间、工程施工特点为根据,以施工现场布置紧凑合理、经济节约、满足施工生产需要为原则开展现场的布置及施工活动。

施工现场总平面布置的科学合理性主要体现在以下方面:在满足施工生产需要的前提下,充分考虑市容和环境保护,临时建筑和其他设施布置经济、合理、安全、实用,生产与生活设施尽量分开,与周边环境协调,做到文明、美观、大方;保证场内施工道路畅通,材料及周转工具运输迅速和便捷。

平面布置图与现场的实际情况应该相符,不能凭空想象,需要根据招标文件有关要求、建筑总平面图和现场红线、临界线以及现场勘察成果,结合施工总进度计划及资源需要量计划、施工部署和主要施工方案等进行布置,能够满足相关施工规范、规程及当地安全文明施工标准、环境保护要求,场内水、电线路和设施的布置应满足安全标准化、节约环保型工地的要求。

第六步:主要施工方案及技术措施

主要施工技术方案是整个技术标的核心。一般来讲,在技术标中,施工方案和技术措施所占的篇幅比例是最大的,内容也是最丰富的。

主要施工技术方案的编写要突出重点、兼顾全面、结合实际、先进合理。在编制施工方案时,应具体确定施工程序、施工流水。根据工程的特点,对于工程的重点和难点的施工方法及技术措施需要重点描绘,突出新技术、新产品、新工艺、新材料在解决工程重点难点中所起的重要作用,可附图附表直观说明。编写技术方案不能使用过时的规范和已经淘汰的施工工艺。

第七步:保证措施

组织机构、工期、质量、安全、文明施工等保证措施要面面俱到,不可遗漏。应密切结合招标文件,以满足招标文件、当地相关部门要求及现行规范为前提进行阐述。这一部分体现的是投标人的规模和实力,也体现了投标人的管理模式和管理水平,是投标方案不可缺少的一部分。

第八步:招标文件要求的其他内容

这一部分内容因招标工程而异,有时会从某一方面体现招标人对本项目的关注点,也就是方案的阐述重点,应高度重视。一般包括但不限于“四新”技术的应用、合理化建议、工程交验后(含养管期)的服务措施、成品保护措施、降低成本措施(加强信息技术应用)等。

4. EPC 招标项目技术标编制要点

EPC 项目技术标包含设计、采购、施工三大部分内容,整体编制步骤与施工招标项目技术标编制类似,但也有特殊之处,主要体现在以下方面:

(1)由于 EPC 项目的综合性,技术标模块通常由多人编写,因此在标书编写前统一思路及模块极为重要。由市场中心技术标编制人员主导,结合招标文件具体编制要求,重视宏观管理思想与具体技术要点的结合,同时保证 EPC 项目技术标的整体内容及各分项内容保持总分层次结构与融合。

(2)EPC 项目设计方案是整个 EPC 项目技术标的核心,由专业设计负责人完成编制。在编制阶段,市场中心标书编制人员需与设计负责人保持密切沟通,随时反馈设计方案的完成进度及内容。

（3）EPC项目施工方案的编制依据主要是设计方案等相关文件,例如设计任务书、方案设计或可行性研究报告等,以及工程所经地管线图、地形图、初步勘察报告或勘察报告等。从深度而言,EPC项目施工方案编制的技术措施无需过于深入,仅涉及子项或分项即可,重点是突出对设计、采购、施工的总体统筹部署。

（4）EPC项目采购方案也是EPC项目技术标的要点之一,编制科学的采购计划是成本把控的关键。采购进度计划根据项目总体进度计划来制定,根据各级进度计划确定采购物品的投入时间,从而反推订货、进场时间。此外,还应该考虑供应商筛选时间、供应商生产加工周期和运输时间,还需考虑不利条件对加工生产、运输的影响。工程采购及时与否直接关系到工程进度的快慢,采购供应的前提是建立在对EPC设计、施工方案及各级进度计划充分理解的基础上的,对EPC设计及施工方案充分理解后才能准确无误地编制采购计划,保证材料品牌、质量、型号等与工程要求相符。

5. 技术标编制重点注意事项

（1）是否响应招标文件的实质性要求,工程概况是否描述准确,是否可分包等。

（2）计划开竣工日期是否符合招标文件中的工期要求,总工期、分项工程的阶段工期、关键节点工期是否满足招标文件的要求。

（3）"网络图"工序安排是否合理,关键线路是否正确。

（4）安全、文明、质量、环境等目标是否响应招标文件的要求,保证目标实现的技术措施是否完善。

（5）安全保证体系及安全生产制度是否健全,责任是否明确。

（6）专业性强的项目是否单独编制专项安全施工方案(如大树栽植、大型机械进退场等)。

（7）施工组织及施工进度安排的叙述与质量保证措施、安全保证措施、工期保证措施叙述是否一致。

（8）施工方案与招标文件要求、投标书有关承诺是否一致,材料供应是否与招标人要求一致,是否为招标人供应或投标人自行采购。

（9）在制定施工方案时,是否在技术、工期、质量、安全保证等方面有创新,从而利于降低施工成本,对招标人有吸引力。

（10）施工方案与施工方法、工艺是否匹配,是否符合设计文件及标书要求,是否考虑与相邻标段、前后工序的配合与衔接。

（11）施工方法和工艺的描述是否符合现行设计规范和现行设计标准。

（12）施工方法、工艺的文字描述及框图与施工方案是否一致。

（13）劳动力、材料计划及机械设备、检测试验仪器表是否齐全。

（14）机械设备、检测试验仪器表中设备种类、型号与施工方法、工艺描述是否一致,数量是否满足工程实施的需要。

（15）临时设施布置是否合理,数量是否满足施工需要。

（16）特殊工艺是否有特殊安排,如绿化工程反季节(冬季、夏季)施工、是否有防汛措施(如需)。

（17）是否有完善的冬季、雨季施工保证措施及特殊地区(如高原地区、沿海盐碱地地区等)施工质量保证措施。

(四) 经济标编制

经济标是投标文件的重要组成部分,工程报价是投标的关键性工作,也是整个投标工作的核心,它不仅是能否中标的关键,也决定了中标后的盈利状况。

1. 清单投标项目的经济标编制

投标报价是投标人响应招标文件要求所报出的价格,它是依据招标工程量清单所提供的工程数量,计算综合单价与合价后所形成的。为使得投标报价更加合理并具有竞争性,通常投标报价的编制应遵循一定的程序,具体如下:

第一步:研究招标文件

投标人取得招标文件后,为保证工程量清单报价的合理性,应对投标人须知、合同条款、技术规范、图纸和工程量清单等重点内容进行分析,深入理解招标文件和招标人的意图。

投标人须知反映了招标人对投标的要求,特别要注意项目的资金来源、投标书的编制和递交、投标保证金、更改或备选方案、评标方法等,重点在于防止投标被否决。

合同分析则包含了合同背景、形式、条款的分析。投标人有必要了解与自己承包的工程内容有关的合同背景,了解监理方式,了解合同的法律依据,为报价和合同实施及索赔提供依据。合同形式分析主要分析承包方式(如分项承包、施工承包、设计与施工总承包和管理承包等)、计价方式(如单价方式、总价方式、成本加酬金方式等)。合同条款分析主要包括:承包商的任务、工作范围和责任;工程变更及相应的合同价款调整;付款方式、时间;施工工期;业主责任。

工程技术标准是按工程类型来描述工程技术和工艺内容特点,包括对设备、材料、施工和安装方法等所规定的技术要求,有的是对工程质量进行检验、试验和验收所规定的方法和要求。它们与工程量清单中各子项工作密不可分,报价人员应在准确理解招标人要求的基础上对相关工程内容进行报价。任何忽视技术标准的报价都是不完整、不可靠的,还有可能导致工程承包出现重大失误和亏损。

图纸是确定工程范围、内容和技术要求的重要文件,也是投标者确定施工方法和施工计划的主要依据。图纸的详细程度取决于招标人提供的施工图设计所达到的深度和所采用的合同形式。详细的设计图纸可使投标人比较准确地估价;而不够详细的图纸则需要核算人员采用综合估价方法,其结果一般不是很精确。

第二步:调查工程现场

招标人在招标文件中一般会明确进行工程现场踏勘的时间和地点。投标人对现场调查重点注意以下几个方面:

(1) 自然条件调查。主要包括对气象资料,水文资料,地震、洪水及其他自然灾害情况、地质情况等的调查。

(2) 施工条件调查。主要包括:工程现场的用地范围、地形、地貌、地物、高程,地上或地下障碍物,现场的三通一平情况;工程现场周围的道路、进出场条件、有无特殊交通限制;工程现场施工临时设施、大型施工机具、材料堆放场地安排的可行性,是否需要二次搬运;工程现场邻近建筑物与招标工程的间距、结构形式、基础埋深、新旧程度、高度;市政给水及污水、雨水排放管线位置、高程、管径、压力,废水、污水处理方式;市政、消防供水管道管径、压力、位置等;当地供电方式、方位、距离、电压等;当地煤气供应能力,管线位置、高程等;工程现场通信线路的连接和铺设;当地政府有关部门对施工现场管理的一般要求、特殊要求及规定,是否允许节假日和夜间施工等。

（3）其他条件调查。主要包括各种构件、半成品及商品混凝土的供应能力和价格，以及现场附近生活设施、治安等情况的调查。

第三步：询价

询价是投标报价的一个非常重要的环节。工程投标活动中，施工单位不仅要考虑投标报价能否中标，还应考虑中标后所承担的风险。因此，在报价前必须通过各种渠道，采用各种方式对所需人工、材料、施工机具等要素进行系统调查，掌握各要素的价格、质量、供应时间、供应数量等，这个过程称为询价。

询价除需要了解生产要素价格外，还应了解影响价格的各种因素，这样才能够为报价提供可靠的依据。询价时要特别注意两个问题：一是产品质量必须可靠，并满足招标文件的有关规定；二是供货方式、时间、地点，有无附加条件和费用。

（1）询价的渠道

① 直接与生产厂商联系。

② 生产厂商的代理人或从事该项业务的经纪人。

③ 经营该项产品的销售商。

④ 向咨询公司进行询价。通过咨询公司所得到的询价资料比较可靠，但需要支付一定的咨询费用。也可向同行了解。

⑤ 通过互联网查询。

⑥ 自行进行市场调查或信函询价。

⑦ 各地区造价协会机构发布的信息指导价格。

（2）生产要素询价

① 材料询价。材料询价的内容包括调查对比材料价格、供应数量、运输方式、保险和有效期、不同买卖条件下的支付方式等。询价人员在施工方案初步确定后，立即发出材料询价单，并催促材料供应商及时报价。收到询价单后，询价人员应将从各种渠道所询得的材料报价及其他有关资料汇总整理。对同种材料从不同经销部门得到的所有资料进行比较分析，选择合适、可靠的材料供应商的报价，提供给工程报价人员使用。

② 施工机具询价。在外地施工需用的施工机具，有时在当地租赁或采购可能更为有利，因此，事前有必要进行施工机具的询价。必须采购的施工机具，可向供应厂商询价。对于租赁的施工机具，可向专门从事租赁业务的机构询价，并应详细了解其计价方法。例如：各种施工机具每台班的租赁费、最低计费起点、施工机具停滞时租赁费及进出场费的计算；燃料费及机上人员工资是否在台班租赁费之内，如需另行计算，这些费用项目的具体数额为多少等。

③ 劳务询价。如果承包商准备在工程所在地招募工人，则劳务询价是必不可少的。劳务询价主要有两种情况：一种是成建制的劳务公司，相当于劳务分包，一般费用较高，但素质较可靠，工效较高，承包商的管理工作较轻；另一种是劳务市场招募零散劳动力，根据需要进行选择，这种方式虽然劳务价格低廉，但有时素质达不到要求或工效较低，且承包商的管理工作较繁重。投标人应在对劳务市场充分了解的基础上决定采用哪种方式，并以此为依据进行投标报价。

④ 分包询价。总承包商在确定了分包工作的内容后，就将拟分包的专业工程施工图纸和技术说明送交预先选定的分包单位，并要求他们在约定的时间内报价，以便进行比较选择，最

终选择合适的分包人。对分包人询价应注意以下几点:分包标函是否完整,分包工程单价所包含的内容,分包人的工程质量、信誉及可信赖程度,质量保证措施,分包报价。

第四步:复核工程量

工程量清单作为招标文件的组成部分,由招标人提供。工程量的大小是投标报价最直接的依据。复核工程量的准确程度将影响承包商的经营行为:一是根据复核后的工程量与招标文件提供的工程量之间的差距,考虑相应的投标策略,决定报价尺度;二是根据工程量的大小采取合适的施工方法,选择适用、经济的施工机具设备,投入使用相应的劳动力数量等。

复核工程量要与招标文件中所给的工程量进行对比,应注意以下几个方面:

(1) 投标人应认真根据招标说明、图纸、地质资料等招标文件资料,计算主要清单工程量,复核工程量清单。其中要特别注意的是,要按一定顺序进行,避免漏算或重算;正确划分分部分项工程项目,与清单计价规范保持一致。

(2) 复核工程量的目的不是修改工程量清单。即使工程量清单有误,投标人也不能修改工程量清单中的工程量,因为修改了清单将导致在评标时认为投标文件未响应招标文件而被否决。对工程量清单中存在的错误,可以向招标人提出,由招标人统一修改并把修改情况通知所有投标人。

(3) 针对工程量清单中工程量的遗漏或错误,是否向招标人提出修改意见取决于投标策略。投标人可以运用一些报价技巧提高报价质量,争取在中标后能获得更大收益。

(4) 通过工程量计算复核还能准确地确定订货及采购物资的数量,防止由于超量或少购等带来的浪费、积压或停工待料。

在核算完全部工程量清单中的细目后,投标人应按大项分类汇总主要工程总量,以便获得对整个工程施工规模的整体概念,并据此研究采用合适的施工方法和施工设备等。

第五步:投标报价的编制

根据《建设工程工程量清单计价规范》(GB 50500—2013)进行投标报价,依据招标人在招标文件中提供的工程量清单计算投标报价。

工程量清单计价的投标报价应包含按招标文件规定完成工程量清单所列项目的全部费用,包括分部分项工程费、措施项目费、其他项目费、规费和税金。即工程报价=分部分项工程费+措施项目费+其他项目费+规费+税金。

工程量清单应采用综合单价计价。综合单价指完成一个规定计量单位的工程所需的人工费、材料费、机械使用费、管理费和利润,并考虑风险因素。

分部分项工程费是指完成"分部分项工程量清单"项目所需的工程费用。投标人根据企业自身的技术水平、管理水平和市场情况,填报分部分项工程量清单计价表中每个分项的综合单价,每个分项的工程量与综合单价的乘积即为合价,再将合价汇总就是分部分项工程费。

措施项目费是指为完成工程项目施工,发生于该工程施工前和施工过程中技术、生活、安全等方面的非工程实体项目所需的费用。

其他项目费是指分部分项工程费和措施项目费以外的在工程项目施工过程中可能发生的其他费用。其他项目清单包括招标人部分和投标人部分。招标人部分一般指预留金、材料购置费等,这是招标人按照估算金额确定的。预留金指招标人为可能发生的工程量变更而预留的金额。投标人部分一般包含了总承包服务费、零星工作项目费等。总承包服务费是指为配合、协调招标人进行的工程分包和材料采购所需的费用,其应根据招标人提出的要求发生的费用确定。零星工作项目费是指完成招标人提出的,不能以实物量计量的零星工作项目所需的费用,其金额应根据《零星工作项目计价表》确定。

第六步:定额计价方式下投标报价的编制

一般是采用预算定额来编制,即按照定额规定的分部分项工程子目逐项计算工程量,套用预算定额基价或当时当地的市场价格确定直接费,然后再套用费用定额计取各项费用,最后汇总形成初步报价。

第七步:报价策略

投标报价中具体采用的对策和方法有很多,常用的报价策略有不平衡报价法、多方案报价法、无利润报价法和先亏后盈法等。此外,对于计日工、暂定金额等可供选择的项目也有相应的报价技巧。

(1)不平衡报价法

不平衡报价法是指在不影响工程总报价的前提下,通过调整内部各个项目的报价,以达到既不提高总报价、不影响中标,又能在结算时得到更理想的经济效益的报价方法。不平衡报价法适用于以下几种情况:

① 能够早日结算的项目(如前期措施费、基础工程、土石方工程等)可以适当提高报价,以利资金周转,提高资金时间价值。后期工程项目(如设备安装、装饰工程等)的报价可适当降低。

② 经过工程量核算,预计今后工程量会增加的项目,适当提高单价,这样在最终结算时可多营利;而对于将来工程量有可能减少的项目,应适当降低单价,这样在工程结算时不会有太大损失。

上述两点要统筹考虑,针对工程量有错误的早期工程,如果不可能完成工程量表中的数量则不能盲目抬高报价,要具体分析后再定。

③ 设计图纸不明确、估计修改后工程量要增加的,可以提高单价;工程内容不明确的,则可降低一些单价,并在工程实施阶段通过索赔再寻求提高单价的机会。

④ 对暂定项目要做具体分析。因为这类项目要在开工后由建设单位研究决定是否实施,以及由哪一家承包单位实施。如果工程不分标且不会有其他承包单位施工,则其中确定要施工的单价可报高些,不确定要施工的则应报低些。如果工程分标,该暂定项目也可能有其他承包单位施工时则不宜报高价,以免抬高总报价。

⑤ 单价与包干混合制合同中,招标人要求有些项目采用包干,报价时宜报高价。一则这类项目多半有风险,二则这类项目在完成后可全部按报价结算。对于其余单价项目,则可适当降低报价。

⑥ 有时招标文件要求投标人对工程量大的项目填报《综合单价分析表》,投标时可将单价分析表中的人工费及机械设备费报得高一些,而材料费报得低一些,以便在今后补充项目报价时,可以参考选用《综合单价分析表》中较高的人工费和机械费,而材料则往往采用市场价,因而获得较高的收益。

不平衡报价一定要建立在对工程量表中的工程量仔细核对分析的基础上,特别是对报低单价的项目,如果工程量在执行时增多,将造成承包商的重大损失,同时一定要控制在合理幅度内(一般可以在10%左右),以免引起业主反对,甚至导致废标。如果不注意这一点,有时业主会挑选出报价过高的项目,要求投标者进行单价分析,并围绕单价分析中过高的内容压价,以致承包商得不偿失。

（2）无利润报价法

对于缺乏竞争优势的承包单位，在不得已时可采用不考虑利润的报价方法，以获得中标机会。无利润报价法通常在下列情形时采用：

① 中标后，有可能会将大部分工程分包给索价较低的分包商。

② 对于分期建设的工程项目，先以低价获得首期工程，而后赢得机会创造第二期工程中的竞争优势，并在以后的工程施工中盈利。

③ 较长时期内，投标单位没有在建工程项目，如果再不中标就难以维持生存。因此，虽然本工程无利可图，但只要能有一定的管理费维持公司的日常运转，设法度过困难时期。

（3）先亏后盈法

有的承包商为了打进某一地区，依靠国家、某财团和自身的雄厚资本实力，而采取一种不惜代价只求中标的低价报价方案。应用这种手法的承包商必须有较好的资信条件，并且提出的施工方案先进可行，同时要加强对公司情况的宣传力度，否则即使标价低，业主也不一定选中。如果其他承包商遇到这种情况，不一定要和这类承包商硬拼，可以努力争取第二、三标，再依靠自己的经验和信誉争取中标。

第八步：投标报价审核

成本核算中心投标岗测算项目成本，参考公司实际材料采购成本、人工内部定额等指标编制《项目投标定标审批表》，用于投标报价参考。

成本核算中心投标岗在预算编制完成后先自行检查，检查无误后，将成本测算表及报价明细提交投标主管审核，审核无误后递交成本核算中心经理审核。

成本核算中心经理根据项目重要程度，需将报价及成本文件发送给相关项目经理，由项目经理根据施工经验与实地情况做投标不平衡报价。对于特殊重要项目，由市场中心组织成本核算中心投标岗、资源采购中心、项目经理参加项目投标定标会议，预测其他公司报价情况，并根据评标办法、企业自身情况及预计的利润率对投标报价进行论证，最终确定投标价格。根据项目定标及投标定标会议结果，对报价预算进行修改。

成本核算中心投标岗将填制完成的《项目投标定标审批表》和修改后的《各单位工程投标报价表》提交成本核算中心经理审核。上述审核通过后，成本核算中心投标岗将上述资料报送至市场中心拓展人员。

2. EPC 项目的经济标编制

工程总承包项目中，承包商需要整体考虑项目的设计、采购和施工，而且往往是总价包干的，工作的复杂程度大大增加，所承担的风险也因总包商承担着工程设计、进度控制、安全保证、质量控制和成本等责任而变得更大。因此，在是否投标与怎样报价方面，承包商需要慎重考虑，提高决策的准确度。

（1）项目投标策略

招标文件是项目负责人进行投标时最主要的研究对象，项目负责人根据招标文件中的各项要求来安排部署投标的各项工作。招标文件要与工程采购模式相对应。在 EPC 工程总承包模式下，招标文件一般包括招标邀请函、招标公告、投标人须知、投标书格式与投标书附录、资料表、合同条件、技术规范、工程量清单、标书图纸、业主的要求、现场水文和地表以下情况等资料。

仔细研读招标文件，重点根据投标人须知、合同条件、业主要求、总体实施方案和项目报价等方面制定投标策略。

① 投标人须知

对"投标人须知",除了进行常规分析之外,还要重点阅读和分析的内容有:总述部分中有关投标范围、资金来源以及投标者资格的内容;标书准备部分中有关投标书的文件组成、投标报价与报价分解、可替代方案的内容;开标与评标部分中有关标书初评、标书的比较和评价以及相关优惠政策的内容。上述内容虽然在传统模式的招标文件中也有所对应,但是在 EPC 总承包模式下这些内容会发生较大的变化,投标小组应予以特别关注。

② 合同条件

在通读合同通用和专用条件之后,要重点分析有关合同各方责任与义务、设计要求、检查与检验、缺陷责任、变更与索赔、支付以及风险条款的具体规定,归纳出总承包商容易忽略的问题清单。

③ 业主要求

业主要求,是总承包投标准备过程中最重要的文件。因此投标小组要反复研读,将业主要求系统归类和解释,并制定出相应的解决方案,融汇到下一阶段标书中的各个文件中去。招标文件的研读完成之后,需要制定决定投标的总体实施方案,选定分包商,确定主要采购计划,参加现场勘察与标前会议。

④ 总体实施方案

确定总体实施方案需要大量有经验的项目管理人员参与进来。

对于总承包项目,总体实施方案包括以设计为导向的方案比选以及相关资源分配和预算估计。按照业主的设计要求和已提供的设计参数,投标小组要尽快决定设计方案,制定指导下一步编写标书技术方案、管理方案和商务方案的总体计划。

制定周密的管理方案,主要为业主提供各种管理计划和协调方案。特别是对 EPC 总承包模式而言,优秀的设计管理和设计、采购与施工的紧密衔接是获取业主信任的重要砝码。

在投标阶段不必在方案的具体措施上过细深入。一是投标期限不允许;二是不应将涉及商业秘密的详细内容呈现给业主,只需点到为止,突出结构化语言。以下将对上述内容进行系统描述,包括:总承包经验策略;总承包项目管理计划;总承包项目协调与控制;分包策略。

总承包项目管理方案的解决思路:投标小组在进行内容讨论和问题决策时可以按照以设计、采购、施工为主体进行管理基本要素的分析,也可以按照管理要素分类统一权衡总承包项目的计划、组织、协调和控制等。

⑤ 标书的排版、编制、包装

投标报价最终确定以后,标书的排版、编制、包装和各种签名盖章等要完全严格按照招标文件的要求编制,不能颠倒页码次序,不能缺项漏页,更不允许随意带有任何附加条件。标书因为任何一点差错,都可能不合格而导致废标。严格按章办事,才是投标企业提高中标率的最基本途径。另外,投标人还要重视印刷装帧质量,使招标人或招标采购代理机构能从投标书的外观和内容上感觉到投标人工作认真、作风严谨。

(2)报价策略

EPC 项目投标报价决策流程如下:

① 设计人员根据建设方案初步制定设计方案,编制初步投资估算。

② 区域公司及成本核算中心、资源采购中心配合设计院根据施工优势及现场调查情况准

确估计成本,进行成本分析和费率分析。工程总承包项目的成本费用由施工费用、设计费用、拓展费用和管理费用组成,其中施工费用包括直接劳务费用、设备材料费用、机械费用、分包费用、管理费用、养护费用等。

③ 确定项目的目标利润,并对项目风险进行评估,然后反馈给设计院,进行 EPC 项目概算报价。在确定利润率及进行成本分析后及时将预算内需注意的情况、详细成本及项目利润数据反馈给设计院,以便指导项目设计方案图纸优化及详细的施工图纸设计。

④ 根据详细的初步施工图纸,进行项目预算初步编制,测算项目预算金额及利润情况,验证可行后出详图。如与预期目标差距较大,应及时将结果反馈给设计院,以便其对图纸进行调整。

(五)投标文件检查、封标

投标负责人需严格按照投标文件检查流程执行,在标书编制过程中,确保至少完成 4 次阶段性检查工作。

第一次检查(自检):在报名截止时间之前完成(如有)。全面解读招标公告,梳理招标公告报名条件,再次检查是否满足招标公告的报名要求。

第二次检查(自检＋互检＋终检):在答疑截止时间之前完成。全面解读招标文件,梳理招标文件资格审查项和评分项,检查是否满足招标文件资格审查项及评分办法评分项要求,并与上级领导明确项目经理人选。

第三次检查(自检):在签字盖章之前完成。全面阅读招标文件,找出招标文件的废标项,检查是否存在废标项,是否有细节错误(例如:证书编号写错、证书过期、项目经理姓名写错、格式错误、漏放资料等)。

第四次检查(自检＋互检):在上传或封标之前完成。逐页全面检查投标文件的所有内容,包括但不限于:资格审查项、评分项、废标项、内容、格式、签字、盖章、装订、密封等。

(六)递交投标文件及参加开标会

投标负责人需合理安排开标行程,开标前与出场人员及其他相关人员确定开标行程,准备好投标所需全部资料和工具,如纸质标书、电子标书、原件、CA 锁等,按时参加开标会议,在投标文件递交截止之前完成投标文件递交。根据参加开标会的情况,详细做好开标记录,如投标报价、现场抽取系数、中标结果等。如果开标现场未通报中标结果,投标负责人需与招标代理随时保持沟通,确保第一时间得到最终中标结果。

六、开标总结及其他标后工作

投标负责人需根据开标记录对开标结果进行总结分析,填写相关开标总结表、横向对比表。开标结束后,如未当场宣布中标结果,则应及时跟进网上中标公示或与代理沟通确认中标结果。自中标公示结束之日起 15 日内,投标保证金未退回的,需对投标保证金催退,直至保证金退回为止。中标项目进入合同管理流程。各投标项目开标后,市场中心将开标情况、评标结果、中标单位告知成本核算中心投标岗,针对各家投标单位报价等资料进行统计分析,为项目开标总结会及今后投标报价提供参考依据。最后将投标资料归档,及时将所有投标资料归档到部门共享文档指定位置,并填写相关投标表格。

第三节　合同签订

园林工程施工合同是指发包人与承包人之间为完成商定的园林工程施工项目而确定双方权利和义务的协议。依据工程施工合同,承包方应完成一定的种植养护、建筑施工和安装等工程任务,发包人应提供必要的施工条件并支付工程价款。

园林工程施工合同是园林工程的主要合同,是园林工程建设质量控制、进度控制、投资控制的主要依据。在市场经济条件下,建设市场主体之间相互的权利义务关系主要是通过合同确立的,因此,在建设领域加强对园林工程施工合同的管理具有十分重要的意义。

一、合同分析

(一)合同的法律基础及合同版本

合同的法律基础即合同签订和实施的法律背景。通过分析,了解适用于合同的法律的基本情况(范围、特点),用以指导整个合同实施和索赔工作。对合同中明示的法律应重点分析,有无明显违反法律法规的内容及其他无效条款。合同中适用的法律是否明确,是否存在法律冲突。合同文件的组成及优先顺序是否明确、合理。常见适用于合同的法律法规文件包括:《中华人民共和国民法典》《中华人民共和国招标投标法》《中华人民共和国安全生产法》《中华人民共和国反不正当竞争法》、七部委第 12 号令《评标委员会和评标方法暂行规定》《建筑工程质量管理条例》《建设工程安全生产管理条例》及工程所在地的相关法律法规等。

合同签订中优先参考住房和城乡建设部、国家市场监管总局联合制定的合同示范文本,若业主要求还可采用业主单位自行拟定的合同版本。目前我们签署的合同主要包括两类:施工合同和 EPC 工程总承包合同。

施工合同优先参考的合同版本是住房和城乡建设部、国家市场监管总局联合制定的《建设工程施工合同(示范文本)》(GF—2017—0201),该合同示范文本由合同协议书、通用合同条件和专用合同条件三部分组成。

EPC 工程总承包合同优先参考的合同版本是住房和城乡建设部、国家市场监管总局联合制定的《建设项目工程总承包合同(示范文本)》(GF—2020—0216),该合同自 2021 年 1 月 1 日起执行,该合同示范文本由合同协议书、通用合同条件和专用合同条件三部分组成。目前工程合同主要的法律法规依据包括《中华人民共和国民法典》《中华人民共和国建筑法》《中华人民共和国招标投标法》等相关法律法规。

(二)合同协议书

合同协议书一般主要包括:工程概况、合同工期、质量标准、签约合同价与合同价格形式、项目经理、合同文件构成、承诺、订立时间、订立地点、合同生效和合同份数等内容,集中约定了合同当事人基本的合同权利义务。合同协议书应重点关注以下方面:

(1)明确工程概况内容,工程内容相关数据。如绿化面积、铺装面积等数据尽量详细、准确,方便以后作为投标业绩使用。

(2)合同工期、质量标准、项目经理等内容必须注明与招投标文件、发包图纸、工程量清单内容一致,特别是 EPC 项目需分别明确设计工期与施工工期、设计质量标准与施工质量标准、

EPC 工程总承包项目经理、设计负责人、施工负责人。

（3）签约合同价与合同价格形式必须表达准确,特别是 EPC 项目合同价格需分别明确设计费与施工费。如有下浮率,必须明确设计下浮率与施工下浮率。

（4）合同签订的时间、合同生效的条件也必须明确且逻辑清晰。

（5）组成合同文件的顺序。首先,需标注,在前者优先;其次,对于有补充协议的,要注明与合同正文效力一致。

（三）合同通用条款

工程合同范本的通用条款是基于国家相关法律、行政法规规定及建设工程施工标准规范订立,条款内容对订立合同双方都相对公平,一般情况不需要逐条分析,如采用发包人自行编制的合同,则需根据具体内容具体分析。

（四）合同专用条款

工程合同范本的专用合同条款是通用合同条款原则性约定的细化、完善、补充、修改和另行约定的条款。合同双方可以根据不同建设工程的特点及具体情况,通过双方的谈判、协商对相应的专用合同条款进行修改补充。专用条款是工程合同分析的重点,必须逐条分析确认。

1. 合同付款

预付款指开工前发包人应预付给承包人用于合同工程施工准备的款项,预付款比例一般不低于合同金额的 10%,不高于合同金额的 30%。进度款指施工期间发包人根据工程完成情况应支付给承包人的一种工程价款。在工程实践中,进度款有 3 种支付方式:按照形象进度分阶段支付;按照已完成工程量分期间支付;按照阶段及期间混合支付。结算款,即竣工结算款,指工程竣工结算后发包人应该支付给承包人的除质保金外的剩余工程价款。竣工结算款等于竣工结算价减去质保金和已付价款,竣工结算款支付的前提条件是工程竣工验收合格且竣工结算已完成。

合同的付款方式是合同中至关重要的核心条款。付款方式一定要注意措辞表达是否符合逻辑,必须清晰准确地表达支付工程款所需达到的条件及时间节点,避免语言漏洞。

（1）通常付款方式的类型

工程款支付越早、支付比例越高对承包人就越有利。目前常用的付款方式主要有三大类。

第一类:有预付款及进度款。工程开工前支付一定比例预付款,工程施工过程中完成一定工程任务后支付一定比例工程款。例如:预付款为合同总价的 10%（不包含预留金和专业工程暂估价,付款时提供增值税专用发票）。工程开工后每 2 个月支付一次进度款,每次支付当期完成工程量（工程量须经招标人、监理及跟踪审计单位核定）60% 的进度款,项目提交完整的工程竣工结算资料并经相关部门验收合格后付至合同价的 70%,同时扣回剩余预付款;经审计部门审计结束后支付至审定价的 97%;剩余 3% 作尾款待缺陷责任期满 1 年后无质量问题一次性（无息）付清。

第二类:有进度款,无预付款。工程开工后按工程进度分期付款,即在施工过程中完成一定工程任务后支付一定比例工程款。比如:按进度付款,每月支付工程款金额为上月实际完成工程量的 80%,每月 22 日申报当月完成工程量,由监理、发包人核定工程量及付款金额后付款,工程正式竣工验收合格后支付至合同价款的 90%,工程竣工结算完成后支付至结算金额的 97%,剩余 3% 作为质保金,质保期满后无息退回。

第三类:无进度款,无预付款。工程竣工后按约定比例付款,即工程施工过程中无任何付款,工程竣工验收后按约定比例分期付款。例如:工程完工经初步验收合格后,支付签约合同价的40%;自初验合格之日起满1年,经验收合格后,支付至签约合同价的70%;自初验合格之日起满2年,经终验合格将工程移交相关部门后,付清双方认可的竣工结算价款。

(2)工程预付款的约定

约定工程预付款的额度需结合工程款、建设工期及包工包料情况进行计算。需准确填写发包人支付预付款的具体时间或相对时间,并且明确约定扣回工程款的时间和比例。

(3)工程进度款的约定

工程进度款的拨付应根据发包人确认的已完成工程量、相应的单价及相关计价依据进行计算。付款方式中需准确描述支付进度款需提供的相应资料以及完成时间节点,以免造成歧义。

2. 合同价格计量、变更、结算等

(1)工程合同所采用的计价方法、合同价格所包括的范围及下浮率,是否约定明确、合理。合同价格形式一般分为固定单价合同和固定总价合同。

固定总价合同是指合同的价格计算是以图纸及规定、规范为基础,工程任务和内容明确,业主的要求和条件清楚,合同总价一次包死,固定不变,即总价不会因为环境的变化和工程量的增减而变化的一类合同。在这类合同中,承包商承担了全部的工作量和价格风险。目前EPC项目一般采用固定总价合同。

固定单价合同是指合同的价格计算是以图纸及规定、规范为基础,工程任务和内容明确,业主的要求和条件清楚,合同单价一次包死,固定不变,即单价不会因为环境的变化和工程量的增减而变化的一类合同。在这类合同中,承包商承担价格的风险,发包方承担量的风险。结算时用实际完成的工程量乘以固定综合单价再加规费税金计算合同的实际总价。有投标清单的项目一般采用固定单价合同。

注意下浮率,看合同内有无下浮率的条款,对最终结算至关重要,影响最终结算金额。

(2)合同价格的调整,即费用索赔的条件、价格调整方法、计价依据、索赔有效期规定是否约定明确、合理。

变更价款约定的方法,一般会遵照以下约定:已标价工程量清单或预算书有相同项目的,按照相同项目单价认定;已标价工程量清单或预算书中无相同项目,但有类似项目的,参照类似项目的单价认定;仅作主要材料变换的,也仅对变更后发包人方指定产品的招标价差部分进行调整后并入结算价(含相关税费);增加或减少工程量清单中没有的项目,首先按变更项目实施期适用的清单规范、相关定额及人工文件执行,材料价格有信息价的按信息价执行,信息价中未包含的材料价格由发承包双方询价确定。变更估价综合单价=变更项目的预算价×(1−下浮率),其中询价材料费用不参与下浮。

工程变更导致分部分项工程费的变化,一般在执行招标文件关于投标报价规定的基础上,总价措施项目费用按实际发生的工程量计取。

价差条款:可以调差的材料有水泥、黄沙、石子、钢材、商品混凝土、砌体、电缆、管材、沥青混凝土、苗木等,其他材料均不调差。调差方式:材料调差按月计算。材料价格按施工的月信息价平均值(或者月施工工程量的加权平均价格)进行调整,各项材料月平均价波动幅度不超过基准价±5%时,不调差。各项材料月平均价波动幅度超过基准价±5%时,调整超出±5%以外部分的差价。

（3）工程计量程序，工程款结算（包括进度付款、竣工结算、最终结算）方法和程序是否约定明确、合理。

（4）合同中的养护等级和养护标准是否约定明确、合理。合同应明确养护时间和养护标准，否则会影响工程造价的准确性，并且后期在审计中也会出现扯皮现象。

（5）注意对施工单位不利的其他条款，例如：

① 投标清单中分部分项工程综合单价不得超过标底预算单价的15%；若超过标底预算单价的15%，一旦中标，按标底预算单价×（1＋15%）作为结算单价。本条款和前述"招标工程量清单中已有的项目按照承包人投标报价计算"条款约定不一致时，以本条款为准。

② 材料调价只计取材料本身价差及工程增值税，不计取其他任何费用。

③ EPC项目，提高设计标准的，按提高标准实施，增加的费用发包人不另行支付；降低标准的，按发包人原要求实施，增加的费用由承包人承担。

④ 施工期间，建设单位及监理签发的变更设计是对设计文件的完善和补充，施工单位应积极配合，由此引起的设计费用不予增加。

⑤ 各投标单位应充分考虑施工地点的地质情况，根据自行现场勘察出的地质情况综合考虑投标报价。施工过程中若发现相关土质问题，需对地基做相应处理，投标报价需包含此部分费用。因施工需要，需破除原有道路、铺装，提升或降低现有检查井高度的，道路、铺装破除及恢复费用、提升或降低现有检查井高度的费用均由投标人承担，由投标人自行报价。投标人未报价的，视为对招标人让利，发包人不再另行支付上述费用。投标人应充分考虑需移植的现状苗木，将需移植苗木移植至招标人指定地点，移植及养护费用由投标人承担。

投标时，施工方遇到诸如此类的条款需加以注意，如第①条，不要再使用不平衡报价的投标策略，否则后期审计中审计人员不会按照投标时的报价计入结算，引起亏本。第②③④条不公平条款，建议和建设单位再次沟通，建议删除。第⑤条需要施工单位在投标时取得准确的地勘记录，充分考虑现场的隐蔽工程情况，在投标报价时一并考虑进去，中标后不允许变更签证。

3. 违约罚则

工程合同中发包人通常处于较强势的地位，一般情况对承包人的违约情形和违约责任约定较详细，对发包人违约情形和违约责任约定较少。在违约责任分析中，需要抓大放小，明确核心问题。

（1）对于履约保证金（或保函）的具体要求加以明确：何种情况下扣除、保函生效失效的时间、保证金退还的时间及利息约定；尽量采用履约保函形式，履约保函额度一般不超过合同金额的10%。

（2）对于工期延误的罚则：工期延误主要包括承包人原因导致和发包人原因导致两种情况。要明确工期延误的情形、违约金计算方法、违约金的上限等问题，约定内容一定要双方都可以接受，罚则不可以过重。

（3）对于逾期支付工程款的罚则：发包人不能按时支付工程款的，自逾期之日起按照中国人民银行规定的贷款利率承担迟延履行期间的利息。违约金可与延期同比例的约定。

（4）对于工程及资料交付的约定：发包人与承包人工程结算发生的任何异议，应当通过仲裁或者诉讼解决，但是无论是否发生或者争议责任如何，都不能成为承包人行使工程移交、工程验收、配合工程备案以及移交工程资料的抗辩理由。上述争议被确认属于发包人过错的，发包人承担相应责任。

（5）对于质量争议的约定：质量问题由认定的中间机构设置和认定，证明责任的承担和程序。可约定第三方：项目所在地的质量部门。

（6）对于质保金的约定：质保期的长短，质保金返还的方式和利息支付方式等问题。

（7）对于安全文明施工过程中的责任承担和处罚方式的约定。

（8）关于工程违法转分包、挂靠的约定：主要是罚则。工程不允许转包或者违法分包，发包人发现承包人违反本条规定转包或者违法分包的，有权立即解除合同。承包人除按照协议质量、工期相应处罚条款承担全部责任外，还应当承担工程总标价10％的违约金。造成发包人损失的，承包人还应承担由于解除合同迫使发包人重新招标引起的信誉受损带来的直接、间接经济损失以及名誉赔偿责任。但本协议约定发包人分包的除外。

（9）对于工程保修责任的认定：承包方不保修情况下的处理和费用承担。

4. 甲供材

需要特别注意工程合同中甲供材条款。如果合同中规定了相应的甲供材料，就可以选择简易计税，税收就会有相应的优惠。因此，在合同评审过程中，能加甲供材条款的，一定要积极与甲方协商加上。

二、合同评审

（一）合同评审范围

（1）一般工程承包合同（含框架协议、补充协议等）由合同承办部门拟定合同草本及相关文件，再按公司内控流程送审（即 X - S03）。

（2）特殊/重大工程承包合同（订立价款在1 000万元以上的合同，及合同承办部门认为需可行性审查的其他合同；含框架协议、补充协议等）均必须提请公司合同评审小组评审后，再按公司内控流程送审（即 X - S03）。

（二）合同评审责任部门

（1）公司成立合同评审小组。合同评审小组由市场中心负责人、成本核算中心负责人、财务中心负责人、法务部负责人、工程管理中心负责人、设计院负责人、区域公司负责人等相关部门人员组成，合同评审小组的组长为市场中心负责人，副组长为法务中心负责人、市场中心招投标负责人。

（2）合同承办部门会同有关部门拟定合同草本，提交相关资料，牵头组织合同评审工作，总体把控，审核工期、总价、质量、付款方式等重要商务条款。EPC 合同设计院参与设计相关合同条款评审，区域公司参与施工相关合同条款评审。

（3）成本核算中心重点审查合同价款及合同价格调整、变更、结算等条款。

（4）财务中心重点审查合同付款、甲供材、税金支付等相关条款。

（5）法务部重点审查合同签订及履行过程中所签订的一切书面文件的合法合规性，并对可能产生的法律风险、罚则风险提出防范意见。

（6）工程管理中心重点关注合同中关于施工工期、质量、文明、安全、环保、竣工验收等方面的要求及相关罚则。

（三）合同评审程序

（1）合同评审采取召开专题会议的形式。专题会议由合同承办部门负责召集。

（2）合同评审工作开始前，先由合同承办部门和法务部起草合同文件，合同文件应优先采用公司法务部提供的标准示范合同文本；如无合同示范文本，则可结合实际情况起草或与合同方共同起草合同文本。

（3）合同评审组织部门（合同承办部门）原则上应至少提前1个工作日将需评审的合同文件以电子或纸质形式送交各评审参加部门，各评审参加部门在合同评审专题会议前必须充分熟悉合同文件。

（4）合同评审专题会议应做好以下工作：

① 认真听取合同承办部门关于合同情况的相关介绍。

② 评审合同的条款。重点评审合同价款、质量工期要求、付款方式、变更结算方式、服务承诺、违约罚则、损失赔偿等条款。

③ 对被评审的合同提出结论性意见并形成会议纪要。参会人员如有缺席，则视为认同合同全部内容，无任何意见。

④ 会后根据结论性意见对被评审的合同进行修改，参会人员原则上应在1个工作日内根据各自负责的版块内容直接在合同上进行修改，最终由合同承办部门统一汇总定稿。

（5）合同评审通过后，合同承办部门应将修订后的合同文件按公司内控流程送审。

（6）如果合同文件未得到审核人或审批人同意，则合同承办部门应根据审批（核）意见继续完善合同内容，并与合同方进一步协商后形成修订后的合同文件，再次报请审（核）批人审（核）批。

（7）审批人批准签订合同文件后，合同承办部门负责依照经批准的合同文件与合同方办理协商签约事宜。

（8）评审会议纪要的保存。合同承办部门负责保存书面的合同评审会议纪要。

（9）合同文件变更、解除的评审。发生合同条款变更（如价格条款、支付条款、质量条款、工期条款、违约条款变更等）或解除时，应采用书面形式，如补充协议、备忘录、会议纪要等文件形式。合同条款变更或解除的评审程序参照公司合同评审内控制度执行。

三、合同谈判

工程合同谈判是发包人与承包人双方对意向建设工程的质量、价格、工期、结算方式、违约责任等事项进行磋商、沟通，并在最后达成一致意见的过程。

（一）合同谈判主要内容

1. 明确合同范围

包括合同文件的构成，如招投标文件、合同协议书、通用条款、专用条款、中标通知书、图纸、工程量清单等内容。

2. 合同条件优化

包括履约担保、付款方式、结算后付款迟延、缺陷责任期、保修金支付、禁止停工、限制停窝工损失索赔、政府审计是否作为最终结算价款、结算审核期长短等重点风险条款。

对于需要施工单位提供投融资或投融资担保的项目，需进一步考虑以下内容：

（1）项目收款风险能否排除。对于需要承包人融资垫资的项目，建设单位资信状况一般都不太好，为了防范风险，可以采取以下措施：一是要求建设单位提供担保；二是要尽快回收工程款，减少风险金额；三是要对业主进行控制，避免其挪用融资款；四是要设置足够的违约责任条款来保证项目收款。

（2）工程价款能否顺利结算。竣工结算不仅能够明确债权金额，而且也是付款的重要节点，所以需要对在合同中可能出现的结算风险予以考虑，如合同涉及政府审计等。谈判人员可以根据具体情况增加中间结算条款、业主审核结算的时间条款及约定时间内未出具审核意见以何种比例支付结算条款等。

（3）工程项目能否顺利开竣工。建设工程需要承发包双方共同配合才能顺利完成施工，因此需要对甲供材的进场时间、业主指定分包或另行发包项目的进场时间和工期节点、业主方提供施工图纸的时间节点、业主方要求设计变更的时间、业主方提供政府批文或其他审查意见的时间节点进行详尽约定。这些时间节点都影响着实际的竣工时间。项目竣工，不仅意味着承包人完成施工任务、履行了合同义务，而且是重要的付款节点，所以上述时间节点的约定以及因业主方原因造成停窝工的损失计算方式条款的约定将有利于控制工程款回收的风险。

（4）合同价款能否达到预计的施工利润。谈判人员需要核查合同约定计价方式是否清晰，工程量清单是否存在漏项，甲供材、业主指定分包和业主另行发包项目范围是否清晰，对甲供材价款的结算方式约定是否清晰，总包服务费约定是否清晰，对变更合同价款的签证报送时间是否存在不合理约定，对施工方垫资款是否需要计算利息等情况。

（5）履约担保和支付担保是否对等。建设单位需要施工单位提供履约担保的，建设单位也要相应地向施工单位提供支付担保。

（二）合同谈判技巧

（1）选择合适的谈判时间。抓住时机，适时谈判，即可以在业主迫切需要时占得先机，从而在合同谈判中处于有利地位。这就要求谈判人员要充分了解业主的项目计划、要求等时间节点，给予业主一定压力，从而起到事半功倍的效果。

（2）选择合适的谈判地点。谈判地点选择的总体原则是公平、互利，有利的谈判场所能增加己方的谈判力量和谈判地位。一般来说，主场谈判具有不少优势，在自己熟悉的地方与对方谈判，各方面都会感到比较习惯，谈判底气会比较足。

（3）选择合适的谈判人员。参与谈判的人员要有内部分工，有张有弛，并且主谈人员必须对合同做到精准理解，不能出现合同理解错误或者合同理解遗漏的情况。

（4）谈判依据一定要充分。例如，谈判人员可以向业主提出合同内容违反国家法律、法规或政策性规定，合同条款不对等、不利于执行，按照现有条款工程根本无法营利等。

（5）谈判过程中谈判的内容范围可能会比预期有所扩大，此时谈判人员心中应该明确核心目标，对于核心目标保有底线，切不可轻易突破。

（6）谈判需要做好准备工作，设计合理的谈判程序，分清轻重缓急，对于一定要争取的条款利益据理力争。

四、合同签订

确保在中标通知书发出30个工作日之内与发包人完成合同签订，并按合同约定提交履约担保。合同签订完成之后及时将合同原件移交工程管理中心存档。

第二章　项目施工前期及准备

第一节　项目全过程管理

第二节　项目施工准备

施工准备工作的基本任务是为拟建工程的施工建立必要的技术和劳资条件，统筹安排施工力量和施工现场。施工准备工作是企业生产经营管理的重要组成部分，是工程施工程序的重要阶段。做好施工准备工作，可以有效降低施工风险，提高企业综合经济效益。项目开工前的施工准备工作主要包括项目施工立项、项目任务安排、项目目标责任签订、项目部组建及项目的进场筹备等。

一、项目施工立项

项目中标取得中标通知书或合同后，由市场中心投标专员填写项目基本信息并发起项目立项流程，基本信息包括项目名称、工程总价、项目类型、工程内容、工期、质量、付款方式、养护期、履约保证金、主要罚则等。基本项目填写完成后确定项目是否分阶段施工、是否有指定分包、是否有甲供材及是否有暂定金等情况。

市场中心发起对应流程后由经办人(项目负责人)确定签字，经市场中心总经理签字确定后，由工程管理中心总经理、资源采购中心总经理、成本预算中心总经理、财务中心总经理、人力资源中心总经理、法务部经理会签，最后上报公司主管领导审批，期限为 1 天。

二、项目任务安排

1. 项目安排方式

(1) 根据项目所在地所属的区域公司进行安排。为确保项目管理人员、材料、机械设备等各项资源的合理利用，项目安排尽量根据其所在地所归属的区域公司进行。

(2) 根据项目性质特点进行安排。例如：地产景观项目，优先安排给地产景观事业部进行施工；仿古或文保类项目，优先安排给具有古建筑施工经验的古建事业部进行施工。

(3) 根据业务拓展的区域公司进行安排。项目安排原则上根据项目所在地所属的区域公司进行安排，但由各区域公司自行拓展的项目不受区域限制，不在公司原定的区域公司管辖范围内的仍安排给业务拓展的区域公司进行施工。

2. 项目安排流程

（1）项目立项后 1 天内，由工程管理中心发起《施工项目任务派遣意见审批表》（见表 2-1），经分管领导审批后，直接安排给符合项目实施要求的区域公司进行施工。

（2）区域公司接到项目安排后，根据项目的规模、内容、复杂程度、工期要求等，配备合适的项目经理（见表 2-2）。

表 2-1 施工项目任务派遣意见审批表

项目基本信息		
1	工程名称	
2	主要工程内容	
3	合同价	
4	工期要求	
5	质量要求	
6	付款方式	
7	拟派遣施工部门	
8	项目负责人	

工程管理中心派遣意见：

领导审批意见：

表 2-2 项目经理分级

项目经理等级	年度目标产值/万元	工程规模
一级	8 000	大型
二级	5 000	中型
二级	3 000	小型

三、项目目标责任签订

1. 签订目的

（1）通过强化责任、明确目标方向，提高区域公司项目部管理人员的积极性，确保所承接的项目能实现成本、质量、安全、进度等管理目标。

（2）为项目管理的效果评定以及奖罚兑现提供标准，进一步明确项目经理及项目部成员的责任、权利和义务。

2. 签订的依据

（1）项目的合同文件。

（2）公司的内控管理制度。

（3）公司及区域公司的经营方针和目标。

3. 签订的原则

（1）满足合同要求。项目部是公司在项目上的授权管理者、组织实施者，因此工程项目目标管理责任书首先必须满足施工合同对工程工期、质量、安全等的各项要求。

（2）达到区域公司的经营指标。区域公司在和项目部签订单项项目目标责任时，应综合考虑项目的性质、特点及各自区域公司的经营目标等实际情况，签订符合公司要求的目标责任书。

（3）考虑相关风险。项目在实施过程中存在各种不确定性因素，导致冲突、矛盾和纠纷，并产生一定的风险性，因此在签订工程项目目标管理责任书时，要考虑一定的风险。

4. 签订流程

（1）项目目标责任书模板制定

工程管理中心根据公司总的经营目标及内控管理要求，制定单项工程项目目标责任书模板，经各区域公司及相关职能部门意见征询后定稿发布。项目目标责任书主要内容包括：

① 项目概况。

② 管理目标。

③ 目标管理依据。

④ 施工成本控制及施工费用拨付。

⑤ 委托方的责任、权利、义务。

⑥ 受托方的责任、权利、义务。

⑦ 奖励与惩罚。

⑧ 其他。

（2）项目目标责任书的签订

① 区域公司目标利润的测算。区域公司在接到项目安排任务后，要立即组织区域公司采购管理、成本管理部门进行项目目标利润的测算。采购管理部门根据材料清单进行询价，将询价结果提供给成本管理部门，作为测算目标利润的依据。成本管理部门以当期市场价格及历史采购价格为基础、以投标工程量清单报价为主线编制出合同金额（EPC项目按招标文件结合合同条款及施工图纸进行详细的清单预算编制），再结合区域公司的经营目标编制出项目的利润测算表，确定项目的目标利润值。

② 项目部目标利润的测算。项目经理接到区域公司的施工任务安排后，要立即对中标工程进行一次全面的清标工作，认真研究招标文件、施工图纸、投标报价清单、现场实际情况及市场劳务、机械、材料价格，结合项目部自身生产技术和管理水平估算项目利润。

③ 目标责任书有关条款的讨论。若项目经理根据自己测算的项目利润和区域公司确定的目标利润值差距较大，或者对目标责任其他条款内容有异议，则由项目经理提出书面意见报区域公司，分析说明差异原因。区域公司接到项目经理的书面意见后进行分析，并组织区域公司内相关部门对项目经理提出的异议进行处理，处理完毕双方达成一致意见后签订目标责任书。

④ 目标责任书的签订。由区域公司总经理和承接项目的项目经理根据确定好的目标责任书条款进行签订，签订完成后提交一份原件至工程管理中心进行存档、备案。

四、项目部组建

(一)人员组建

1. 项目部管理人员架构(见图2-1)

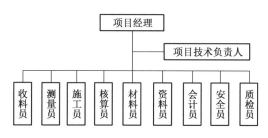

图2-1 项目部管理人员架构图

2. 项目管理人员任命书

区域公司根据工程规模、技术难度等情况,组建项目部管理团队,确定团队人员名单、岗位及职责(项目经理、项目技术负责人、施工员、核算员、会计员、资料员、材料员、收料员、质检员、专职安全员、测量员等)并出具项目人员任命书,经区域总经理签字确认后报工程管理中心存档、备案。

项目任命书的作用:

(1)项目超利润分配的依据。

(2)项目产值分配的依据(绩效考核)。

(3)项目管理人员岗位晋升时施工业绩认定的依据。

若项目施工过程中发生人员变更,要及时出具补充任命书。

3. 项目部人员设置原则

区域公司要根据公司"产值导向、利润挂钩、总量控制"的薪酬成本控制办法,合理设置项目部人员,以能实现项目目标管理责任书所要求的工作任务为原则,尽量简化机构,做到精干高效,力求一专多能、一人多职。

4. 岗位职责(见表2-3)

表2-3 项目部岗位设置及职责

岗位	主管工作	具体职责
(1)项目经理	施工前管理工作	① 组织施工图会审和技术交底、完成施工组织设计的编制等 ② 建立项目部的各项管理体系和组织架构设置 ③ 推动项目部各项管理体系和下属各岗位部门工作的运行 ④ 审核或审批项目中各分项工程施工计划方案 ⑤ 主持召开清标工作会议
	资源采购管理	① 主持劳务、专业项目的分包评估,审核确定劳务专业分包队伍 ② 审核或审批各材料供应计划或合同 ③ 审核或审批各材料、劳务和机械结算资料

续表 2-3

岗位	主管工作	具体职责
（1）项目经理	审计结算及资金管理	① 根据《工程项目目标责任书》的要求,编制严密的成本控制措施,组织产值及成本的及时提报 ② 组织编制工程审计结算资料 ③ 工程款回笼及催收
	项目部日常管理	① 负责团队管理,督促、检查、指导、协调项目部的各项工作 ② 审核、签发各类上报资料 ③ 协调处理各类外部关系
（2）项目技术负责人	技术管理	① 贯彻国家、公司的技术质量规范和要求 ② 组织技术培训工作 ③ 编制施工组织设计和方案 ④ 指导、督促施工技术管理工作 ⑤ 审查劳务、专业分包等队伍施工方案
	质量管理	① 贯彻国家和公司质量方针、政策、法规 ② 建立质保体系 ③ 负责贯标管理工作 ④ 施工质量监控
	竣工验收及资料管理	① 主持竣工文件的编制工作 ② 处理施工过程中的技术问题,负责施工技术资料的管理工作
	测量及其他工作	① 测量管理 ② 完成上级交办的其他事项
（3）施工员	施工前期准备	① 施工图会审 ② 编制各项施工组织计划、技术交底、施工组织方案
	施工现场管理	施工现场管理
	竣工验收及养护管理	① 竣工验收管理 ② 养护管理
（4）资料员	施工前期阶段	① 施工日志领用 ② 项目章刻制、领用 ③ 档案管理 ④ 工程前期资料的报验
	施工阶段	① 来往文件管理 ② 施工日志检查与管理 ③ 各项台账建立 ④ 质量管理资料、质量验收资料、工程安全和功能检测资料
	竣工阶段	① 竣工验收前资料准备 ② 竣工资料移交 ③ 项目印章移交
（5）安全员	安全文明教育	安全文明教育
	安全管理	现场安全监督管理
	文明管理	现场文明监督管理

续表 2-3

岗位	主管工作	具体职责
(6) 材料员	施工准备阶段	① 施工前的准备工作 ② 初步确定供应商 ③ 材料采购合同的签订
	项目施工阶段	① 材料进场 ② 进场场材料的质量检查和日常工作
	项目竣工验收阶段	① 剩余材料的盘点及调拨 ② 督促办理供应商结算
(7) 测量员		① 施工现场测量 ② 复核与记录数据 ③ 测量仪器维护
(8) 收料员	材料验收	① 材料验收 ② 料单开具
	材料管理	① 材料堆放 ② 台账整理 ③ 材料使用
(9) 核算员	B1 表及调整表、月度施工产值、成本分析	① 参与清标工作 ② 项目工程合同预算成本(利润)汇总表(B1 表)及项目预算成本实施调整表(X-S06 表) ③ 项目月度施工产值编制 ④ 项目月度施工产值与成本分析 ⑤ 劳务、机械及分包价格确认发起流程 ⑥ 劳务、机械及分包合同预算发起流程 ⑦ 月度内部成本结算 ⑧ 内部成本完工结算 ⑨ 配合 B3 表关门 ⑩ 结算资料收集
(10) 质检员		① 入场材料质量检验 ② 施工质量管理 ③ 施工质量监督检验及其他工作
(11) 会计员		① 区域备用金的保管、支付及清账 ② 施工项目成本的归集 ③ 辅助项目部劳务费的发放 ④ 领导交办的其他工作

(二) 临时设施搭设

为满足项目进场后所有人员工作、生活的需要,在现场修建办公、生产、仓储及职工宿舍等临时性建筑,并保证施工阶段的材料、物力及劳动力的供应满足要求。具体内容及标准详见《安全文明生产标准化手册》。

五、项目进场筹备

(一) 现场踏勘

现场踏勘是施工准备的重要内容,目的是了解工程项目的情况。通过现场踏勘,可以了解工程项目的全貌和技术特点,以便更好地清标、编制项目 B1 表、二次经营、了解材料信息价等,确定合理的施工部署和施工措施,为编制切实可行的实施性施工组织设计、施工预算及变更设计提供依据。

1. 现场踏勘参加人员

区域公司收到公司的项目安排后 3 天内,由区域公司牵头组织项目部相关人员进行现场踏勘。

2. 现场踏勘的依据

(1) 招投标文件、中标通知书及协议书等合同文件。

(2) 设计图纸。

(3) 上级或业主单位下达的划分施工任务的文件。

3. 现场踏勘的准备工作

(1) 认真阅读招、投标文件与设计文件,初步了解项目的工程建设情况和有关问题。

(2) 编制调查提纲,按岗位职责划分调查任务。

(3) 拟定具体的调查计划,必要时邀请相关单位如监理、设计等负责人共同进行现场调查。

4. 现场踏勘的内容

根据建设项目的规模、性质、特点、条件和调查目的有所侧重,一般包括以下几个方面:

(1) 设计概况。首先要了解设计意图、主要技术条件和设计原则、主要设计方案比选及设计方面存在的主要问题。

(2) 了解总的地形地貌。与既有公路、铁路交叉的地点;对施工造成影响的地上、地下管线及建筑物;对工程范围沿线环保、文明施工要求较高的学校、医院、文物古迹、风景旅游区、军事禁区、居民住宅等;工程范围所经过的河流、湖泊、大型水塘水池等。

(3) 水文气象资料。气温、雨量、大风季节、积雪厚度、冻土深度等对施工的影响,河流洪水期最高水位,枯水期、季节性河流,易发生泥石流、地质滑坡、坍塌、落石等区域。

(4) 地质情况。工程所在地的地质构造探测,岩层分布、风化程度、地震等级及地下水的水质、水量,不良地质现象和工程地质问题对施工的影响。

(5) 信息价。了解工程所在地区最新材料的信息价。

(6) 当地可利用的电力、燃料、民房及水源等情况。

(7) 交通通信。铁路、公路、便道及桥梁的等级标准;路面宽度、长度、交通量;允许通过的吨位等其他可以利用的交通工具种类、数量、运输及装卸能力、货运单价等;当地有线、无线通信的条件及单价等。

(8) 用地与拆迁情况。了解当地政府有关环境保护、征(租)土地、拆迁的政策、要求和规定;详细了解当地人口、土地数量、重大的施工干扰、地下建筑、人防及古墓等情况;了解站场用地、拆迁农田、水利、交通的干扰及处理意见。

(9) 水源和生活供应。当地生产生活用水的水源、水质、水量、环境污染情况,生活供应标准,主副食品种类、价格,邮电、商业网点情况。

(10) 当地的风俗习惯,特别是对重大节日或庆祝活动的了解,明确施工中应注意的事项,地方疫情、医疗卫生及社会治安情况。施工方案是否满足地方环保部门的要求。

5. 施工踏勘报告

现场踏勘完成后,项目经理根据现场踏勘情况,在 5 个工作日内完成书面踏勘报告。

（二）图纸会审

1. 定义

图纸会审是指工程各参建单位(建设单位、监理单位、施工单位)在收到设计院提供的施工图文件后,对图纸进行全面细致的研究,审查出施工图中存在的问题及不合理的情况并提交设计院进行处理的一项重要活动。

2. 图纸会审的重要性

图纸会审的重要性包括:①是合理编制施工组织设计的基础;②是准确编制项目预算 B1 表的依据;③是正确进行技术交底的前提;④是确保工程施工质量的关键;⑤是工程变更的最佳时机和加快进度的有利环节。

图纸会审是施工前的一个重要步骤,是关系今后施工能否顺利进行的一个关键程序。所以在建设单位组织图纸会审前,区域公司要组织项目经理部全体施工管理人员认真进行图纸的研究、审查,领会设计意图,全面理解和掌握项目实施的重点及难点,找出需要解决的技术难题并拟定解决方案,从而将因设计缺陷而出现的问题消灭在施工之前。

3. 图纸会审的主要内容

(1) 总平面图重点审查内容

① 建筑平面布置在总平面图上的位置有无不明确或与实际情况不符之处。

② 复核与园路相接的建筑底层入户大堂地面标高有无低于园路及入户平台的现象。

③ 对涉及整个场地标高的地下车库顶板的范围、边界及标高等进行复核。

④ 场地内是否有园林设计图中未标注的构筑物,如地下采光井、通风井等。

⑤ 是否有园林构筑物,如亭子或水景等构筑物的基础位于车库顶交界处,如有需要可以进行防不均衡沉降处理。

⑥ 场地内是否有大面积回填土区。如果有,应及时协调设计方进行基础处理及加固,如地下车库周边回填等(通常由其他施工单位回填,回填过程并未严格分层回填及碾压)。

⑦ 是否有已施工的管道及井口位于拟建园林水池内或穿越水池的管道标高高过池底的情况,并对后续进行的管道施工进行介入监督,同时应在开工前对场地内所有井口位置进行测绘,避免绿化填土时掩埋。

⑧ 审查地下车库顶板的承载设计是否能满足园林设计的填土厚度。地下车库的活荷载设计直接关系到施工车辆在上方的通行及后续施工的吊车摆放位置。

⑨ 审查总图场地内的标高情况,利用环路闭合法复核标高。同时,复核场地内地面排水情况,以及地面排水与雨水井的配合。

⑩ 审查是否有园林构筑物或园路离住户窗台过近,影响住户隐私及采光。

⑪ 场地内大型乔木的分布是否有吊车盲区或永久性闭合场地,如有以上情况应组织专项施工或场地尚未闭合时优先施工。

另外,还需审查场地内永久性设备控制箱,确认永久性外接水源的位置。审查场地内灯具的分布,避免出现"暗区"。审查场地内灌溉系统的喷头分布,避免出现"旱区"。还需注意接水时拉管过长、横穿车行道等情况。

（2）绿化苗木搭配的图纸审查重点内容

① 场地内所选用的苗木是否与业主或设计要求的景观风格接近。

② 图纸所标注的苗木是否适合当地气候及场地内土壤。

③ 当图纸中标注的苗木使用非通用名或英文图纸时（国外设计公司），应当在图纸会审时以书面形式列明中文通用名并得到业主确认。

④ 在对项目周边苗木市场进行调查后，对无法采购到图纸所标注的苗木（超出成本价也无法采购），在图纸会审时提请业主进行调整，并依据项目周边的调查情况提供多项备用方案供业主选择后确认。

⑤ 与业主确定大型乔木的号苗时间，并通知项目管理公司进行相应的准备。

⑥ 图纸标注苗木位置是否离建筑太近而对住户采光、安防有不利的影响。

⑦ 应积极争取业主授权对施工方依据到达现场的苗木树形、苗木规格、生长习性进行局部调整的权力，在不影响工程造价的情况下达到最佳效果。

（3）水景、泳池、溪流图纸重点审查内容

① 水池等构筑物的基础是否能满足设计要求。当水池基础为大面积回填土且沉降不充分时应及时与设计方及业主协商处理。

② 水池内钢筋的配置是否满足设计及规范要求，局部是否已加强。

③ 当合同约定结构部分由其他土建单位施工时，应在图纸会审过程中明确园林施工单位在结构施工过程中需进行的配合工作。特别重要的是，要约定结构施工存在的质量缺陷（主要是下沉及漏水）在后期使用过程中给业主及园林施工单位带来损失时责任的界定及工程的索赔问题。

④ 图纸标注的防水方式是否合适，是否在泳池内采用了有毒的防水材料，并留意防水材料与水池沉降缝的搭接处理是否满足规范要求。

⑤ 水池内的喷水雕塑，各类花钵的大小、比例搭配是否合适。

⑥ 水池内石材是否已经过防泛碱处理。石材的通用采购厚度与设计标注厚度不同时，应及时在图纸会审时知会业主及监理（石材通用厚度约比图纸标注少 5 mm）。对于天然色差比较大的石材或需要通过石材纹理体现艺术效果的石材，如各类锈石等，应及时知会业主。到场材料与样本之间有存在差异的可能，因此需要将双方达成的共识做好书面记录，避免材料到场后产生不必要的纠纷。

⑦ 水电设备的配置是否合理，水泵设备的功率及灯光效果能否满足跌水效果的要求。特别是外置储水池容量的核算非常重要，产生的"抽空"现象将给工程带来无法修复的损失。

（4）亭子、景墙、构筑物图纸重点审查内容

① 亭子等构物的基础及结构是否能满足设计要求。

② 采用现场搭简易竹架的方法是否符合亭子及景墙的高度及高宽比，特别是亭子的檐口高度，过低的檐口高度会使亭下的人产生压抑感。如为双层上人亭，应考虑是否会对业主的隐私造成影响。

③ 当亭为钢木结构时，荷载分配是否明确合理，钢构断面是否能满足受力要求，木材的防火防腐处理能否达到要求。

④ 当为保安亭时，需复核窗台高度，窗台高度过低或过高都将影响其使用功能。当保安亭内有监控及道闸控制时，图纸会审过程中应会同相关施工单位确定预留孔洞。

⑤ 注意各种石材饰面的颜色搭配、压顶厚度、石材收口形式是否合理。

（5）平台、园路、小桥图纸重点审查内容

① 整个场地内园路设置是否合理、简洁，道路是否主次分明、顺应流线。应避免行人直接穿越绿化带。

② 如建筑物周边的水表、电表无路面直达需穿越绿化带时，应增加设置零星汀步。

③ 是否有园路离住户入口太近，无缓冲区；是否有园路离窗台太近，影响住户隐私。

④ 需重点关注路面的排水状况，复核标高及路面坡度，不应形成积水区。

⑤ 各种路面、入户平台是否已考虑无障碍设计。当现场受到限制时，修改后的无障碍通道的坡度能否满足无障碍设计要求。

⑥ 地面各种伸缩缝的分布，以及防止不均匀下沉的措施。

⑦ 对于各种铺装材料应慎重选择。对不适宜的情况，应坚决果断地提请业主进行更换，如行车道上及我国寒冷地区就很忌讳使用水洗石米（摩擦后路面泛黑，受力及冰冻后开裂，裂缝修补效果极差，整体更换工程量大，对周边污染大）；又如泳池周边平台采用有棱角的各类冰裂石材亦不合适，对于回填区路面应采用彩色水泥砖铺贴，有观赏效果好、抗下沉性好、便于修补等优点。

4. 图纸会审技巧

检查施工图中容易出错的地方有无出错，以及原施工图有无可改进之处。一般要从有利于工程施工、保证工程质量和利于项目美观的角度提出施工图的改进意见。

（三）研究工程招、投标文件

项目负责人接到项目实施任务后，要组织项目部所有人员认真研究工程的招、投标文件及图纸，并了解当时的投标策略、报价策略、价格清单和施工组织设计。

（四）研究项目施工合同

合同签订后，项目负责人要认真组织项目部管理人员仔细研读合同条款，熟悉掌握合同内容及风险防范措施。根据性质、范围的不同，将责任分解至相关的每个人，做到各管理人员对合同内容心中有数，在项目部内部形成全员、全过程、全方位的合同管理模式。

相关合同内容条款如下：

（1）项目工期、质量标准。

（2）安全文明施工与环保要求。

（3）变更约定。

（4）合同价格形式、价格清单。

（5）计量原则。

（6）付款方式。

（7）工程结算程序、审计程序等。

（8）履约保证。

（9）工程验收、移交程序。

（10）缺陷责任期与保修。

（11）违约责任。

工程养护标准工程合同一经签订，确定了合同价款和结算方式之后，影响工程成本的主要因素便是工程设计变更或签证,以及工程实施过程中的不确定因素。所以,应深入理解合同的每一个条款,切实加强日常管理,使管理行为正规化、规范化。建立健全合同管理制度,严格按照规定程序进行操作,以提高合同管理水平,控制成本。具体工作如下:

(1) 做好合同资料文档管理工作。合同及补充合同协议、经常性的工地会议纪要、工作联系单等实际上都属于合同内容的一种延伸和解释,应建立档案并对合同执行情况进行动态分析,根据分析结果采取积极主动的措施。

(2) 做好合同的分析工作

① 要分析合同漏洞,解释有争议的内容。工程施工的情况是千变万化的,再标准的合同也难免会有漏洞。找出漏洞并加以补充,可减少合同双方的争执。另外,合同双方争执的起因往往是对合同条款理解的不一致,因此要分析条文的意思,就条文的理解达成一致意见,为变更索赔打下基础。

② 要分析合同风险,制定风险对策。界定和确认工程项目所承担的风险是什么,风险影响程度的大小,找到对策和措施去控制风险、规避风险。

(3) 做好合同实施交底工作。项目部对所有合同要进行交底,以会议与书面相结合的形式向全体人员介绍各个合同的承包范围、各方的责任与义务、合同的主要经济指标、合同存在的风险、履约中应注意的问题,将合同责任进行分解,具体落实到职能部门与个人。同时,项目部合同管理部门需对项目部各部门的合同履行情况进行管理、分析、协调,这样可加大合同管理力度,提高全员合同管理的意识。

(五) 工程项目成本预算表(B1 表)编制

B1 表即工程项目成本预算表,是项目开始实施前公司所要求做的第一张表,也是直接体现项目利润及指导后期项目运营的表。所以在施工合同签订后、工程开工前或筹备会召开之前(三者中具备一项即条件成立),区域项目部由项目经理牵头根据公司所下达的利润目标及清标情况完成 B1 表编制。

1. B1 表作用

(1) 是项目施工各项施工成本预测框架性文件,可以预测(控)项目目标利润,是项目施工过程中成本的控制依据。

(2) 项目施工过程中与实际产值成本表对比,辅助监控项目实施成本及成本消耗的量价分析。

(3) 是财务毛利率指标的参考依据。

(4) 项目完工后,与完工成本 B3 表对比,总结项目施工成本控制经验。

2. 编制依据

(1) 招标文件、施工图纸、投标报价清单、项目清标结果、现场实际情况及市场劳务、机械、材料价格(其中材料费以材料员询价确认为准,部分可参考近期已采购材料的历史数据)。

(2) 目标利润要求。

(3) 各项目区域现行有效版本的预算定额(或公司成本预算定额)。

(4) 经审定的施工组织设计及施工方案。

(5) 公司内部人工、材料、周转设备、施工机械的现行指导价。

3. 编制 B1 表

EPC 项目分为方案 B1 表、初步方案设计 B1 表和施工图 B1 表 3 个阶段的 B1 表编制。有投标清单的项目根据施工图仅需完成施工图 B1 表编制。

由区域项目部项目经理牵头,区域核算、采购、施工共同编制 B1 表。区域核算总监、项目经理和区域总经理审核完成后报成本核算中心和资源采购中心审核,资源采购中心审核材料价格,成本核算中心审核工程量和其他。在后期采购过程中,材料单价只能小于或等于 B1 表所确定的材料单价,否则价格确认流程不予通过,后期所采购单项材料的总量也只能小于或等于 B1 表内的量。

4. 时间和要求

（1）1 000 万元以下工程,在进场后的 5 天内完成成本预算的编制。

（2）1 000 万元(含)～2 000 万元的工程,在进场后的 7 天内完成工程项目成本预算的编制。

（3）2 000 万元(含)～3 000 万元的工程,在进场后的 10 天内完成工程项目成本预算的编制。

（4）3 000 万元(含)以上的工程,在进场后的 14 天内完成工程项目成本预算的编制。

5. 专题讨论审定会议

区域公司上报 B1 表后,由项目部牵头组织资源采购中心、工程管理中心、财务中心、成本核算中心及公司高管参加项目预算 B1 表审核分析会议。

会议依据项目部上报的 B1 表,审核各项材料单价是否合理。依据审核后的各项材料单价与项目部共同探讨价格的合理性,根据前期图纸会审时提出的需要变更的材料品种或材料规格重新制订 B1 表内单价,并在 B1 表备注内予以说明。最终确定并调整,形成会议纪要,由各部门签字确认,调整好的 B1 表可进入审批流程（见图 2-2）。如在后期实际经营活动中,B1 表内的任何数据发生变化,项目部应及时调整 B1 表,否则所有流程都不予审批通过。

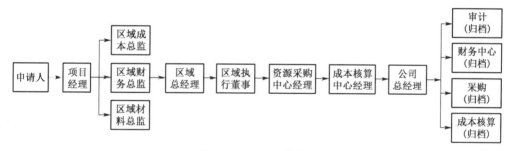

图 2-2　B1 表审批流程

（六）施工组织设计

一个建设项目的施工可以有不同的施工顺序,每一个施工过程可以采用不同的施工方案,每一种运输工作可以采用不同的方式和工具,现场施工机械、各种堆物、临时设施和水电线路等可以有不同的布置方案,开工前的一系列施工准备工作可以用不同的方法进行。不同的施工方案,其效果是不一样的。怎样结合工程的性质和规模、工期长短、工人数量、机械设备情况、材料供应情况、运输条件等各种技术经济条件,从经济和技术统一的全局出发,从许多可能的方案中选定最合理的方案,对施工的各项活动做出全面部署,编制出规划和指导施工的技术经济文件(即施工组织设计),这是项目开始施工之前必须解决的问题。

具体内容详见第三节施工组织设计。

(七) 项目筹备会议组织

良好的开端是成功的一半,项目筹备会议是一个项目的开始,因此其对于项目的顺利开展非常重要。项目筹备会议的召开可以使项目团队成员对该项目的整体情况(项目概况、性质特点、重点难点、项目拟实施的各项资源配备计划、施工组织等)和各自的工作职责有一个清晰的认识和了解,为日后协同开展工作做准备;同时,还能获得各相关职能部门对项目实施中存在问题的各种配合协调、支持。

＊ 牵头单位:区域公司。

＊ 参与单位:工程管理中心、资源采购中心、成本核算中心、财务中心、设计院。

＊ 时间节点:项目实施方案及 B1 表编制完成后 3 天内。

＊ 会议流程

(1) 项目经理就项目的实施方案内容进行汇报。

(2) 区域公司、各职能部门对汇报中存在的问题提出修改意见,项目部根据要求进行完善。

(3) 区域公司对筹备会形成书面会议纪要,报工程管理中心备案。

＊ 会议要求

(1) 项目实施方案内容必须符合项目的实际情况,忌空话、套话。

(2) 区域公司提前进行会议安排,给相关部门充足的时间进行研究、审核,不得使会议流于形式。

(3) 各部门应认真研究方案内容,在会议召开前,根据各部门专业出具书面意见或建议报工程管理中心备案。各部门应关注的主要问题如下。

工程管理中心:

① 项目实施方案格式、内容是否符合公司规定的要求,是否存在缺项。

② 项目管理团队各专业人员配备是否齐全、合理、满足项目施工管理需要,专职安全员是否持证上岗等。

③ 施工部署、技术运用、各项目施工工序衔接是否合理,内容是否符合项目实际情况、是否具有针对性及可操作性。

④ 季节施工及各专项施工方案是否齐全、可行、科学、合理。

⑤ 施工中人材机的配置是否满足工程施工需要。

⑥ 施工现场总平面图设计是否合理。

⑦ 施工进度是否满足项目进度目标,是否留有调整余地,网络图、横道图绘制是否合理。

⑧ 确保工程目标实现的各项措施是否合理、可操作。

成本核算中心:

① 研究本项目是否有下浮率、施工图预算造价是否已下浮等问题。

② 按照施工图预算造价组成分专业合计造价:绿化、土建景观、土方、清杂、市政、其他不可预见费、总造价等。主要是为了控制各项成本,特别是控制材料成本占比。

③ 土方工程:针对挖土方、回填方、余方弃置、余方场内平衡、种植土回填等工程量计量问题,需要进场前完成原地面标高和完工后完成面标高三方测量签字盖章记录,绿地起坡造型工程量计量单需完成签字盖章手续,手续完善后计入最终结算。根据审计经验,无此手续争取不

到此项金额。

④ 隐蔽工程：做好地基验槽记录，留好施工期间木支撑和草绳缠绕照片，注意铺装工程基层厚度做法（现场测量拍照），土球尺寸需合格（现场测量拍照），留好毛球营养钵照片等，并做好隐蔽工程验收记录，留好现场影像资料和照片，以备后期审计需要；市政道路和铺装工程基层要做好记录。

⑤ 变更签证：施工期间及时完善变更资料，注意变更签证的时效，在施工期间完善手续，不要等到施工完成后再去完善变更资料，因为有的甲方代表随时会变动。有不在投标清单范围内的要及时找甲方核价，完善变更资料，计入最终结算。项目部要做到及时变更签证，完善签证手续。

⑥ 移苗工程：移栽苗和销毁苗木如何计量，现场是否可以销毁苗木。项目部应提前做好各方面应对措施，提前和甲方沟通，做好工程量确认单，防止成本发生后没有对应的产值上报。

⑦ 小品：如健身器材、垃圾箱、指示牌等，是否有品牌要求，有品牌要求的要予以标注，并在施工期间做好核价工作。其他独立工程在施工期间做好核价工作，核价手续要齐全，否则不好计入最终结算。

⑧ 施工图存档：项目部负责施工图存档，由项目部项目经理牵头，项目核算员要存档一份施工图，保证最终结算上报资料的完整性。

采购中心：筹备会时期，采购中心需要编制项目人、材、机及专业分包需求总计划，其中要注意以下问题：

① 必须严格对照 B1 表的规格及数量。

② 涉及异型加工或其他需要看图纸才能询价的材料，必须在需求计划表中插入图纸。

③ 机械要注明机械的种类、型号及计划使用时间。

④ 劳务需要注明需要的劳务班组种类、计划用工人数。

⑤ 专业分包工程要注明专业分包的种类并附专业分包图纸。

（八）人、材、机及专业分包合同签订

1. 合同签订的前提

（1）签订合同的供应商必须为库内供应商。

（2）签订合同前需通过询价比价、库内招投标来确定各类供应商。

2. 采购注意事项

（1）苗木采购注意要点

① 采购前认真审阅设计图纸、清单，理解设计意图。

通过清单与图纸对照，确定苗木栽植位置、栽植形式。尤其对乔木要重点了解，分清行道树、树阵、自然栽植等栽植方式。根据苗木栽植位置的重要性，确定相应的采购苗木质量标准。对于设计中出现的不适应项目所在地生长的苗木种类需及时与设计单位、业主沟通，提出合理化建议。

② 根据苗木清单，确定苗木采购货源地，对重点苗木进行考察。

有明确主产区的苗木，如银杏、国槐、白蜡等，若苗木产区与项目施工地点距离较远，要根据项目所在地气候特点、栽植条件、施工时间来确定是否为货源地。如果需求数量较大，或因成本限制、当地资源紧缺等原因确实需要从主产区供苗，可考虑在工地附近提前进货囤苗。

对苗木货源地的考察除了解苗木质量、价格外，还必须知道产地苗木的株行距、土壤状况、装运条件、工人技术实力，以保障苗木土球满足质量要求。观赏树、超大规格苗木尽量选择在周边采购以保障成活率。相同质量苗木选择运距短的货源地进行采购。

③ 对货源地的实地考察。

重点苗木应选择专业性强、信誉度高、长期合作的供应商供货，因为他们了解公司的要求，能够相对保障供应苗木的质量、进度。

对于栽植面积较大、工期集中的苗木种类，如色块、地被、草坪等，考虑专业生产苗圃供苗。

④ 确定苗木质量标准，与供应商签订有详细苗木质量要求的苗木采购合同。

目前，绿化苗木还属于非标产品，在与供应商签订合同前，一定要对苗木质量标准与要求进行严格的确认，避免苗木进场后因品质的差异所造成的合同纠纷。

乔木规格依据不同树种包括胸径、地径、分支点高度、冠幅、高度、土球规格（土球直径×高度）等，质量要求包括冠型、分枝要求（主分枝）、病虫害情况等。灌木规格包括高度、分枝数、分枝地径、土球等。

此外，采购人员可利用发达的通信工具，要求供应商提供清晰的苗木图片作参考。同时，采购人员需提高自身业务水平，识别形态相近、同名异树、同树异名树种，识别不同花色、雌雄株等树种，避免采购失误。

为提高苗木移栽成活率，大型落叶乔木胸径相同的，如没有特殊要求，应选择总高度低的苗木。野生苗木采用人工林苗木，选择大株行距或林地边缘苗木。

（2）石材采购注意要点

① 依据招标文件、图纸、设计要求、设计师及甲方提供的材料样板，经市场询价定位后选取新样板并（设计师及甲方）签字确认、留样封存。

② 询价时一定要把以下几项谈清楚：板材规格尺寸、颜色厚度、价格、磨边、掏孔、打磨、切口、倒角、异型加工、表面处理以及运输费用。

③ 挑选石材时，除了看表面效果，如花纹是否美观、是否平整、有无色差、有无色线、有无沙孔、有无弥补的痕迹，还要看侧面的纹路。

④ 石材一般放在外面，灰尘较大，不易看清楚。铺装前可将水泼到石材上，以便看清石材的真实颜色，同时用手摸一下并感受其是否光滑。

⑤ 涉及弧形加工的一定要附加工图纸，必要时可以要求供应商现场脱模以保证加工规格与现场无偏差。

⑥ 运输前，一定要强调供应商对石材四周做好保护措施，例如用竹片包边、用薄膜覆盖等，以防止运输过程中碰撞造成缺边、缺口。

（3）灯具采购注意要点

① 报价前，需提供样品至项目部封样。

② 询价前，要熟悉灯具的材质、壁厚、光源品牌、芯片品牌等必要的参数。

③ 本次投标报价包含本技术文件所要求的所有配件及附件。包括：灯具、光源、电器、引出线、防盗框、防眩光格栅、防眩光遮罩、线性投光灯的桥架及支架、灯具安装支架、螺杆、螺栓等。

④ 外观质量：灯具表面应光滑，以防污物堆积，便于清洗；无损伤、变形、涂层剥落，玻璃罩

应无气泡、明显划痕和裂纹等缺陷。

(4) 景石采购注意要点

① 通过了解景石的用途及摆放位置来确定采购何种景石,如千层石、龟纹石、河滩石等。

② 计量单位以吨位计算采购费,还应含摆放的人工费、机械费。

③ 注明最终的结算是以项目现场每车的过磅单为结算依据,而不是以供货方的单据作为结算依据。

(5) 防腐木采购及安装注意要点

① 防腐木品种的质量必须符合设计要求。

② 不允许腐朽、死节、漏节,活节小于等于 15 mm。

③ 端头平整、四面着锯、刨光。

④ 不允许出现断裂。

⑤ 顺弯弯曲度不大于 1%,横弯不允许。

⑥ 公差: -2 mm $<$ 宽度 $<+2$ mm, -1 mm $<$ 厚度 $<+1$ mm, -5 mm $<$ 长度 $<+5$ mm。

(6) 给排水管采购注意要点

① 了解需采购的是给水管还是排水管、是冷水管还是热水管等要求。

② 了解公斤压力等级、环刚度等参数。

③ 必须有检测报告及合格证。

④ 必须包检测。

(7) 钢材采购注意要点

① 钢材表面不得有裂纹、结疤和折叠。钢材表面允许有凸块,但不得超过横筋的高度,钢材表面其他缺陷的深度和高度不得大于所在部位尺寸的允许偏差。

② 采购的钢材需符合国标(注:产自比较大的钢厂,有质量合格证、材质单等)。

③ 尽可能到大型钢材公司的经销部门或分公司采购,钢材由生产公司直供,钢筋质量有保证。

④ 要看钢筋外表质量和标记。钢筋应在其外表轧上商标标记、厂名(或商标)和直径。

⑤ 需说明是过磅计算重量还是按理论计算重量。

(8) 劳务及专业分包班组注意事项

① 劳务及专业分包商入库的对象必须是具有法人资质企业的单位。

② 入库的劳务班组及专业分包商必须有相关的工程专业施工经验和从事专业分包的经营许可,劳务及专业分包组的负责人从事工程施工不得少于 3 年,且班组队伍未发生过重大安全事故。特殊工种的施工人员须持证上岗。

③ 入库的专业分包商必须具备完整的组织架构,项目经理及其他相关管理人员齐全。

④ 劳务及专业分包班组人员须遵纪守法,无酗酒、吸毒等不良嗜好,无恶意上访、聚众闹事的劣迹,不得使用违背《中华人民共和国劳动法》规定的施工人员,不得收留违反社会治安及犯罪在逃人员。

⑤ 劳务班组须严格按照项目部对进度、质量、安全施工等方面的管理要求,按时按质完成项目部交代的任务。

3. 合同签订

经招标、询价比价确定供应商后,区域公司相关人员依据招标、询价比价结果发起价格确认及合同审批流程。合同签订还需注意以下事项：

（1）上传的附件为当年度公司发布的 Word 版本的电子合同及链接之前发送的《X-S02 项目施工材料、设备、劳务、分包采购价格确认表》（表 2-4）。

（2）《X-S03 项目材料、设备、劳务、分包采购合同审批表》（表 2-5）必须与《X-S02 项目施工材料、设备、劳务、分包采购价格确认表》中选定的供应商信息、价格、付款方式等内容一致。

（3）《X-S03 项目材料、设备、劳务、分包采购合同审批表》流程结束后，将其中 Word 版本的电子合同打印 2 份，由供应商签章及区域公司总经理签字后，统一由资源采购中心盖章并留存。

（4）合同签订的量必须与总物资需求计划及价格确认的量一致。如果后期量有变动，减少量不需要补充合同，增加量（5％以上）则需要补充合同。总而言之，所有合同的量必须小于或等于 B1 表的量，若大于 B1 表的量请出示变更手续及说明情况并调整 B1 表（如同一品种分几家在供，这几家供应商合同累计的总量不能超过 B1 表的量）。

（5）必须注明材料进场时间及处罚规定。专业分包工程必须注明材料进场时间及完工时间。

（6）合同编号。收到合同后由资源采购中心统一进行编号。

（7）合同内的签字日期必须是合同流程审批结束后的日期。

（8）法人不是供应商本人的公司需要授权委托书及委托人和被委托人的身份证复印件并签字盖章。

（9）走流程附图纸及预算清单的合同，需将图纸及预算清单让供应商一并签章。

（10）劳务分包涉及包辅材的，一定要在合同内注明此家劳务分包单位所分包工程内的辅材用量。

（11）劳务分包合同需有班组负责人签字盖章的承诺书。

（12）劳务分包合同需有班组负责人提供拟投入施工的班组人员花名册及身份证复印件。

表 2-4　X-S02 项目施工材料、设备、劳务、分包采购价格确认表

苗木价格确认表

项目名称：

序号	名称	规格/cm					单位	暂定数量	单价	拟定供应商	进场时间	备注
		胸径(ϕ)	米径	地径(d)	高度(H)	蓬径(P)						

材料价格确认表

项目名称：

序号	名称	规格	单位	暂定数量	单价	拟定供应商	进场时间	备注

绿化劳务（清单版）价格确认表

项目名称：

序号	名称	特征描述	单位	数量	金额/元		拟定供应商	备注
					拟定单价	合计		

续表2-4

绿化劳务(辅助工)价格确认表

项目名称：

序号	人员名称	工作内容	性别	身份证号	单位	数量	拟定价格	拟定供应商	人员进场时间	备注

专业分包价格确认表

项目名称：

序号	名称	特征描述	单位	暂定数量	单价	合价	拟定供应商	备注

表2-5　X-S03项目材料、设备、劳务、分包采购合同审批表

供应商名称		申请人	
工程名称		合同编号	
分项工程名称		是否库内供应商	
合同类型		合同金额	
标准合同附件			

合同主要条款及内容：

（九）项目资金计划编制

工程项目资金预算是工程项目资金管理的组成部分。根据工程项目施工进度、项目预计的利润水平、产值成本结构,结合采购合同预计的付款条件,依据项目公司目前的资金状况,编制项目的付款预算。结合施工合同的回款条件编制项目的收款预算。收款预算和付款预算共同构成工程项目的资金预算。具体形式见表2-6。

表2-6　项目资金计划示例

类　别	2022-1	2022-2	2022-3	2023-1	2023-2	合计
月度计划产值						
月度实际产值						
月度计划成本						
月度实际成本						
月度计划付现						
月度实际付现						
月度计划回款						
月度实际回款						

要完成工程项目的资金概算,必须具备以下条件:①项目的施工进度,预计的施工工期、竣

工验收时间和工程结算时间;②施工各月度预计完成的产值及对应的成本结构;③预算成本B1表提供的预算总成本和合同毛利率;④按照"工程项目目标管理责任书"中的成本付现控制目标和"合同付款条件"进行付款;⑤施工合同的回款条件。

第三节　施工组织设计

一、施工组织设计的分类和原则

（一）施工组织设计的作用

施工组织设计是以施工项目为对象编制的,用以指导施工的技术、经济和管理的综合性文件,其主要作用有:

（1）合理的施工组织设计体现了园林工程的特点,对现场施工具有实践指导作用。

（2）能够按事先设计好的程序组织施工,保证正常的施工秩序。

（3）能及时做好施工前的准备工作,并能按施工进度做好劳动力、材料、机械设备等资源配置工作。

（4）可以使施工管理人员明确工作职责,充分发挥主观能动性。

（5）能很好地协调各方面的关系,解决施工过程中出现的各种情况,使现场施工保持协调、均衡、文明。

（二）施工组织设计的分类

园林建设项目具有面广、量大,涉及专业门类较多,新技术、新工艺、新材料、新设备应用比较超前等特点,与其他行业相比具有独特性。

1. 按性质分类

施工组织设计按性质的不同可分为指导性施工组织设计、实施性施工组织设计。

（1）指导性施工组织设计是投标前的施工组织设计,是作为编制投标书的依据,是按照招标文件的要求编写的大纲型文件,追求的是中标和经济效益,主要反映企业的竞争优势。

（2）实施性施工组织设计是中标后的施工组织设计,主要起到"项目管理实施规划"的作用,满足施工准备和施工的需要。

2. 按编制对象范围分类

施工组织设计按编制对象范围的不同可分为施工组织总设计、单位工程施工组织设计、分部分项工程施工组织设计。

（1）施工组织总设计。施工组织总设计是以建设项目为编制对象,在有了批准的初步设计或扩大初步设计之后方可进行编制,目的是对整个工程施工进行通盘考虑,全面规划。

（2）单位工程施工组织设计。单位工程施工组织设计以单位工程为编制对象,用以直接指导单位工程施工。单位工程施工组织设计是在施工组织总设计的指导下,由直接组织施工的单位根据施工图设计进行单位工程施工组织编制,其可作为施工单位编制分部作业和月、旬施工计划的依据。

（3）分部分项工程施工组织设计。分部分项工程施工组织设计是以分部分项工程为编制对象,用以指导分部分项工程施工全过程各项施工活动的技术、经济和组织的综合性文件。它所阐述的施工方法、施工进度、施工措施、技术要求等更详尽具体,例如园林喷水池防水工程、瀑布落水口工程、特殊健身路铺装、大型假山叠石工程、大型土方回填造型工程等。

3. 按编制内容的繁简程度分类

施工组织设计按编制内容的繁简程度不同可分为完整的施工组织设计和简单的施工组织设计两种。

(1) 完整的施工组织设计。对于工程规模大、结构复杂、技术要求高以及采用新技术、新材料和新工艺的拟建工程项目,必须编制内容详尽的完整的施工组织设计。

(2) 简单的施工组织设计。对于工程规模小、结构简单、技术要求低和工艺方法不复杂的拟建工程项目,可以编制仅包括施工方案、施工进度计划和施工总平面布置图等内容的简单的施工组织设计。

(三) 施工组织设计的编制原则

(1) 依照国家政策、法规和工程承包合同施工。

(2) 符合园林工程的特点,体现园林综合艺术。

(3) 采用先进的施工技术和管理方法,选择合理的施工方案。

(4) 制订周密而合理的施工计划,加强成本核算,做到均衡施工。

(5) 采取切实可行的措施,确保施工质量和施工安全,重视工程收尾工作,提高工效。

(四) 施工组织设计的实施保证

(1) 组织体系保证。安排经验丰富、管理水平高的工程技术管理人员组成项目部,加强对工程的施工组织和技术管理,确保施工进度。

(2) 资金保证。保证项目资金专款专用,待阶段工程施工完毕及时回收工程款,确保工程的连续施工。

(3) 机械设备保证。按施工组织设计配备各类施工机械,机械设备由专业人员操作,并配备专业机修人员,确保工程连续施工。现场至少配备1台发电机,以便在停电或用电高峰期能保证工程连续施工。

(4) 材料保证。根据工程进度至少提前1个月安排施工组织设计中所计划材料进场,确保工程顺利实施。

(5) 生产人员保证。根据施工组织设计要求,选派施工经验丰富、操作技能高的专业施工队进行施工。根据施工需求随时调配人员,确保各阶段特别是高峰期的施工人数。

(6) 合同保证。施工期间与施工班组签订承包合同,并始终保持总进度控制目标与合同工期一致,各类分包合同的工期与总包合同的工期相一致。合同签约双方都要全面履行合同中约定的义务,以合同形式保证工期进度的实现。

(7) 技术保证。建立以项目总工程师为核心的技术负责体制,针对工程重点开展技术攻关、技术革新活动,合理安排季节性施工,积极采用新技术、新工艺、新材料、新设备,确保工程顺利完成。

(8) 协调组织保证。施工期间严格控制各专业间的密切配合,对预埋管线、预埋件的留置和洞口的预留要确保准确无误,同时做好成品保护。

二、施工组织设计的编制准备工作

（一）合同文件的研究

项目合同文件是承包工程项目的施工依据，也是编制施工组织设计的基本依据。对合同文件的内容要认真研究，重点弄清以下几方面的内容：

（1）工程地点及工程名称。

（2）承包范围。该项内容的目的在于对承包项目有全面的了解，明确各单项工程、单位工程名称、专业内容、开竣工日期等。

（3）设计图纸提供。要明确甲方交付的日期和份数，以及设计变更通知方法。

（4）物资供应分工。通过对合同的分析，明确各类材料、主要机械设备、安装设备等的供应分工和供应办法。由甲方负责的，要明确何时能供应，以便制定需用量计划和节约措施，安排好施工计划。

（5）合同指定的技术规范和质量标准。了解合同指定的技术规范和质量标准，以便为制定技术措施提供依据。

以上是需要着重了解的内容，对合同文件中的其他条款也不容忽略，只有对其进行认真研究，才能制定出全面、准确、合理的施工组织设计。

（二）施工现场环境调查

研究了合同文件后，就要对施工现场环境做深入的实际调查，做出切合客观实际条件的施工方案。调查的主要内容有：

（1）核对设计文件，了解拟建项目的位置、重点施工工程的工程量等。

（2）收集施工地区的自然条件资料，如地形、地质、水文资料（见表2-7）。

表2-7　施工地区及施工场地自然条件调查表

项目	调查内容	调查目的
气温	1. 年平均、最高、最低温度，最冷、最热月份的逐日平均温度 2. 冬、夏季室外计算温度 3. ≤−3℃、0℃、5℃的天数，起止时间	1. 确定防暑降温措施 2. 确定冬期施工措施 3. 估计混凝土、砂浆的强度
雨(雪)	1. 雨期起止时间 2. 月平均降雨(雪)量、最大降雨(雪)量、一昼夜最大降雨(雪)量 3. 全年雷雨、暴雨天数	1. 确定雨期施工措施 2. 确定工地排水、防洪方案 3. 确定工地防雷措施
风	1. 主导风向及频率(风玫瑰图) 2. ≥8级风的全年天数、时间	1. 确定临时设施的布置方案 2. 确定高空作业及吊装的技术安全措施
地形	1. 区域地形图：1：10 000～1：25 000 2. 工程位置地形图：1：1 000～1：2 000 3. 该地区城市规划图 4. 经纬坐标桩、水准基桩位置	1. 选择施工用地 2. 布置施工现场总平面图 3. 场地平整及土方量计算 4. 了解障碍物及其数量

续表 2-7

项目	调查内容	调查目的
地质	1. 钻孔布置图 2. 地质剖面图:土层类别、厚度 3. 物理力学指标:天然含水量、孔隙比、塑性指数、渗透系数、压缩试验及地基强度 4. 地基的稳定性:断层滑块、流砂 5. 最大冻结深度 6. 地基土的破坏情况:钻井、古墓、防空洞及地下构筑物	1. 土方施工方法的选择 2. 地基土的处理方法 3. 基础施工方法 4. 复核地基基础设计 5. 确定地下管道埋设深度 6. 拟定障碍物拆除方案
地震	地震烈度	确定对基础的影响、注意事项
地下水	1. 最高、最低水位及时间 2. 水的流速、流向、流量 3. 水质分析,水的化学成分 4. 抽水试验	1. 基础施工方案选择 2. 确定降低地下水位的方法 3. 拟定防止介质侵蚀的措施
地面水	1. 邻近江河湖泊距工地的距离 2. 洪水、平水、枯水期的水位、流量及航道深度 3. 水质分析 4. 最大、最小冻结深度及时间	1. 确定临时给水方案 2. 确定施工运输方式 3. 确定水工工程施工方案 4. 确定工地防洪方案

（3）了解施工地区内的既有房屋、通信电力设备、给水排水管道、坟地及其他建筑物情况，以便安排拆迁、改建计划。

（4）调查施工地区的经济技术条件。调查地方资源供应情况和当地条件,如劳动力是否可利用和各种材料的供应能力、价格、质量、运距、运费等,见表2-8。了解交通运输条件,如铁路、公路、水运的情况,通往施工工地是否需要修筑专用线路。

表 2-8　施工地区社会劳动力、房屋设施、生活设施调查表

序号	项　目	调查内容
1	社会劳动力	1. 当地能支援施工的劳动力数量、技术水平和来源 2. 少数民族地区的风俗、民情、习惯 3. 上述劳动力的生活安排、居住远近
2	房屋设施	1. 能作为施工用的现有房屋数量、面积、结构特征、位置、距工地远近;水、暖、电、卫设备情况 2. 上述建筑物的适用情况,能否作为宿舍、食堂、办公场所、生产场所等 3. 需在工地居住的人数和户数
3	生活设施	1. 当地主、副食品商店,日常生活用品供应,文化、教育设施,消防、治安等机构供应或满足需要的能力 2. 邻近医疗单位至工地的距离,可能提供服务的情况 3. 周围有无有害气体污染企业和地方疾病

三、施工组织设计的编制

（一）施工组织设计编制的依据

园林工程施工组织是一项复杂的系统工程，编制时要考虑多方面因素方能完成。不同的组织设计其主要依据不同，分为园林工程建设项目施工总设计编制依据和园林单项工程施工组织设计编制依据。

1. 园林工程建设项目施工总设计编制依据

（1）园林建设项目基础文件

① 建设项目可行性研究报告及批准文件。

② 建设项目规划红线范围和用地批准文件。

③ 建设项目勘察设计任务书、图纸和说明书。

④ 建设项目初步设计或技术设计批准文件以及设计图纸和说明书。

⑤ 建设项目总概算或设计总概算。

⑥ 建设项目施工招标文件和工程承包合同文件。

（2）工程建设政策、法规和规范资料

① 工程建设报建程序的有关规定。

② 动迁工作的有关规定。

③ 园林工程项目实行施工监理的有关规定。

④ 园林建设管理机构资质管理的有关规定。

⑤ 工程造价管理的有关规定。

⑥ 工程设计、施工和验收的有关规定。

（3）建设地区原始调查资料

① 地区气象资料。

② 工程地形、工程地质和水文地质资料。

③ 土地利用情况。

④ 地区交通运输能力和价格资料。

⑤ 地区绿化材料、建筑材料、构配件和半成品供应情况资料。

⑥ 地区供水、供电、供热、电信能力和价格资料。

⑦ 地区园林施工企业状况资料。

⑧ 施工现场地上、地下现状，如水、电、电信、煤气管线等状况。

（4）类似施工项目经验资料

① 类似施工项目成本、工期、质量控制资料。

② 类似施工项目技术新成果资料。

③ 类似施工项目管理新经验资料。

2. 园林单项工程施工组织设计编制依据

（1）单项工程全部施工图纸及相关标准图。

（2）单项工程地质勘查报告、地形图和工程测量控制网。

（3）单项工程预算文件和资料。

（4）建设项目施工组织总设计对本工程的工期、质量和成本控制的目标要求。

（5）承包单位年度施工计划对本工程开竣工的时间要求。

（6）有关国家方针、政策、规范、规程和工程预算定额。

（7）类似工程施工经验和技术新成果。

（二）工程概况

1. 工程概况编制的意义

工程概况是对整个拟建工程项目做出全面的概要性介绍，涉及工程建设、工程特征、自然条件、施工条件等各方面的情况。认真编写工程概况具有以下意义：

（1）使工程技术人员养成良好的调查研究工作习惯。

（2）为科学合理编制施工组织设计文件提供良好的基础条件。

（3）方便有关人员全面快捷地了解工程全貌。

2. 工程概况编制的内容

工程概况主要介绍拟建工程的建设单位、工程名称、性质、用途和建设的目的，资金来源及工程造价，开工、竣工日期，设计单位、施工单位、监理单位，施工图纸情况，施工合同签订条件情况，国家和上级有关文件精神要求，以及组织施工的指导思想等。此外，还要介绍拟建工程的地理位置、地形、地貌、地质、水文、气温、冬雨期时间、主导风向、风力和抗震设防烈度等，以及说明施工现场的供水供电、道路交通、场地平整和障碍物迁移情况；主要材料、设备的供应情况；施工单位的劳动力、机械设备情况和施工技术、管理水平；现场临时设施的解决方法等。

工程施工特点分析主要介绍拟建工程施工中的主要特点、关键问题和难点所在，以便在编制施工组织设计文件时能够突出重点、抓住关键，科学合理地制定方案，使施工顺利进行，提高施工单位的经济效益和管理水平。

3. 工程概况编制的要点

（1）向建设单位咨询有关内容。在编制工程建设概况时，应及时地向建设单位全面咨询有关情况，帮助了解拟建工程的重要程度、时限性程度、质量标准要求、资金状况等因素。

（2）向勘察单位或设计单位咨询有关内容。施工单位人员收集到的现有资料中，地质资料往往并不多，这就要求有关人员向勘察单位或设计单位咨询工程有关的内容。如在编写工程建设地点特征时，大部分内容与地质勘察报告有关。

（3）详细阅读施工图设计文件。施工图是编制施工组织设计文件的主要依据，有关工程的设计情况均可在施工图中查得。一是重点阅读设计说明；二是阅读施工图；三是查阅图纸会审记录或设计变更等。

（4）开展当地的社会调查和工程现场勘察。有关工程的各项施工条件，很多方面都与社会企业生产供应有关。或许以往已经积累了较多的认识，但不一定全面具体，需要时应进行社会走访调查，向有关企业或人员咨询。

（5）组织对工程的分析和讨论。对于相对大型、技术复杂、缺少施工经验的工程，其施工特点分析应集思广益，尤其对于采用了新结构、新材料、新技术、新工艺的工程，可通过组织工程的分析和讨论会议，找准施工的难点和关键所在。

（6）工程概况的文字整理应条理清晰、内容完整。即同一类属性的文句要集中在一个部分内编写，如属于工程建设概况特点的内容不能与施工条件的内容混合在一起；工程概况的文字整理也应内容完整,即能够体现工程建设全貌。

(7)工程概况的表达可多样化。整理时可采用文字、图、表等多种形式表达,某些内容通过图表等能够更直观地体现出来,方便他人阅读。

(三)施工组织及部署

1. 施工组织

施工组织包括项目组织机构、岗位职责等。

2. 施工部署

施工部署是对项目实施过程做出的统筹规划和全面安排,包括项目施工主要目标、施工顺序及空间组织、施工组织安排等。施工部署是施工组织设计的纲领性内容,施工进度计划、施工准备与资源配置计划、施工方法、施工现场平面布置和主要施工管理计划等施工组织设计的组成内容都应该围绕施工部署的原则编制。施工部署的正确与否,是直接决定建设项目的进度、质量和成本三大目标能否顺利实现的关键。由于施工部署、施工方案考虑不周而拖延进度,会影响质量,增加成本。

施工部署应根据建设工程的性质、规模和客观条件的不同,从以下几个方面考虑:

(1)施工组织总设计应对项目总体施工做出宏观部署。

① 确定项目施工总目标,包括进度、质量、安全、环境和成本目标。

② 根据项目施工总目标的要求,确定项目分阶段(期)交付的计划。

③ 确定项目分阶段(期)施工的合理顺序及空间组织。

(2)对于项目施工的重点和难点应进行简要分析。对于工程中工程量大、施工难度大、工期长、在整个建设项目中起关键作用的单位工程项目以及影响全局的特殊分项工程,要拟定其施工方案。这是为了进行技术和资源的准备工作,同时也是为了保证施工进程的顺利和现场布局的合理,主要包括以下内容:

① 施工方法。要求兼顾技术先进性和紧急合理性。

② 工程量。对资源的合理安排。

③ 施工工艺流程。要求兼顾各工种各施工段的合理搭接。

④ 施工机械设备。能使主导机械满足工程需要,又能发挥其效能,使各大型机械在各工程上进行综合流水作业。

(3)部署项目施工中开发和使用的新技术、新工艺等。根据现有的施工技术水平和管理水平,对项目施工中开发和使用的新技术、新工艺应做出规划并采取可行的技术、管理措施来满足工期和质量等要求。编制新技术、新材料、新工艺、新结构等的试制试验计划和职工技术培训计划。

(4)对主要分包项目施工单位的资质和能力应提出明确要求。

3. 主要施工方法

施工组织设计要制定一些单位(子单位)工程和主要分部(分项)工程所采用的施工方法,这些工程通常是工程量大、施工难度大、工期长,对整个项目的完成起关键作用的建(构)筑物以及影响全局的主要分部(分项)工程。尤其对脚手架工程、起重吊装工程、临时用水用电工程、季节性施工等专项工程所采用的施工方法应进行简要说明。

（1）制定施工方法的要求

在确定施工方法时应结合建设项目的特点和当地施工习惯,尽可能采用先进、可行的工业化、机械化的施工方法。

① 工业化施工。按照工厂预制和现场预制相结合的方针,依据逐步提高工业化程度的原则,因地制宜,妥善安排钢筋混凝土构件生产及其制品加工、混凝土搅拌、金属构件加工、机械修理和砂石等的生产与堆放。经分析比较选定预制方法并编制预制构件的加工计划。

② 机械化施工。要充分利用现有的机械设备,努力扩大机械化施工范围,制定可配套和改造更新的规划,增添新型高效能机械,坚持大、中、小型机械相结合的原则,以提高机械化施工的生产效率。在安排和选用机械时,应注意以下几点:

a. 主导施工机械的型号和性能要既能满足施工的需要,又能发挥其生产效率。

b. 辅助配套施工机械的性能和生产效率要与主导施工机械相适应。

c. 尽可能使机械在几个项目中进行流水施工,以减少机械装、拆、运的时间。

d. 在工程量大而集中时,应选用大型固定的机械;在施工面大而分散时,应选用移动灵活的机械。

（2）施工方法的主要内容

现代化施工方法的选择与优化必须以施工质量、进度和成本的控制为主要目标。根据项目施工图纸、项目承包合同和施工部署要求,分别选择主要景区、景点的绿化,建筑物和构筑物的施工方案。施工方法的基本内容包括施工流向、施工顺序、施工方法和施工机械的选择以及施工措施。

（四）施工进度计划

施工进度计划是表示各项工程(单位工程、分部工程或分项工程)的施工顺序、开始结束时间以及相互衔接关系的计划。它既是承包单位进行现场施工管理的核心指导文件,也是工程师实施进度控制的依据。它的作用是确定施工过程的施工顺序、施工持续时间,处理施工项目之间的衔接、穿插协作关系,以最少的劳动力和物资资源在规定工期内完成合格的工程。

1. 施工总进度计划的编制

施工总进度计划一般是建设工程项目的施工进度计划,它是用来确定建设工程项目中所包含各单位工程的施工顺序、施工时间及相互衔接关系的计划。编制施工总进度计划的依据有:施工总方案、资源供应条件、各类定额资料、合同文件、工程项目建设总进度计划、工程动用时间目标、建设地区自然条件及有关技术经济资料等。

施工总进度计划的编制步骤和方法如下:

（1）计算工程量。

（2）确定各单位工程的施工期限。

（3）确定各单位工程的开竣工时间和相互搭接关系。

确定各单位工程的开竣工时间和相互搭接关系主要应考虑以下几点:

① 同一时期施工的项目不宜过多,以避免人力、物力过于分散。

② 尽量做到均衡施工,以使劳动力、施工机械和主要材料的供应在整个工期范围内达到均衡。

③ 尽量提前建设可供工程施工使用的永久性工程,以节省临时工程费用。

④ 急需和关键的工程先施工,以保证工程项目如期交工。对于某些技术复杂、施工周期较长、施工困难较多的工程,也应安排提前施工,以利于整个工程项目按期交付使用。

⑤ 施工顺序必须与主要生产系统投入生产的先后次序相吻合,同时还要安排好配套工程的施工时间,以保证建成的工程能迅速投入生产或交付使用。

⑥ 应注意季节对施工顺序的影响,避免因施工季节导致工期拖延,影响工程进度。

⑦ 安排一部分附属工程或零星项目作为后备项目,用以调整主要项目的施工进度。

⑧ 注意主要工种和主要施工机械能连续施工。

(4) 编制初步施工总进度计划。

施工总进度计划应安排全工地性的流水作业。全工地性的流水作业安排应以工程量大、工期长的单位工程为主导,组织若干条流水线,并以此带动其他工程。施工总进度计划既可以用横道图表示,也可以用网络图表示。

初步施工总进度计划编制完成后,要对其进行检查。主要是检查总工期是否符合要求,资源使用是否均衡且其供应是否能得到保证。如果出现问题,则应进行调整。调整的主要方法是改变某些工程的起止时间或调整主导工程的工期。

正式的施工总进度计划确定后,应据以编制劳动力、材料、大型施工机械等资源的需用量计划,以便组织供应,保证施工总进度计划的实现。

2. 单位工程施工进度计划的编制

单位工程施工进度计划是在既定施工方案的基础上,根据规定的工期和各种资源供应条件,对单位工程中各分部分项工程的施工顺序、施工起止时间及衔接关系进行合理安排的计划。其编制的主要依据有:施工总进度计划、单位工程施工方案、合同工期或定额工期、施工定额、施工图和施工预算、施工现场条件、资源供应条件、气象资料等。

(1) 单位工程施工进度计划的编制程序

① 熟悉图纸,了解施工条件,研究有关资料,提出编制依据。

② 划分施工项目。

③ 确定施工顺序。

④ 计算工程量。

⑤ 计算劳动量、机械台班需用量。

⑥ 确定施工项目的持续时间。

⑦ 初排施工进度计划。

⑧ 按工期、劳动力与施工机械和材料供应量要求,调整施工进度计划。

⑨ 绘制正式施工进度计划。

(2) 单位工程施工进度计划的编制方法

① 划分工作项目。工作项目内容的多少、划分的粗细程度应该根据计划的需要来决定。对于大型建设工程,经常需要编制控制性施工进度计划,此时工作项目一般只明确到分部工程即可。如果编制实施性施工进度计划,工作项目就应划分详细。

由于单位工程中的工作项目较多,应在熟悉施工图样的基础上,根据工程特点及已确定的施工方案,按施工顺序逐项列出,以防止漏项或重项。凡是与工程对象施工直接有关的内容均应列入计划,而不属于直接施工的辅助性项目和服务性项目则不必列入。

② 确定施工顺序。确定施工顺序是为了按照施工的技术规律和合理的组织关系,解决各

工作项目之间在时间上的先后和搭接问题,以达到保证质量、安全施工、充分利用空间、合理安排工期的目的。

不同的工程项目,其施工顺序不同。即使是同一类工程项目,其施工顺序也难以做到完全相同。因此,在确定施工顺序时,必须根据工程的特点、技术组织要求以及施工方案等进行研究,不能拘泥于某种固定的顺序。

③ 计算工程量。工程量的计算应根据施工图和工程量计算规则,针对所划分的每一个工作项目进行。

当编制施工进度计划时已有预算文件,且工作项目划分与施工进度计划一致时,可以直接套用施工预算的工程量,不必重新计算。若某些项目有出入但出入不大时,应结合工程实际情况进行某些必要的调整。计算工程量时应注意以下问题:

a. 工程量的计算单位应与现行定额手册中所规定的计量单位相一致,以便计算劳动力、材料和机械数量时直接套用定额,而不必进行换算。

b. 要结合具体的施工方法和安全技术要求计算工程量。

c. 应结合施工组织的要求,按已划分的施工段分层分段进行计算。

④ 计算劳动量和机械台班数。当某工作项目是由若干个分项工程合并而成时,则应分别根据各分项工程的时间定额(或产量定额)及工程量计算各分项工程的时间进度,从而得出该项工作的总时间进度。零星项目所需要的劳动量可结合实际情况,根据承包单位的经验进行估算。

⑤ 确定工作项目的持续时间。根据工作项目所需要的劳动量或机械台班数,以及该工作项目每天安排的工人数或配备的机械台班数,计算出各工作项目的持续时间。

⑥ 绘制施工进度计划图。绘制施工进度计划图,首先应明确施工进度计划的表达形式。

⑦ 施工进度计划的检查与调整。当施工进度计划初始方案编制好后,需要对其进行检查与调整,以便使进度计划更加合理。进度计划检查的主要内容包括:

a. 各工作项目的施工顺序、平行搭接和技术间歇是否合理。

b. 总工期是否满足合同规定。

c. 主要工种的工人是否能满足连续、均衡施工的要求。

d. 主要机具、材料等的利用是否均衡和充分。

在上述 4 个方面内容中,首要进行的是前 2 个方面的检查。如果不满足要求,则必须进行调整。只有在前 2 个方面均达到要求的前提下,才能进行后 2 个方面的检查与调整。前者是解决可行与否的问题,而后者则是解决优化的问题。

3. 工程项目进度计划的表示方法

工程项目进度计划的表示方法有多种,常用的有横道图和网络图 2 种。

(1)横道图

用横道图表示的工程项目进度计划一般包括 2 个基本部分:一部分反映拟建工程所划分施工过程的工程量、劳动量或台班量、施工人数或机械数、工作班次及工作延续时间等计算内容,这些栏目可根据具体应用情况适当删减;另一部分则是用日历时间表达各施工过程的起止时间、延续时间及总工期等(见表 2-9)。

表 2-9　横道图示例

序号	施工过程名称	工程量		劳动量			每天工作班数	每班工人数	施工时间	施 工 进 度															
		单位	数量	劳动定额	定额工日	计划工日				××月															××月
										2	4	6	8	10	12	14	16	18	20	22	24	26	28	30	

利用横道图表示工程进度计划存在下列缺点：

① 不能明确地反映出各项工作之间错综复杂的相互关系，因而在计划执行过程中，当某些工作进度由于某种原因提前或拖延时，不便于分析对其他工作及总工期的影响程度，不利于工程项目进度的动态控制。

② 不能明确地反映出影响工期的关键工作和关键线路，也就无法反映出整个工程项目的关键所在，不便于进度控制人员抓住主要矛盾。

③ 不能反映出工作所具有的机动时间，看不到计划的潜力所在，无法进行最合理的组织和指挥。

④ 不能反映工程费用与工期之间的关系，因而不便于缩短工期和降低工程成本。

横道图存在上述不足会给工程项目进度控制工作带来很大不便。即使进度控制人员在编制计划时已充分考虑了各方面的问题，在横道图上也不能全面地反映，特别是当工程项目规模大、工艺关系复杂时，横道图就充分暴露了矛盾，而且在横道计划的执行过程中，对其进行调整也很繁琐和费时。由此可见，利用横道图计划控制工程项目进度有较大的局限性。

（2）网络图

网络图是由箭线和节点（圆圈）组成的，用来表示工作流程的有向、有序网状图形。用网络图形式编制的进度计划称为网络计划。以网络计划为基础，对工程项目进度进行的系统化管理过程称为网络计划技术。

利用网络计划控制工程项目进度可以弥补横道图的许多不足。与横道图相比，网络计划具有以下主要特点：

① 网络计划能够明确表达各项工作之间的逻辑关系。

② 通过网络计划时间参数的计算，可以找出关键线路和关键工作。

③ 通过网络计划时间参数的计算，可以明确各项工作的机动时间。

④ 网络计划可以利用电子计算机进行计算、优化和调整。

网络计划不如横道计划那么直观明了，但这可以通过绘制时标网络计划弥补。

4. 网络计划的编制程序

应用网络计划技术编制工程项目进度计划时，其编制程序一般包括 4 个阶段 10 个步骤，见表 2-10。

表 2-10 网络计划编制程序

编制阶段	编制步骤
1. 计划准备阶段	调查研究
	确定网络计划目标
2. 绘制网络图阶段	进行项目分解
	分析逻辑关系
	绘制网络图
3. 计算时间参数及确定关键线路阶段	计算工作持续时间
	计算网络计划时间参数
	确定关键线路和关键工作
4. 编制正式网络计划阶段	优化网络计划
	编制正式网络计划

（1）计划准备阶段

① 调查研究。调查研究的主要目的是掌握足够充分、准确的资料，从而为确定合理的进度目标、编制科学的进度计划提供可靠依据。

调查研究的内容包括：工程任务情况、实施条件、设计资料；有关标准、定额、规程、制度；资源需求与供应情况；资金需求与供应情况；有关统计资料、经验总结及历史资料等。

② 确定网络计划目标。网络计划目标由工程项目目标所决定，一般可分为以下 3 类：

a. 时间目标 即工期目标，是工程项目合同中规定的工期或有关主管部门要求的工期。工期目标的确定，应充分考虑工程实际进展情况、气候条件以及工程难易程度和建设条件的落实情况等因素。

b. 资源目标 所谓资源，是指在工程建设过程中所需要投入的劳动力、原材料及施工机具等。一般情况下，时间-资源目标分为两类：资源有限，工期最短；工期固定，资源均衡。

c. 成本目标 这是以固定的工期寻求最低成本或最低成本时的工期安排。

（2）绘制网络图阶段

① 进行项目分解。将工程项目由粗到细进行分解，是编制网络计划的前提。

② 分析逻辑关系。分析各项工作之间的逻辑关系时既要考虑施工程序或工艺技术工程，又要考虑组织安排或资源调配需要。

③ 绘制网络图。根据已确定的逻辑关系，即可按绘图规则绘制单代号网络图、双代号网络图、双代号时标网络计划或单代号搭接网络计划等。

（3）计算时间参数及确定关键线路阶段

① 计算工作持续时间。工作持续时间是指完成该工作所花费的时间，其计算方法有多种，既可以凭以往的经验进行估算，也可以通过试验推算。当有定额可用时，还可以利用时间定额或产量定额进行计算。

② 计算网络计划时间参数。网络计划时间参数一般包括：工作最早开始时间、工作最早完成时间、工作最迟开始时间、工作最迟完成时间、工作总时差、工作自由时差、节点最早时间、节点最迟时间、相邻两项工作之间的时间间隔、计算工期等。应根据网络计划的类型及其使用要求选

择上述时间参数。网络计划时间参数的计算方法有图上计算法、表上计算法、公式法等。

③ 确定关键线路和关键工作。在计算网络计划时间参数的基础上，便可根据有关时间参数确定网络计划中的关键线路和关键工作。

（4）编制正式网络计划阶段

① 优化网络计划。根据所追求的目标不同，网络计划的优化包括工期优化、费用优化和资源优化3种，应根据工程的实际需要选择不同的优化方法。

② 编制正式网络计划。根据网络计划的优化结果，便可绘制正式的网络计划，同时编制网络计划说明书。网络计划说明书的内容应包括：编制原则和依据；主要计划指标一览表；执行计划的关键问题；需要解决的重要问题及主要措施；其他需要解决的问题。

（五）施工现场总平面布置图

施工现场总平面图表示全工地在施工期间所需各项设施和永久性建筑（已建和拟建）之间在空间上的合理布局。它是在拟建项目施工场地范围内，按照施工部署和施工总进度计划的要求，对施工现场的道路交通、材料仓库或堆场、现场加工厂、临时房屋、临时水电管线等做出合理的规划与布置。其作用是正确处理全工地在施工期间所需各项设施和永久建筑物之间的空间关系，指导现场施工部署的行动方案，对于指导现场进行有组织、有计划的文明施工具有重要意义。

1. 设计施工总平面图所需的资料

（1）设计资料。包括建筑总平面图、竖向设计、地形图、区域规划图，建设项目范围内一切已有的和拟建的地下管网位置等。

（2）建设地区的自然条件和技术经济条件。

（3）施工部署、主要项目施工方法和施工总进度计划。

（4）各种材料、构件、半成品、施工机械设备的需要量计划、供货与运输方式。

（5）各种生产、生活用临时房屋的类别、数量等。

2. 施工总平面设计的原则

施工总平面设计的总原则是：平面紧凑合理，方便施工流程，运输方便流畅，降低临时设施费用，便于生产生活，保护生态环境，保证安全可靠。具体内容如下：

（1）平面布置科学合理，施工场地占用面积少。在保证施工顺利进行的前提下，尽量少占、缓占农田。根据建设工程分期分批施工的情况，可考虑分阶段征用土地。要尽量利用荒地，少占良田，使平面布置紧凑合理。

（2）合理组织运输，减少二次搬运。材料和半成品等仓库的位置应尽量布置在使用地点附近，以减少工地内部的搬运，保证运输方便通畅，减少运输费用。仓库位置布置是否距使用地点近也是衡量施工总平面图好坏的重要标准。

（3）施工区域的划分和场地的临时占用应符合总体施工部署和施工流程的要求，减少相互干扰，合理划分施工区域和存放区域，减少各工程之间和各专业工种之间的相互干扰，充分调配人力、物力和场地，保持施工均衡、连续、有序。充分利用既有建（构）筑物和既有设施为项目施工服务，降低临时设施的建造费用。在保证施工顺利进行的前提下，尽量利用可供施工使用的设施和拟建永久性建筑设施。临时建筑尽量采用拆移式结构，以减少临时工程的费用。临时设施应方便生产和生活，办公区、生活区和生产区宜分离设置。办公区、生产区与生活区应适当分开，避免相互干扰。各种生产生活设施应便于使用，方便工人的生产和生活，使工人往返现场的时间最少。

（4）符合节能、环保、安全和消防等要求。遵守节能、环境保护条例的要求,保护施工现场和周围的环境,如能保留的树木应尽量保留,对文物及有价值的物品应采取保护措施,避免污染环境,尤其是对周围的水源不应造成污染。遵循劳动保护、技术安全和防火要求,尤其要避免出现人身安全事故。

（5）遵守当地主管部门和建设单位关于施工现场安全文明施工的相关规定。

（6）遵守国家、施工所在地政府的相关规定,垃圾、废土、废料不乱堆、乱放,废水不乱泄等,做到文明施工。

3. 施工总平面图设计的内容

（1）项目施工用地范围内的地形状况。

（2）全部拟建的建（构）筑物和其他基础设施的位置。

（3）项目施工用地范围内的加工设施、运输设施、存储设施、供电设施、供水供热设施、排水排污设施、临时施工道路和办公、生活用房等。

（4）施工现场必备的安全、消防、保卫和环境保护等设施。

（5）相邻的地上、地下既有建（构）筑物及相关环境。

4. 施工总平面图设计的要求

施工总平面图应按照规定的图例绘制,图幅一般可选用1～2号大小的图样,比例尺一般为1:（2 000～1 000）。平面布置图绘制应有比例关系,各种临设应标注外围尺寸,并应有文字说明。现场所有设施、用房应由总平面布置图表述,避免采用文字叙述的方式。

施工总平面布置图应符合下列要求:

（1）根据项目总体施工部署,绘制现场不同施工阶段（期）的总平面布置图。

（2）施工总平面布置图的绘制应符合国家相关标准要求并附必要说明。

5. 施工总平面图的设计步骤

（1）运输线路的布置

设计全工地的施工总平面图,首先应确定大宗材料进入工地的运输方式。一般材料主要采用铁路运输、水路运输和公路运输3种运输方式,应根据不同的运输方式综合考虑。

一般场地都有永久性道路,可提前修建为工程服务,但要确定好起点和进场的位置,考虑转弯半径和坡度的限制,有利于施工场地的利用。

（2）仓库和堆场的布置

仓库和堆场通常考虑设置在运输方便、位置适中、运距较短且安全防火的地方,同时还应根据不同材料、设备的运输方式来设置。一般来说,仓库和堆场的布置应接近使用地点,装卸时间长的仓库应远离路边,苗木假植地宜靠近水源及道路旁,油库宜布置在相对僻静、安全的地方。

（3）加工厂的布置

加工厂一般包括混凝土搅拌站、构件预制厂、钢筋加工厂、木材加工厂、金属结构加工厂等。各加工厂的布置应以方便生产、安全防火、环保和运输费用最少为原则。通常加工厂宜集中布置在工地边缘处,并将其与相应仓库或堆场布置在同一地区,既方便管理简化供应工作,又能降低铺设道路管线的费用。例如,锯材、成材、粗细木工加工车间和成品堆场要按工艺流程布置,一般应设在施工区的下风向边缘区。

（4）内部运输道路的布置

根据各加工厂、仓库及各施工对象的相对位置，对货物周转运行图进行反复研究，区分主要道路和次要道路，进行道路的整体规划，以保证运输畅通，车辆行驶安全，降低成本。具体应考虑以下几点：

① 尽量利用拟建的永久性道路。提前修建或先修路基，铺设简易路面，待项目完成后再铺设路面。

② 场内道路要把仓库、加工厂、仓库堆场和施工点贯穿起来。临时道路应根据运输的情况、运输工具的不同，采用不同的结构。一般临时性的道路为土路、砂石或焦渣路，道路的末端要设置回车场。

③ 保证运输畅通。道路应设置 2 个以上的进出口，避免交叉。一般场内主干道应设置成环形。主干道为双车道，宽度不小于 6 m；次干道为单车道，宽度不小于 3 m。

④ 合理规划拟建道路与地下管网的施工顺序。在修建拟建永久性道路时，应考虑道路下面的地下管网，避免重复开挖，应一次到位，降低成本。

（5）消防要求

根据防火要求，应设立消防站，一般设置在易燃建筑物（木材、仓库等）附近，要有通畅的出口和消防通道，宽度不能小于 6 m，与拟建房屋的距离不得大于 25 m，不得小于 5 m。沿道路布置消火栓时，其间距不得大于 120 m，和路边的距离不得大于 2 m。

（6）临时设施的布置

在工程建设施工期间，必须为施工人员修建一定数量的供行政管理和生活使用的建筑。临时建筑的设计应遵循经济、适用、装拆方便的原则，根据当地的气候条件、工期长短确定建筑结构形式。

① 各种行政和生活用房应尽量利用建设单位的生活基地或现场附近的其他永久性建筑，不足部分再考虑另行修建，修建时尽可能利用活动房屋。

② 全工地行政管理用房宜设在现场入口处，以方便接待外来人员。现场施工办公室应靠近施工地点。

③ 职工宿舍和文化生活福利用房一般设在场外，距工地 500～1 000 m 为宜，并避免设在低洼潮湿、有灰尘和有害健康的地带。对于生活福利设施，如商店、小卖部等应设在生活区或职工上下班路过的地方。

④ 食堂一般布置在生活区或工地与生活区之间。

（7）水电管线和动力设施的布置

应尽可能利用已有的和提前修建的永久线路，这是最经济的方案。若必须设置临时线路，则应取最短线路。

① 临时变电站应设在高压线进入工地处，避免高压线穿过工地。供电线路避免与其他管道设在同一侧，主要供水、供电管线采用环状布置。

② 过冬的临时水管须埋在冰冻线以下或采取保温设施。

③ 排水沟沿道路布置，纵坡不小于 0.2%，过路处须设涵管，在山地建设时应有防洪设施。

④ 各种管道布置的最小净距应符合规定。

⑤ 在出入口设置门岗。

总之，各项设施的布置都应相互结合，统一考虑，协调配合，经全面综合考虑，选择最佳方案,绘制施工总平面图。

6. 施工总平面图的科学管理

施工总平面图能保证合理使用场地,保证施工现场的交通、给排水、电力通信畅通,保证有良好的施工秩序,保证按时按质完成施工生产任务,文明施工。因此,对于施工总平面图要严格管理,保证施工总平面图对施工的指导作用。可采取以下措施进行管理:

(1)建立统一的管理制度,明确管理任务,分层管理,责任到人。

(2)管理好临时设施、水电、道路位置、材料仓库堆场,做好各项临时设施的维护。

(3)严格按施工总平面图堆放材料、机具,不乱占地、擅自动迁建筑物或水电线路,做到文明施工。

(4)实行施工总平面的动态管理,定期检查和督促,修正不合理的部分,奖优罚劣,协调各方的关系。

(六)资源配置计划

资源配置计划主要包括劳动力需求计划、主要材料需求计划、预制构件需求计划、施工机具需求计划等。编制资源需求计划是施工企业及施工项目做好劳动力与物资的供应、平衡、调度等的重要依据。各项资源需求计划主要通过编制完成各项计划表,以计划表的形式体现。

1. 劳动力需求计划

劳动力需求计划是反映某单位工程在施工生产周期内,每个时间段应投入的劳动力数量。一般按月份或每月分旬等划分时间段,劳动力应按照工种不同分别列出,劳动力的数量应包括技术工人和普通工人数。

编制时主要是根据确定的施工进度计划,按进度表上每天(每个时间单位)需要的施工人数,分工种进行统计,得出每天所需工种及人数,按时间进度要求汇总列出(详见表2-11)。

表 2-11　劳动力需求计划表示例

工种	按工程施工阶段投入劳动力情况							
	1—3	4—6	7—9	10—12	13—15	16—18	19—21	22—24
	日历月	日历月	日历月	日历月	日历月	日历月	日历月	日历月
测量工	10	5	2	2	2	2	2	2
机械工	5	6	3	3	3	3	3	3
土石方工	20	10	5	5	5	5	5	5
混凝土工	0	10	15	5	5	5	5	5
铺装工	0	10	20	20	10	10	10	5
模板工	0	0	5	10	10	5	5	0
油漆工	0	0	0	3	5	5	5	5
绿化工	0	5	20	20	20	5	5	5
养护工	0	3	3	10	10	10	10	5
水电工	5	5	5	3	3	3	3	3
普通工	10	10	8	5	5	5	5	5
合计	50	64	86	86	78	58	58	43

2. 材料需求计划

材料需求计划是反映某单位工程在施工生产周期内每个时间段应投入的主要材料数量。按材料的名称、规格、总数量等分别列出,并按各时间段填写需要量(表 2-12)。编制的主要依据是施工进度计划,根据施工进度计划各个月旬完成的工程任务内容及任务量,套用施工定额或材料消耗定额,得出各个月旬的材料需要量。在一个时间段内有多项任务需要同一种类规格的材料,则汇总相加。材料需求计划编制时,应与项目 B1 表有机结合,相互统一,减少重复工作量。主要材料的需求计划是备料、供料和确定仓库、堆场面积及运输量的重要依据。

表 2-12 主要材料需求计划表

序号	名称	单位	数量	规格	进场时间

3. 施工机具需求计划

施工机具需求计划是反映某单位工程在施工生产周期内应配备的各种施工机具,按照名称、规格型号、数量、进退场时间等编写。施工机具需求计划见表 2-13。施工机具需求计划的编制主要依据是施工方案和施工进度计划表。根据施工方案中施工方法的选择内容,统计所需要的各类施工机具,再按照施工进度计划表,确定进退场时间。

表 2-13 施工机具需求计划表

序号	设备名称	型号规格	数量	国别产地	制造年份	额定功率/kW	生产能力	用于施工部位	进退场时间

4. 预制构件需求计划

预制构件需求计划反映某单位工程在施工生产周期内应投入的各种预制构件,应包括预制混凝土构件、金属构件、门窗及其他小型构件等。按照构件名称、编号、规格、数量、进退场时间等编写,预制构件需求计划见表 2-14。预制构件需求计划编制的主要依据是施工图、施工方案及施工进度计划表等,按照施工图、施工方案等统计各种构件的规格、型号、数量等,再按照施工进度计划表确定进退场时间。编制时应与项目 B1 表有机结合。应当注意的是,构件一般都有加工制作周期,要在进场时间之前安排加工订货。

表 2-14 预制构件需求计划表

序号	构件名称	规格	单位	数量	进退场时间	备注

5. 资金需求计划

根据项目进度计划,计算工程成本投入计划,进而形成项目资金需求计划。同时,根据项目合同约定的项目回款条件,做好项目的回款计划。详见本章第二节项目进场筹备部分第(九)"项目资金计划编制"部分。

(七) 主要分部分项施工方法及措施

结合工程特点及实际情况,确定需要阐述的各分部分项工程名称。分部分项工程施工方法应结合工程具体情况及企业有关要求,有针对性地编写。以下为园林工程中常见的分部分项工程(根据项目具体情况选取,亦可增加):

(1) 测量工程。

(2) 土方。

(3) 园建及小品。

(4) 铺装。

(5) 绿化。

(6) 给排水、消防。

(7) 照明及亮化工程。

(8) 管理用房等附属工程。

编制要求:

(1) 确定影响整个工程施工的分部分项工程,明确原则性施工要求。

(2) 对于常规做法和工人熟知的分项工程提出主要应注意的一些特殊问题。

(3) 针对分部分项工程的特殊过程、关键过程,应另行编制具体的专项施工方案,并将其作为单位(项)工程施工组织设计的附件。

(4) 本部分占到整个施工组的1/4～1/3,易造成"视觉疲劳",对于常见易做的分项工程,没有必要逐项赘述,应简单带过,将重点放在设计上有特殊要求、施工难度大、对整个工程质量有重大影响的分项工程上,突出特点、亮点,显示企业的优势。

(八) 目标实现的保证措施

1. 技术措施

技术措施通常包括新型材料、技术、工艺的应用。

2. 工期保证措施

综合分析影响工期的内、外部因素,有针对性地制定措施。

外部因素:如天气情况变化、交通运输、图纸设计深化、设备加工订货等。

内部因素:如物资进场、大型机械进场、施工方案、流水段划分等,应通过技术交底、工程进度例会等做好准备工作。

3. 质量保证措施

主要措施有:方案审批制度、技术交底制度、工程样板制度、旁站监理制度、工序控制制度、项目检查制度(专检、互检、交接检等)。

4. 安全文明施工保证措施

制定安全文明施工专项方案,明确安全管理方法和主要安全措施,如现场安全防护、安全通道、安全检查制度、安全责任制等如何实施。

5. 消防保卫措施

制定现场消防保证体系和消防管理责任制,成立消防保卫小组,明确现场消防设施(消火栓、灭火器)的布置位置,明确现场保卫人员的职责等。

6. 环境保护措施

工程产生的环境污染主要有:粉尘污染、噪声污染、水污染、固体垃圾污染、光污染等。

有针对性地制定防污染措施,例如:粉尘污染采取遮盖、洒水等措施;噪声污染采取防护罩等措施;水污染采取污水经处理后再排入市政污水管道等措施;固体垃圾污染采取垃圾分类、倒入环保指定位置,由环保部门统一处理等措施;光污染主要采取避免集中施焊、采取围挡等措施。

7. 冬、雨季施工措施

在冬、雨季施工中应遵循:雨期设备防潮防水、防雷击,管线防锈,土建装修防浸泡、防冲刷;施工中防触电、防雷击,并指定相应的防汛措施,确保施工安全、顺利进行。

8. 成品保护措施

明确现场需要保护的成品有哪些,制定相应的成品保护方案,加强管理,严格执行。

9. 苗木反季节种植措施

从苗木的选择、运输前的修剪、运输、栽植,以及栽后的养护管理等方面严格把关,尽可能提高苗木成活率。

10. 降低成本措施

降低成本的措施主要有:技术措施,如混凝土中加外加剂,减少水泥用量等;组织措施,如合理划分流水段,合理安排施工作业队伍,加强信息技术的应用等。

四、单位工程施工组织设计案例(泗县中心公园项目施工组织设计)

(一)编制依据及原则

1. 编制依据

(1)泗县城北新区中心公园建设及羊城湖路道路改造工程 EPC 项目招标文件、施工图纸、工程量清单及补充答疑文件内全部内容。

(2)现场踏勘情况。

(3)工程施工图纸。

(4)图纸会审纪要。

(5)国家关于工程施工和验收的法律法规(包含但不限于表 2-15)。

表 2-15　工程施工和验收的法律法规

序号	主要法律、法规名称
1	《中华人民共和国建筑法》
2	《中华人民共和国民法典》
3	《中华人民共和国安全生产法》
4	《中华人民共和国环境保护法》
5	《中华人民共和国大气污染防治法》
6	《建设工程质量管理条例》
7	《建设工程安全生产管理条例》
8	《安全生产许可证条例》
9	《建设工程施工现场管理规定》
10	《施工现场管理法规及文件汇编》
11	《建设工程文明安全管理暂行规定》
12	《建设工程施工现场安全防护标准》

续表 2-15

序号	主要法律、法规名称
13	《建设工程施工现场保卫消防标准》
14	《建设工程施工现场环境保护标准》
15	《建设工程施工现场环卫卫生标准》

（6）国家、地方现行的施工技术标准和验收规范（见表 2-16）。

表 2-16 国家、地方现行的施工技术标准和验收规范

序号	标 准 号	标 准 名 称
1	GB 50300—2013	《建筑工程施工质量验收统一标准》
2	DG/T J08—701—2020	《园林工程质量检验评定标准》
3	CJJ 82—2012	《城市园林绿化工程施工及验收规范》
4	GB 50303—2015	《建筑电气工程施工质量验收规范》
5	CJJ/T 287—2018	《园林绿化养护标准》
6	GB 50026—2020	《工程测量标准》
7	JGJ 59—2011	《建筑施工安全检查标准》
8	DB 4401/T 36—2019	《园林种植土》
9	GB 50164—2011	《混凝土质量控制标准》
10	GB/T 50107—2010	《混凝土强度检验评定标准》
11	GB 50204—2002	《混凝土结构工程施工质量验收规范》
12	GB 50208—2002	《地下防水工程质量验收规范》
13	GB 50242—2002	《建筑给水排水与采暖工程施工质量验收规范》
14	GB 50268—97	《给水排水管道工程施工及验收规范》
15	JGJ 33—2001	《建筑机械使用安全技术规程》
16	JGJ 46—2005	《施工现场临时用电安全技术规范》
17	JGJ 162—2008	《建筑施工模板安全技术规范》
18	GB 50205—2001	《钢结构工程施工质量验收规范》
19	JGJ 81—2002	《建筑钢结构焊接技术规程》
20	YBJ 227—1991	《锚杆静压桩技术规程》
21	JGJ 300—2013	《建筑施工临时支撑结构技术规范》
22	JGJ 166—2008	《建筑施工碗扣式钢管脚手架安全技术规范》
23	GB 50202—2012	《建筑地基基础工程施工质量验收规范》
24	GB 50203—2019	《砌体结构工程施工质量验收规范》

注：1. 上述标准、规范如有最新版本，按最新版本执行。

2. 除上述规范、标准外，本工程项目的材料、设备、施工须达到现行中华人民共和国以及安徽省、宿州市或行业的有关工程建设标准、规范和设计文件的要求。

（7）公司从事类似工程的施工经验总结。

（8）企业管理规定、体系相关文件（见表 2-17）。

表 2-17　企业管理规定、体系相关文件

序号	企业管理规定、体系文件名称
1	企业施工技术标准
2	企业质量标准手册及企业质量体系程序文件
3	企业安全生产管理手册及企业安全生产程序文件
4	企业文明施工管理手册及企业文明施工程序文件
5	企业环境保护管理手册及企业环境保护程序文件
6	企业职业健康管理程序文件
7	企业形象手册

（9）公司相关的专利、工法。

（10）国家、地方现行国家竣工资料、工程保修等规定。

2. 编制原则

在"泗县城北新区中心公园建设及羊城湖路道路改造工程 EPC 项目"总体规划的指导下，坚持以人为本原则，坚持节约原则，坚持传统文脉与时代风格结合或并存的原则，坚持出精品的原则，坚持使用地带性植物为主、适当引进新优植物和运用科技新成果原则，响应创建社会主义和谐社会的要求，力求自然和谐，创建历史文化名城与现代城市相协调的"绿茵覆盖，花团锦簇，特色突出，环境宜人"的景观环境和城市风貌。

（1）合理安排施工顺序，充分利用时间与空间，实行平行流水及立体交叉作业，在保证工程质量的前提下，努力加快施工速度，保证按合同工期交付使用或提前交付使用。

（2）贯彻多层次技术结构和技术政策，因地制宜地选用既先进又切实可行的技术方案和措施，提高经济效益。

（3）在雨季施工中采取切实有效的措施，保证正常施工。

（4）充分利用现有的机械设备，扩大机械化范围，提高机械化程度，改善劳动条件，提高劳动生产率，并尽量利用原有的永久性设施，为施工服务，减少临时设施，节约临时用地。

（5）精心安排施工现场的平面布置，减少现场物资倒运工作，做到文明施工，并制定切实可行的安全措施和环境保护措施，确保安全、文明施工。

（二）工程概况

1. 工程概况（表 2-18）

表 2-18　工程概况

工程名称	泗县城北新区中心公园建设及羊城湖路道路改造工程 EPC 项目中心公园园林景观工程
建设单位	泗县中冶建设投资有限公司
设计单位	江苏省城市规划设计研究院
监理单位	大学士工程管理有限公司
总承包单位	中国十七冶集团有限公司

续表 2-18

工程地点	安徽省宿州市泗县
工程概算	9 625.326 422 万元
项目概况	本项目位于城北新区花园路以北、福佑路以南,东临民乐路,西至虹乡路,项目总面积约 17.5 万 m²,合同估算价 9 625.326 422 万元左右。工程主要建设内容有: 桥梁工程:景观桥 7 座(其中,钢结构桥梁 1 座),栈桥 11 座 硬质景观:滨水挑台、亲水平台、挡土墙、生态驳岸(景石、杉木桩等)、4 个入口主广场、游乐场、停车位、环湖道路、园路、景观小品(廊架、雕塑、树池、灯柱、假山等) 水电管网:给排水、污水及消防管网、强弱电管网、检查井等 亮化工程:广场灯、庭院灯、照射灯等 绿化:详见绿化图纸清单
工程质量要求及目标	要求:合格 目标:执行国家、安徽省、宿州市现行验收评审标准及招标人要求
安全生产文明施工要求及目标	要求:合格 标准:执行国家、安徽省、宿州市现行验收评审标准及招标人要求 目标:杜绝各等级生产安全事故,年轻伤率小于 3‰;对于满足条件的工程,争创安全生产文明施工样板工地
计划工期	工期目标:开工日期预计 2018 年 12 月 1 日,竣工日期预计 2019 年 5 月 30 日 合同工期:180 天 养护期:2 年
项目位置及范围示意图	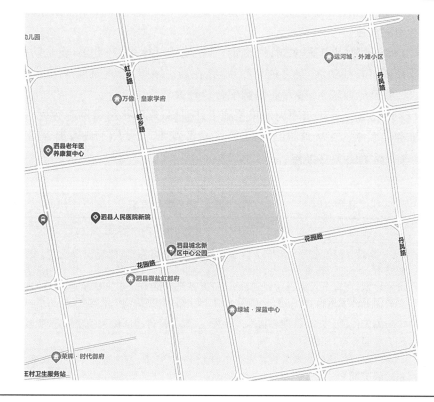

2. 现场条件及周边环境(表 2-19)

表 2-19　现场条件及周边环境

1. 气候条件	安徽省宿州市属暖温带半湿润季风气候,适于各类农作物生长,尤其是农林牧生产条件得天独厚。年日照时数为 2 284~2 495 h,日照率 52%~57%,年均气温 14 ℃,年均无霜期 200~220 天,年均降水量 800~930 mm,雨季降水量占全年的 56%。气候资源较为优越,有利于农作物生长。主要气象灾害有旱、涝、风、霜、冻、冰雹等。气候特点:四季分明,光照充足,雨量适中,雨热同期。四季之中春、秋季短,冬、夏季长,春季天气多变,夏季高温多雨,秋季天高气爽,冬季寒潮频袭
2. 地形地貌	泗县地处淮北平原东部,为安徽省东北边缘县。本工程施工场地位于泗县泗城镇新濉河南岸,在地貌上属于淮北冲积平原,覆盖层为素填土、粉质黏土、粉质黏土夹粉土、黏土
3. 交通状况	场外交通:利用现有城区交通道路 场内交通:利用周边花园路、福佑路、民乐路、虹乡路等
4. 水电条件	根据甲方提供水电接口进行水电敷设安装;如甲方无条件提供,则根据现场实际情况自行解决

3. 工程特点

经我公司对本工程认真研究以及对本工程现场踏勘,结合我单位以往类似工程的施工经验,总结出本工程的特点,主要有:

(1)人工湖土方开挖量大,总计挖方量约 50 万 m³,外排方量约 25 万 m³。因工期紧,故要求土方作业要抢在晴好天气,投入大量的挖机和渣土车,加班加点作业。如此便加大了文明、环保管理的难度。

(2)本工程地下工程多,管网交错,开挖沟槽基坑多,边坡多,安全防护设施增加。人工湖开挖后形成了长线边坡,加之内存积水,存在溺亡风险,管理难度加大。

(3)项目专业较多,多专业协调配合量较大。

(4)现场有 2 处建筑物为外单位施工,园林景观和水电管网工程无法依次闭合施工,且场内运输和临水结构受场地限制,容易产生交叉破坏、重复施工或毁损等问题。

(三)施工组织及部署

1. 指导思想(表 2-20)

表 2-20　指导思想

序号	指　导　内　容
1	以"高效、优质、安全、文明"为施工指导思想,严格管理,优化资源配置,发挥科技领先优势。采用新技术、新工艺,抓重点难点,确保工程质量与工期,令业主满意。精心组织管理机构,科学合理制订进度计划,在施工人员、材料和机械设备上做充分准备。建立健全质量保证体系,严格按照 ISO9001 质量保证体系运行,规范化、标准化作业,全面开展质量创优活动,安全生产,文明施工
2	为确保优质、安全、按期完成本工程施工,本公司将抽调优秀的项目经理,组建一个技术力量雄厚、施工经验丰富、能够打硬仗、精干高效的项目经理部
3	本公司以先进的组织管理技术统筹计划,合理安排,组织分段平行流水作业,均衡生产,保证业主要求的工期
4	充分发挥机械设备生产能力并采用先进的机械设备,科学配置生产要素,组建功能匹配、良性运作的施工程序

续表 2-20

序号	指 导 内 容
5	以成熟的施工工艺,实行样板引路、试验先行、全过程监控信息化施工
6	进一步推广全面质量管理,对施工现场实施动态管理和严格监控,实行质量一票否决制

2. 工程目标

我公司深知此项工程的重要性,本着"充分与业主合作,真诚为业主服务"的精神,将以高度严谨和负责任的态度,高起点、高标准的施工指导思想,安排最优秀的项目管理人员进行精心施工、倾情打造,将本工程建成一个精品工程、标志性工程。

表 2-21　工程目标

序号	项目	内 容
1	质量目标	符合国家工程施工质量验收合格标准
2	进度目标	本公司将充分利用现代化的网络计划技术及长期积累的成功经验进行进度控制,从科学管理的理念出发,一切服从工程需要,及时选派精兵强将,及时调配性能优异的施工机械设备,及时采购符合设计及规范要求的材料,配合加工厂制作部分半成品,完成合同规定的全部工作内容,确保在承诺工期内完成项目施工,并交付使用
3	安全施工目标	努力消除安全隐患,施工过程中严格依照国家、行业及公司发布的安全生产管理办法,并实现以下目标: ① 无因工死亡事故 ② 无触电、物体打击、高空坠落等事故 ③ 无重大机电设备事故、重大交通事故及火灾事故 ④ 无集体中毒事故
4	文明施工目标	在现场围挡、封闭管理、材料堆放、现场住宿、现场防火、治安综合治理、施工现场标牌、生活设施、保健急救、社会服务等方面均达到文明施工标准化要求
5	环境保护目标	现场环保施工是整个工程施工过程中的重要一环,我公司将严格执行国家相关规范以及招标文件中的相关要求,采取一切合理、有效措施,实现营造绿色工程,改善施工环境,防止出现施工作业污染,保障公众健康和环境安全
6	工程档案管理目标	工程档案资料真实、完整,与工程进度同步形成;全部归档资料,除能满足档案管理的"规范、安全、系统、完整"等要求以外,每个项目的技术资料能做到:专业验收和签字齐全;数据真实可信,结论明确,每件归档资料均可作为依法行事的可靠依据性文件;资料归档案率 100%,完整率 100%,正确率 100%
7	服务目标	为业主提供优质服务,建造优质工程,让业主满意,实现对业主的承诺

3. 施工组织

(1)项目组织机构。

(2)项目经理部管理人员主要岗位职责详见《项目部工作手册》。

4. 施工部署

(1)现场施工准备

① 开工前的规划组织准备

a. 全面核对和熟悉设计文件。各项计划的布置、安排是否符合国家有关方针、政策和规定,设计图纸、技术资料是否齐全,有无错误与相互矛盾;设计文件所依据的水文、地质、气象等资料是否准确、可靠、齐全;掌握整个工程的设计内容与技术条件、结构特点;核对主要控制点、转角点、水准点、三角点、基线等是否准确无误,重点地段的路基横断面是否合理;对地质不良地段采取的处理措施是否先进合理,对保护环境采取的措施是否恰当;施工方法、料场布置、运输工具是否符合工程现场的实际情况;临时电力设施、临时供水、场地布置等是否合理。发现问题及时根据有关程序提出修改,并报请监理工程师审批。项目组织机构设置见图 2-3。

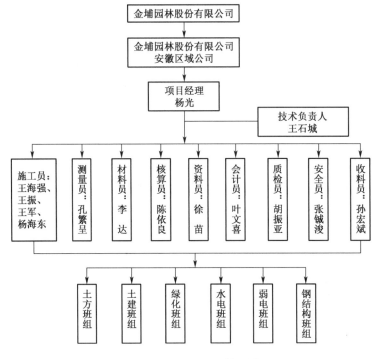

图 2-3　项目组织机构设置

b. 补充调查资料。进行现场补充调查,编制实施阶段的施工组织设计。调查内容包括劳动力资源状况,施工场地的水源、水质、电源,以及生活物资供应状况等。

c. 编制实施性的施工组织设计和施工预算,修建生活和工程的临时用房以及临时便道,设立进出口的安全标志。

② 开工前的现场条件准备

a. 技术资料准备。进行施工测量、平整场地,做好施工放样,布置施工场地。建立工地实验室,进行各种建筑材料试验和土质试验,为施工提供可靠数据。落实主要分项工程的施工方案以及相应的供水、供电设施。进行各种施工物资情况的调查,包括建筑材料、机具设备、工具等货源安排,施工物资进场后堆放、入库、保管等。

b. 建立临时生活、生产设施,进行临时生活、生产设施的布置,临时供电、供水管道的安装、架设与试运等。

c. 人员、机具、材料陆续进场。

d. 各项准备工作完成后,向建设单位、监理单位提出开工报告。

③ 劳动力准备。为确保工程质量、工期,项目部从长期在册的专业施工队伍中,优选出技

术过硬、管理严格、组织规范的施工专业队投入到工程施工中。保证所有队伍中的技术工人均接受过岗位培训并考核合格。

④ 材料准备。工程开工前根据施工预算的材料分析和施工进度的要求编制材料使用计划，选择合格供应商，做好各种材料的采购与供应工作。对进场材料加强质量检查验收，不合格的不能进场。材料进场后应按要求存放，保证材料完好。

⑤ 机械准备。工程开工前编制机械使用计划，使机械提前进场，并做好机械维护和保养工作，满足施工需要。

⑥ 技术准备

a. 组织学习施工技术规范，编制测量实施大纲。

b. 根据本工程的特点，测量是贯穿工程全过程的一项重要工作。开工前需要认真做好测量仪器的检测及施工中内业资料的管理工作，及时编制详细的各种材料计划。

（2）施工实施阶段

① 施工开展程序

接受施工任务→了解施工现场条件→熟悉施工环境→制定施工计划→熟悉图纸资料→了解设计意图→图纸会审→编写施工方案→做好施工准备工作→组织机械、人员进场→正式施工

② 总体施工顺序

测量工程→土方工程（土方开挖及回填、管网预埋、整理绿化用地）→软基处理施工→土建结构施工（桥梁）→铺装垫层、结构层施工→建筑小品基础施工→栽植大乔木→建筑小品主体施工→铺装、桥梁面层施工、建筑小品装饰施工以及成品安装→给排水安装及调试→电气安装及调试→栽植小乔木、灌木、地被、草坪等→养护

③ 施工区段的划分（见图 2-4）

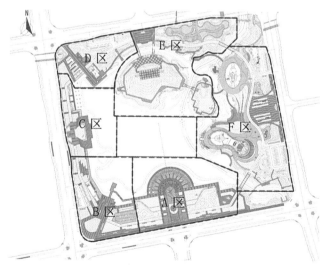

图 2-4　施工区段划分

④ 施工区段主要施工内容（见表 2-22）

表 2-22 施工区段主要施工内容

区域	主 要 内 容		
人工湖	湖 区 土 方 工 程		
A 区	硬质景观	滨水挑台一、挡土墙、台阶、平台等	
		广场及小园路	
		树池、花池、灯柱、坐凳、地刻等砖砌体	
		景观廊架	
		运河瓷水景及入口 LOGO 等小品	
	管网工程	雨污水、消防、穿线管及灯具电缆	
	绿化栽植	地形及苗木栽植	
B 区	硬质景观	栈桥一、滨水挑台一、挡土墙、平台等	
		广场及小园路(停车位待定)	
		旱喷及花池等	
	管网工程	雨污水、消防、穿线管及灯具电缆	
	绿化栽植	地形及苗木栽植	
C 区	硬质景观	栈桥二、滨水挑台一、(耐候钢板、玻璃)挡土墙结构等	
		(石材/防腐木)广场及小园路	
		种植池矮墙、生态跌级种植池、圆形树池等砌体(混凝土)结构	
	管网工程	雨污水、消防、穿线管及灯具电缆	
	绿化栽植	地形及苗木栽植	
D 区	硬质景观	8♯桥、滨水挑台一、栈桥三等	
		跌级生态水景	
		(青砖、石材)广场、停车场	
		种植池挡墙、圆形树池、小品矮墙等砌体(混凝土)结构	
	管网工程	雨污水、消防、穿线管及灯具电缆	
	绿化栽植	地形及苗木栽植	
E 区	3♯、4♯景观桥	基础	
		主体结构	
		面层	
	6♯桥	基础	
		主体结构	
		面层	

续表 2-22

区域	主　要　内　容	
E区	硬质景观	4#、5#、6#、7#栈桥
		环岛园路、斜坡矮墙
		假山石、驳岸石、杉木桩生态驳岸
		大岛广场、主入口广场、透水混凝土广场等
		汀步、矮墙、小园路、小品等
	管网工程	雨污水、消防、穿线管及灯具电缆
	绿化栽植	地形及苗木栽植
F区	1#桥	基础
		主体结构
		面层
	2#桥	基础
		主体结构
		面层
	7#桥	基础
		主体结构
		面层
	硬质景观	8#、9#、10#、11#栈桥
		滨水挑台一、挡土墙、亲水平台、拦水坝等
		杉木桩、驳岸石、整石坐凳、台阶、景观矮墙、汀步、小品等
		停车场、园路、主入口广场、步行道、家具等
	管网工程	雨污水、消防、穿线管及灯具电缆
	绿化栽植	地形及苗木栽植

⑤ 现场施工管理

按照预先制定的施工进度和施工顺序,合理安排各劳务班组分批进场,同时做好各班组的协调和管理工作。针对工程中人、机、材三要素,按标准化工地要求,做好安全文明施工,质量、进度、成本、资料的交底及控制工作。

a. 标准化安全文明施工　在本工程施工中,项目部将坚持"安全第一,预防为主"的方针,贯彻落实安全生产责任制,从组织、制度和措施上把关落实,诚恳接受业主、监理的指导监督,努力做到安全文明施工。项目部成立安全管理小组,安全管理领导小组组长为项目经理,副组长为安全员,组员为各班组组长。

现场必须悬挂"九牌一图"及各种措施牌且字迹清楚、标注正确、针对性强。各设备要有标志牌、操作牌、验收牌。材料堆放应整齐有序并进行标识。应保持现场道路通畅,不得在道路上堆放材料。保持现场排水畅通,防止积水。进入施工现场的所有人员,必须佩戴合格的安全帽并系好帽带,佩戴胸卡,衣冠整洁,不赤脚,不准穿拖鞋,不光背赤膊,注意个人形象,不得违反安全禁令。

禁止在"严禁烟火"区内吸烟。爱护消防器材,不得随意挪用。一切用电设备必须设置安全接地装置和漏电保护装置。各种机械不得带"病"工作,不准超负荷使用,不准在运转中维修保养。机械设备必须由专人操作,不得随意抽人临时操作机械设备。现场电线线路不得随意乱搭乱接,未经同意不准私自安装插座。电动设备必须符合"一机、一闸、一箱、一漏"要求,严禁一闸多机共用。无论是临时停工停电还是下班退场,都应关闸切断电源。施工现场临时用电应严格按照 JGJ 46—2005 要求执行。使用手提电动机械、器具时,必须戴绝缘手套,穿绝缘鞋。

坚持现场文明施工,安排专人清理专场卫生,清理边角余料做到工完料清,不造成人为的浪费。施工垃圾应运到市政指定的填埋场,运输时不得污染沿途道路。

讲文明,尊敬上级,团结同志。不说脏话、粗话,不打架斗殴,不酗酒闹事。遵守项目部各项规章制度,按照规定时间上下班。讲究卫生,勤打扫食堂、宿舍。维护公共环境卫生,不乱扔杂物,不随地吐痰,不随地大小便,不乱泼脏水,不乱倒剩菜剩饭。爱护公共财物,不损坏生产、生活设施,不随意乱涂乱画。节约用电和用水。

施工现场的噪声应限制在国家规定范围以内,夜间应按市环保局规定停止有噪声的施工。

进行安全管理,要认真做好对工人的安全教育工作,使工人提高安全防火意识,遵守安全操作规程和各项规章制度。在木工间、宿舍、仓库等场所内不准使用明火、电炉和大功率电热器,不准吸烟。施工现场必须严格遵守用电消防安全的规定,防止电器失火。每天要做好"落实清"工作,工作场所的刨花、木屑等可燃物必须堆放到安全地点并及时处理,易燃易爆品必须严格按规定保管和存放,下班后应切断电源闸刀。

有专人负责工作场所的防火安全检查工作,对安全隐患必须立即采取措施进行整改,服从管理和监督。加强各种灭火器材的管理,根据各种灭火器材的特性,按部位配置并及时更换,做到全面有效。

搭建现场临时设施应合理布局,油库、油漆间、木工间、易燃易爆品仓库等都必须远离明火。禁止擅自装拆电器装置。

b. 质量 时刻牢记精品工程意识,维护公司的良好形象。及时、准确地做好所有材料的报验及复检工作。重点为事前控制(施工交底、主材质量)、事中第一时间发现偏差并及时纠正(硬质地面基层密实度、结构完成面标高及排水坡向、铺装质量、土方质量、树穴的大小、种植质量、定根水的淋透及树穴空隙位补土),做到铺装样板先行;提供小品、雕塑的小样给业主确认,避免事后返工。

c. 进度 进度计划一旦确定,必须保证严格按计划实施,制定纠偏措施和应急预案。重点为主材的供应、场地的交付、人力的到位,合理、高效的工序及平面分布作业安排,流水作业。

d. 成本 主材成本、现场机械、工人的高效作业、苗木的成活、工程周期的缩短。

e. 资料 对隐蔽工程要做好影像资料的留存工作,及时申请各项工序报验,加大项目的资料管理力度。从施工日志、工程签证、竣工图纸的绘制到决算资料的编制,争取做到工程内业与外业同步。工程结束后各项资料应齐全,竣工决算资料应及时递交。

（3）竣工验收阶段

① 进行场地清理，组织全面检查及整体完善工作，主要施工劳动力及施工机械退场，养管人员、机械在施工接近尾声时提前进场。

② 根据工程情况，本公司组织内部初验收，对未达标的分部分项工程进行整改，整理各项安全质量资料，为工程竣工做足准备。

（四）施工进度计划

1. 工程进度安排的原则

（1）根据本工程施工现场的自然条件，合理配置生产要素，科学计划安排，精心组织施工，在确保安全、质量的前提下，满足业主对工期的要求。

（2）实事求是，量力而行，最大限度地发挥公司的优势，采取先进、成熟的技术措施，在提前完工的情况下，保证该工程达到优良水平。

（3）统筹兼顾，合理安排工期，组织均衡生产，提高设备器材利用率，做到少投入、多产出，确保整个工程顺利进行。必要时交叉施工，为下一道工序做好准备工作，将各工序之间的相互影响降到最小限度。

2. 总体安排

根据公司整体实力及同类施工工程的经验，对本工程采取如下措施：

（1）做好进场前的各项施工准备工作。

（2）及时解决施工过程中出现的技术问题。

（3）人员、材料、机械设备按照计划组织进场。

3. 工程进度目标

本工程计划工期 180 日历天。

具体计划详见图 2-5～图 2-8。

（五）施工现场总平面布置图

1. 布置原则

（1）满足施工需要，经济实用，合理方便。

（2）临时施工用水、用电、道路按施工要求标准完成。

（3）尽量减少占用施工用地，使平面布置紧凑合理，同时做到场容整齐清洁，道路畅通，符合防火安全及文明施工的要求。

（4）符合施工流程及分段施工要求，避免多个工种在同一场地、同一区域进行施工而相互牵制、相互干扰。

（5）优化原材料的堆放和加工地点，使各项材料、机具等按已审定的现场施工平面布置图的位置堆放，尽量减少二次搬运。

（6）按施工阶段划分施工区域和场地，保证道路的合理畅通及材料的顺利运输。

（7）符合安全、文明、消防、环保施工要求。

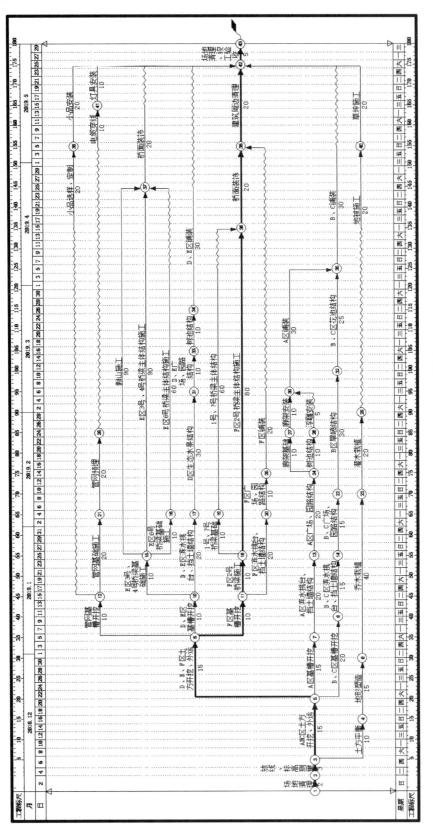

图 2-5 工程进度总计划

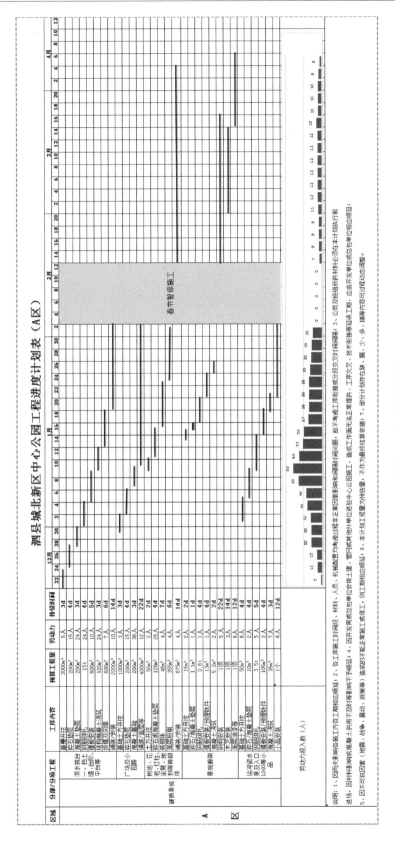

图 2-6　A 区进度计划

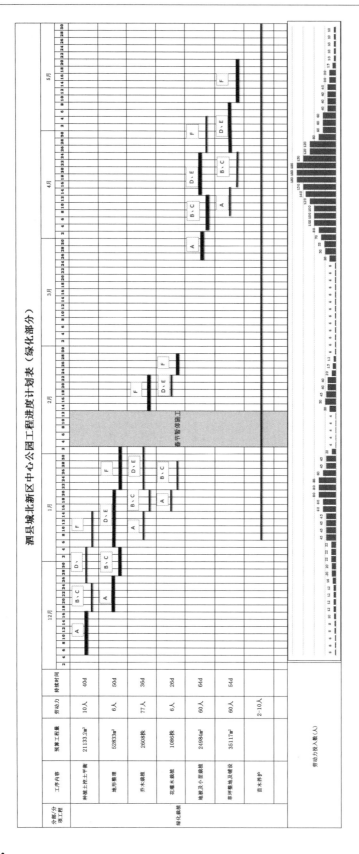

图 2-7　绿化部分工程进度计划

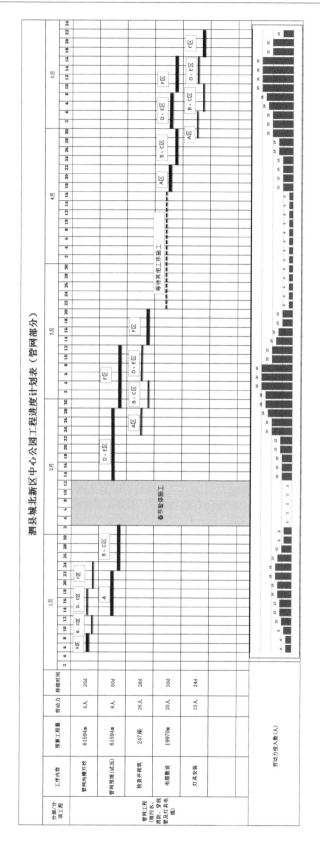

图 2-8 管网部分工程进度计划

2. 动态管理(表2-23)

表2-23 动态管理内容

序号	项 目	内 容
1	平面布置	按照各阶段施工段分别设置材料堆场、仓库、加工车间,并设置该区域内的主、次施工临时便道,完工后同步拆除
2	与业主、监理及其他施工单位协调	(1) 各分区内各个单位工程采用多面施工、同类工序流水作业,不同工序平行施工的施工组织原则 (2) 根据现场需求设置临时便道,完工后同步拆除 (3) 在各单位工程施工区域有需要时增设小型临时堆场及加工场地(距离道路1m外),并用彩条布覆盖,不得妨碍交通。设置原则上不超过2天,使用完毕后应立即派人清扫干净
3	动态管理	(1) 项目经理为组长,项目技术负责人为副组长,各项目成员、施工班组全员实施,制定相应的规章制度,保证符合安全文明生产施工要求 (2) 遵循"四提前"原则,即提前设计、提前设置、提前维修、提前拆除 (3) 在重要醒目的位置设置宣传、警示标志 (4) 大型机械施工时(挖机、吊车),安排专人指挥,并设置警示牌警示界线 (5) 专人管理,配备对讲机,制定巡查制度,发现问题及时整改 (6) 坚持每天例会制度,汇报各施工方需求,统筹安排协调解决

3. 布置总体思路(表2-24)

表2-24 布置总体思路

序号	项 目	内 容
1	施工临设	根据施工现场情况组建施工现场指挥部(详见《施工总平面布置图》)。施工现场指挥部主要设置建设单位、监理、项目部办公室、会议室、试验室、食堂及材料堆放场等,项目部采用标准组合活动板房。卫生间与厨房的距离必须达到规范要求,保证符合卫生要求,有效防止各种传染病的传播。同时,做好临时设施的消防安全管理工作
2	临时用电、用水	通过业主协调,施工现场附近供电设施接入电源,在施工现场设专用配电室,集中管理。电源从配电室接出,作为办公用电。现场施工用电线路采用三相五线制,架空5m进入施工现场。施工现场配合2台移动式发电机组。采用"一机、一闸、一箱、一漏"安全保护措施。开工前,从施工现场附近接入水源作为办公、生活及施工临时用水,并在各需要部位留出水龙头
3	临时排水及污水处理设施	工地现场内设置排水沟,将生活污水排入污水沉淀池内,经初步处理后排入当地排污系统,避免造成污染。设立现场排水系统日常维修班组,专人负责定期检查和清除排水沟以及沉淀池中积存物,确保排水沟畅通。雨季汛期成立防汛抗台工作小组,做到人员到位、职责分明、防汛抗台物资储备充足
4	施工便道	利用周边现有道路施工
5	宣传布置	在施工范围内道路两侧适当位置张挂横幅标语,确保施工现场旌旗招展,以制造热烈的施工气氛。在项目部入口醒目位置张挂九牌一图及公司宣传牌
6	警示灯和照明灯	夜间对已施工的地段设立红色警示灯,防止意外事故发生。施工范围沿线要设置照明灯,如需夜间施工时可作照明用
7	洗车槽	车辆进出施工场地必须进行清洗,保证不污染公路及城市道路。场地内的废水由专人清扫并排放至市政下水管道

4. 具体布置内容

详见《安全生产标准化手册》。

5. 施工总平面图(图 2-9)

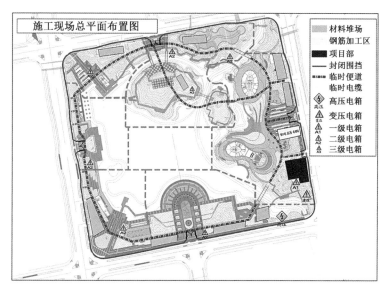

图 2-9 施工总平面图

(六) 资源配置计划

1. 劳动力需求计划(表 2-25、表 2-26)

表 2-25 劳动力需求计划

序号	班组	数量	拟定人数	进场时间
1	绿化班组	1	高峰期 120 人	2019 年 1 月
2	园建班组	3	30 人/组	2018 年 12 月
3	机械班组	5	高峰期 20 台	2018 年 12 月
4	桥梁班组	2	18 人/组	2019 年 1 月
5	假山班组	1	8 人	2019 年 2 月
6	水电班组	2	高峰期 45 人	2019 年 1 月
7	土方专业分包	1	40 台车	2018 年 12 月
8	钢结构专业分包	1	10 人	2019 年 3 月
9	透水专业分包	1	30 人	2019 年 4 月

表 2-26　按工程施工阶段投入劳动力情况

工种	1	2	3	4	5	6
	日历月	日历月	日历月	日历月	日历月	日历月
测量工	6	4	4	4	4	4
机械工	30	20	20	20	10	10
混凝土工	10	30	20	20	10	2
铺装工	—	—	20	40	60	60
模板工	10	20	60	60	15	—
油漆工	—	—	10	10	10	5
绿化工	—	60	80	120	120	100
养护工	—	5	8	8	10	10
水电工	3	15	15	5	5	45
普通工	5	10	10	10	10	5
合计	64	164	247	297	254	241

2. 材料需求计划(表 2-27)

表 2-27　材料需求计划

序号	名　　　称	单位	数量	进场时间
1	球墨铸铁给水管 DN100	m	550	2019.1
2	球墨铸铁给水管 DN150	m	3 140	2019.1
3	球墨铸铁管 DN200	m	51	2019.1
4	PE 给水管 DN50	m	580	2019.1
5	PE 给水管 DN100	m	390	2019.1
6	高压聚乙烯管(PE)DN50	m	17 428	2019.2
7	钢带增强聚乙烯(HDPE)螺旋波纹管 DN200	m	232	2019.1
8	硬聚氯乙烯(PVC-U)管 DN225	m	983	2019.2
9	钢带增强聚乙烯(HDPE)螺旋波纹管 DN300	m	1 865	2019.1
10	钢带增强聚乙烯(HDPE)螺旋波纹管 DN400	m	237	2019.1
11	玻璃钢电缆保护管 HBB-100/8	m	1 374	2019.2
12	重型聚氯乙烯(PVC-U)管 DN110	m	13 902	2019.2
13	CPVC 电力电缆专用保护管 DN150	m	13 334	2019.2
14	HBB 型玻璃钢电缆专用保护管 DN150	m	5 194	2019.2
15	钢筋	t	300	2019.1
16	商品混凝土	m³	12 000	2019.1

续表 2-27

序号	名　　　称	单位	数量	进场时间
17	石材	m²	38 000	2019. 3
18	防腐木	m²	4 900	2019. 3
19	钢结构桁架	t	200	2019. 3
20	FS/YJV/5×4 电缆	m	16 650	2019. 4
21	YJV-4×25 电缆	m	216	2019. 4
22	灯具	盏	655	2019. 4
23	闸阀、法兰、喷头等	套	281	2019. 4
24	景石	t	3 700	2019. 2
25	页岩石	m³	100	2019. 2
26	卵石	t	23	2019. 3
27	标准砖	块	440 000	2019. 1
28	青砖	块	100 000	2019. 4
29	条石	块	170	2019. 4
30	井盖、篦子等	套	383	2019. 2
31	陶土砖、井字砖等	m²	1 000	2019. 4
32	乔灌木	株	11 000	2019. 2
33	地被	m²	82 000	2019. 4

3. 主要施工机具需求计划(表 2-28)

表 2-28　主要施工机具需求计划

序号	设备名称	型号规格	数量	产地	制造年份	额定功率/kW	生产能力	用于施工部位	进退场时间
1	挖掘机	Cat360	10	山东	2016	800	良好	土方工程	2018. 12. 1—2019. 2. 5
2	挖掘机	现代 200	5	徐州	2015	200	良好	整个工程	2018. 12. 1—2019. 4. 30
3	挖掘机	日立 ZX60	5	徐州	2015	40. 5	良好	景观工程	2019. 2. 1—2019. 4. 30
4	装载机	ZL-30	2	河南	2015	45	良好	整个工程	2018. 12. 1—2019. 5. 20
5	推土机	SD160	2	山东	2016	55	良好	整个工程	2018. 12. 1—2019. 2. 5
6	15T 自卸汽车	EQ-3092F	40	合肥	2016	65	良好	土方工程	2018. 12. 1—2019. 2. 5
7	泥浆泵	HB80-10	2	长沙	2018	8	良好	整个工程	2018. 12. 20—2019. 4. 5
8	湿喷机	—	2	重庆	2018	—	良好	土方工程	2018. 12. 1—2019. 4. 15
9	汽车吊	8T	3	长沙	2015	50	良好	绿化工程	2019. 2. 1—2019. 3. 30
10	水准仪	S3	4	北京	2018	—	良好	测量工程	2018. 12. 1—2019. 5. 20

续表 2-28

序号	设备名称	型号规格	数量	产地	制造年份	额定功率/kW	生产能力	用于施工部位	进退场时间
11	工具车	NJ130	1	南京	2016	—	良好	整个工程	2018.12.1—2019.5.25
12	发电机组	2×50 kW	1	长沙	2017	100	良好	照明	2019.2.1—2019.4.30
13	离心抽水机	—	2	长沙	2018	8	良好	绿化工程	2018.12.20—2019.4.10
14	水泵	4″	4	重庆	2017	5	良好	绿化工程	2018.12.20—2019.4.10
15	农用车		3	一汽	2016	12	良好	绿化工程	2018.12.1—2019.5.20
16	手推翻斗车	—	18	重庆	2016		良好	绿化工程	2019.2.1—2019.4.30
17	手电钻	2×705	4	北京	2017	—	正常	绿化工程	2019.2.1—2019.4.30
18	平板振动器	—	8	重庆	2015	2.2	良好	景观工程	2019.2.1—2019.4.30
19	灰浆搅拌机	450	4	徐州	2016	48	良好	景观工程	2019.2.1—2019.5.30

4. 资金计划(表 2-29、表 2-30)

表 2-29 资金计划

资金需求计划: 　　　　　　　　　　　　　　　　　　　　　　　　　　　　　单位:万元

类 别	2018-12	2019-1	2019-2	2019-3	2019-4	2019-5	合计
月度计划产值	1 000	1 800	1 000	2 100	2 500	1 225	9 625
月度计划成本	700	1 260	700	1 470	1 750	857.5	6 737.5
月度计划付现	280	504	280	588	780	343	2 775

表 2-30 回款计划

时 间	回款金额/万元
2019 年 5 月	2 800
2020 年 5 月	3 938
2021 年 5 月	2 887

付款方式:工程竣工验收后当年支付合同价款的 40%,下一自然年支付至审计价的 70%,再下一年支付审计价的 30%

(七)主要分部分项工程施工方法及措施

本工程主要分部分项包括测量、人工湖开挖、景观桥梁、景观栈桥、景观旱喷、园路广场铺装、滨水挑台、挡土墙、树池、花池、坐凳、景观廊架、管网、绿化等工程。本章节以人工湖、景观栈桥、景观旱喷及景观桥梁为例介绍几项重点工程的施工方法及措施。

1. 人工湖

工艺流程:施工准备→场地清理→测量开挖放线→土方分片区、分段开挖及运输→驳岸施工→完工验收

（1）施工准备

① 施工测量准备：开工前对甲方交予的坐标点、水准点进行复测与增设，并进行记录与整理。

② 施工前，详细了解工程实际的地形地貌和水文地质情况，对可能引起的滑坡和塌方体采用预防性的保护措施并编制应急预案。

③ 根据测量控制和测设资料，结合施工技术条款、施工图纸和监理工程师的指示，测放出土方开挖工程的开挖线。向监理工程师提供开挖施工平面图（含施工交通线路布置图）、土方平衡计划与开挖程序，施工设备的配备和劳动力安排情况，排水或降低水位措施，土料利用和弃土输出措施等。这些措施需经监理工程师审批后实施。

（2）场地清理

在施工现场工作界限内，保护所有规定保留的植物及结构。对施工范围内的建筑废弃物、腐殖土进行清除运弃。

（3）测量开挖放线

熟悉定位放线图纸，按图纸测放 10 m×10 m 方格网并做好控制。

做好制桩点的保护工作。依据标高测放等高线，在同一标高层面做若干个桩点，在每个桩点上记录好标高控制点，施工前用白灰撒出圆顺的曲线。进行人工湖湖型整理前，安排有关人员验线并复核标高，同时申报监理进行验收，合格后方可进行下一步施工。

（4）土方分片区、分层开挖及运输

① 开挖前规划并布置好开挖区域的临时道路。

② 根据各控制点情况，采用分片区、自上而下分层开挖的施工方法。开挖必须符合施工图规定的断面尺寸和高程，并由测量人员进行放线，不得欠挖和超挖。

③ 根据现场情况堆砌土围堰。使用 4 台抽水机（100 m³/h）抽水，被抽干净的另一侧边使用 6 台 220 挖机进行挖土，同时配备 8 台 TS140 推土机和 20 辆 10 t 自卸汽车进行土方运输。好的种植土先运至现场绿化地形处，多余土方进行外运。

（5）驳岸施工

① 湿地驳岸：是对原有驳岸改动最小的一种驳岸形式，只是在原有驳岸的基础上，对照设计要求，对驳岸的空间形态加以区分，以植物景观、河滩石对其加以改造。

② 杉木桩驳岸

a. 施工工艺流程

杉木桩位放样→安装打桩机械→检验杉木桩→夹桩→试打杉木桩→打杉木桩

b. 施工工序及方法

首先按基础桩位置平面布置图进行放线，然后按桩位布置、安装 4 台 0.3 T 简易柴油打桩机。桩就位时用桩架的桩箍将桩嵌固在桩架的 2 个导柱中，垂直对准桩位中心，缓缓放下插入土中，待桩位及垂直度校正后将锤连同桩帽压在桩架上设置标尺，并做好记录。开始打桩前起锤轻压或锤击数锤，桩身、桩架、桩锤等垂直一致后开始打桩。开始打桩时落距要小，入土一定深度待桩稳定后再按要求进行施打。

打桩过程中，要注意桩有无偏移和倾斜现象，发现问题应及时纠正。沉桩过程中要填写沉桩记录。沉桩完毕，经检验合格并经监理单位签证认可后才能进行下一步工序的施工。所有杉木桩选材直径 15 cm 以上，长度为 3.5 m 和 2.0 m。杉木桩材质要求新鲜、均匀、外表顺直、无弯曲,以保证打桩时进尺顺利,避免因受力不均匀而产生斜桩、发生移动现象。因为施工在河床上进行,工程进度直接受到潮水位影响。为了保证整个工期,必须保证足够的桩机数量,本工程拟沿河堤岸布置4台打桩机进行杉木桩的施工。另外,本基础桩数量大、密度多,施工中应加强控制,防止漏打。

在打杉木桩过程中如发现异常情况,必须及时向现场监理反映,以便及时采取有效措施,杜绝施工质量隐患。

③ 滨水挑台驳岸

a. 工艺流程

基础开挖→基础夯实→铺设碎石垫层→混凝土垫层浇筑→混凝土墙体浇筑→土方回填

b. 施工程序及方法

基础开挖:基础开挖时应安排专人严格跟踪测量,控制基底高程和轴线,确保基坑开挖一次成型。采用220挖机开挖至基底以上20~30 cm时改用人工清理,修整基底坡度以满足设计要求。

基础夯实:本工程基础设计压实度不小于85%,当基底满足设计标高及坡度时用蛙式打夯机夯打,必要时洒水确保压实度合格。

碎石铺设:采用小型装载机端料,人工摊铺。碎石选用粒径1~3 cm石子,依据基础坡度均匀摊铺20 cm,每边加宽10 cm,铺设完成后人工找平。

混凝土垫层浇筑:为保证混凝土平顺,垫层混凝土浇筑需立模,模板高度30 cm,模板两侧采用钢钎固定;采用小型振捣棒振捣密实,待混凝土初凝时及时收光并洒水覆膜养护;每隔15 m设置一道沉降缝,缝宽2 cm,缝内用沥青麻絮填塞;每段混凝土浇筑后按试验要求留设试件。

C25钢筋混凝土墙体浇筑:墙体为钢筋混凝土墙体。按18@150布设,所有钢筋必须有合格证,进场前需通知监理取样送检,合格后方可使用。钢筋下料时参照图集规范计算好下料长度,本工程挡墙高度在2~3 m时按3 m高的技术参数执行。在找平的碎石基础上按每平方米不少于4个平均布设垫块,垫块高度不小于3.5 cm,钢筋按梅花形绑扎。

土方回填:采用原状土回填,原状土不得含有植被、草根碎石等。回填前应将沟底因施工遗留的毛石等杂物清除干净。回填土每层虚铺厚度不得大于30 cm,采用蛙式打夯机夯实。回填中如遇土质较干,应洒水保证含水率符合试验要求。每层回填完成应做压实度试验,满足设计要求后方可进行下道工序。回填时要分段进行,与其相邻的接茬处要做成台阶状,不得漏夯。

2. 景观栈桥

(1) 工艺流程

基础开挖夯实→基础垫层→墩柱、板钢筋绑扎→支模板→浇筑混凝土→混凝土养护→模板拆除→栈道面层、栏杆施工

(2) 施工程序及方法

① 基础开挖夯实:根据图纸尺寸开挖基础,确保基础埋深达1.7 m以上;基础开挖完成后经人工打夯,压实度达到85%以上,必要时洒水夯实。

② 基础垫层

a. 基础垫层施工前在基槽底每隔4 m打样桩,用样桩控制基础面。

b. 混凝土浇筑前检查模板支撑是否有足够的强度、刚度和稳定性。模板接缝要严密,需刷脱模剂。

c. 基础浇捣混凝土后 12 h 内不得浸水,需进行养护管理。

③ 墩柱、板绑扎钢筋

a. 先绑扎基础钢筋并预留梁、柱预埋筋,然后浇筑基础混凝土,待基础混凝土达到 50% 强度后进行梁、柱钢筋绑扎。

b. 钢筋制安前要认真审核图纸,并设一名专职有经验的钢筋施工员负责钢筋的制作、绑扎工作。

c. 所有进入现场的钢筋,必须有出厂合格证,并经复试合格方可使用。

d. 钢筋梯架在钢筋作业场内加工成型,由人工运至现场。其他钢筋在钢筋作业场内加工制作,现场绑扎。

e. 现场绑扎时应注意钢筋的摆放顺序,钢筋接头相互错开,同一截面处的钢筋接头数量应符合规范要求。

f. 钢筋保护层应满足设计要求,保护层厚度采用与混凝土强度等级相同的混凝土垫块来保证,垫块呈梅花形交叉布置。

g. 如钢筋梯架需要在现场搭接时,搭接长度应满足规范要求,交错搭接。

h. 底板钢筋上下层之间距离用钢筋梯支承好,间距应符合设计要求。

④ 支模板

经监理工程师等相关人员对钢筋骨架进行检查同意后进行支模板施工,本次施工采用拼装木模。模板支撑要牢固,不能跑模,板缝严密不漏浆。模板高度大于垫层厚度时,要在模板内侧弹线,控制垫层高度。模板支好后,检测模内尺寸及高程,达到设计要求后方可浇筑振捣。混凝土浇筑过程中派专人对模板进行监测,发现有跑模迹象应立即采取措施。

⑤ 浇筑混凝土

a. 采用商品混凝土。施工过程中要严格控制混凝土质量。

b. 混凝土浇筑前应对模板、支架、钢筋、预埋件进行细致检查并做好记录,钢筋上的泥土、油污、杂物应清除干净。经检验合格后方可进行下道工序。

c. 混凝土采用罐车运输,泵车浇筑。搅拌站严格按配合比搅拌,泵送混凝土坍落度要求 16～18 cm。

d. 混凝土每 30 cm 厚振捣一次,振捣以插入式振捣器为主,要求快插慢拔,既不能漏振也不能过振。振捣棒不能直接振捣钢筋及模板。

e. 混凝土必须连续浇筑,以保证结构的整体性。如必须间歇时,间歇时间不得超过 120 min(有外掺剂时根据试验确定)。

f. 泵车浇筑混凝土时保证混凝土自由落差不得超过 1 m。

⑥ 混凝土养护

a. 混凝土浇筑后外露部分立即用塑料薄膜覆盖,人工洒水养护,防止混凝土因失水而产生表面裂缝。

b. 人工洒水养护时间不得少于 7 天。

c. 每次浇筑混凝土时应留 2～3 组试块与结构同步养护,由同条件养护试块强度决定混凝土的强度。

⑦ 模板拆除

混凝土强度达到 70% 方可拆除模板。

⑧ 栈道面层、栏杆施工

a. 花岗岩面层

施工工艺流程:清理基层→找平、弹线→试拼和试排→砂浆→花岗岩铺贴→灌缝、擦缝→覆盖养护

清理基层:将混凝土层表面的积灰及杂物等清理干净。如局部凹凸不平,应将凸处凿平,凹处补平。

找平、弹线:按照设计图纸标高控制点内近引标高及平面轴线。每个 5 m×5 m 方格开始铺砌前,先根据位置和高程在四角各铺一块基准石材,在此基础上在南北两侧各铺一条基准石材。经测量检查,高程与位置无误后,再进行大面积铺砌。

试拼和试排:铺设前对每块石材需按方位、角度进行试拼。试拼后按两个方向编号排列,然后按编号排放整齐。为检验板块之间的缝隙,需核对板块位置与设计图纸是否相符。正式铺装前,要进行一次试排。

砂浆:(厚度 30 mm 板材砂浆层为 20 mm)按水平线定出砂浆虚铺厚度(经试验确定)并拉好十字线后即可铺筑砂浆。用 1:3 干硬性水泥砂浆铺筑,铺好后刮大杠、拍实、用抹子找平,其厚度适当高出水平线 2~3 mm。

花岗岩铺贴:铺贴前预先将花岗岩除尘,浸湿阴干后备用。在板块试铺时,放在铺贴位置上的板块对好纵横缝后用预制锤轻轻敲击板块中间,使砂浆振密实,锤到铺贴高度。板块试铺合格后,翻开板块,检查砂浆结合层是否平整、密实。增补砂浆,在水泥砂浆层上浇一层水灰比为 0.5 左右的素水泥浆,然后将板块轻轻地对准原位放下,用橡皮锤轻击放于板块上的木垫板使板平实,根据水平线用水平尺找平,接着向两侧和后退方向顺序铺贴。铺装时随时检查,如发现有空隙,应将板材掀起用砂浆补实后再进行铺设。

灌缝、擦缝:铺砌完后用白水泥和颜料制成与板材色调相近的 1:1 稀水泥浆,将其装入小嘴浆壶徐徐灌入板块之间的缝隙内,流在缝边的浆液用牛角刮刀喂入缝内,至基本饱满为止,缝宽为 2 mm;1~2 h 后,再用棉纱团蘸浆擦缝至平实光滑。黏附在石面上的浆液随手用湿纱团擦净。

覆盖养护:灌浆擦缝完 24 h 后,应用土工布或干净的细砂覆盖,喷水养护不少于 7 天。

b. 防腐木面层

施工工艺流程:基层处理→样板引路→木龙骨制作安装→防腐木刷木油、安装→清理、养护

施工程序及方法:

基层处理:清除基层表面的油污和垃圾,用水冲洗、晾干。

样板引路:防腐木施工必须执行样板引路,做出样板检查达标后,方能大面积进行施工。

木龙骨制作安装:严格按照设计图纸要求,根据基础面层的平面尺寸进行找中、套方、分格、定位弹线,形成方格网,安装固定龙骨基础必须打水平,保证安装后整个平台水平面高度一致。

防腐木刷木油、安装:防腐木整体面层宜用木油涂刷,起到防水、防起泡、防起皮和防紫外线的作用。防腐木的安装通过镀锌连接件或不锈钢连接件与木龙骨进行连接,每块板与龙骨接触处需用 2 颗钉。

清理、养护:安装完毕及时对防腐木表面进行清理,注意对成型产品(工序)的保护。

c. 石栏杆安装

施工工艺流程:施工准备→望柱安装→栏板安装→坐浆→搬运→就位→调整→勾缝→清洁→成品保护

施工准备:

第一步:进场验收护栏杆构件。加工好的护栏杆不得有裂缝、隐残、污点、红白线、石瑕、石铁等缺陷。可用铁锤仔细敲打,如有"哨哨"作响之声,即为无裂缝隐残的护栏杆构件,如有"啪啦"之声,则表明护栏杆构件有隐残。石纹的走向应符合构件的受力要求,地栿石应为水平走向,柱子、角柱等应为垂直走向。护栏杆构件品种、质量、加工标准、规格尺寸、标号、色泽应符合设计要求,具有出厂合格证和试验报告。检查护栏杆构件的榫长是否达到设计要求(不小于60 mm),检查转角、弧形或其他异形构件是否根据图纸要求放样下料,异形图案的构件加工及角度控制是否正确。

核对好构件上的标记,如有编号不齐全、不明显的,应加以补编,以免装错。

第二步:护栏杆安装前应做好技术交底工作。

第三步:拉线检查基础垫层表面标高是否符合设计要求,如有高低不平,应用细石混凝土填平。

第四步:护栏杆安装前,应按照设计图纸绘出护栏杆的地栿石、栏板石、望柱等构件的排列图,在施工部位放出石构件的中心线及边线。

第五步:护栏杆安装前,应清除石构件表面的泥垢、水锈等杂质,必要时用水清洗。

第六步:选用的石构件,其强度等级不应低于 MU20。地栿石坐浆的砂浆应为水泥砂浆,强度等级不应低于 M10。

望柱的安装:拉线安装,在柱座面上弹出柱身边线,在柱座侧面弹出柱身中心线,安装时柱顶石上的十字线应与柱中线重合。石柱安装时,应将望柱榫头和地栿石的榫槽、榫窝清理干净。先在榫窝上抹一层水灰比为 0.5 的素水泥砂浆,厚约 10 mm;再将望柱对准中心线砌上,如有竖向偏斜,可用铁片在灰缝边缘内垫平。安装石柱时,应随时用线坠检查整个柱身是否垂直,如有偏斜应拆除重砌,不得用敲击方法纠正。

栏板安装:栏板安装前应在望柱和地栿石上弹出构件中心线及两侧边线,校核标高。栏板位置线放完后,按预先画好的栏板图进行安装。

坐浆:栏板安装前将柱子和地栿石上的榫槽、榫窝清理干净,刷一层水灰比为 0.5 的素水泥浆,随即安装,以保证栏板与望柱之间不留缝隙。

搬运:栏板搬运时必须使每条绳子同时受力,并仔细校核石料的受力位置后慢慢就位,将挑出部位放于临时支撑上。

就位:栏杆石构件按榫、窝、槽就位。

调整:当栏板安装就位后仔细与控制线进行校核,若有偏移,应点撬归位,将构件调整至正确位置。

勾缝:如石料间的缝隙较大,可在接缝处填涂大理石胶。大理石胶的颜色应根据石材的颜色调整,采用白水泥进行颜色调整可达到最佳效果。如果缝较细,应勾抹油灰或石膏;若设计有说明则按设计说明勾缝。灰缝应与石构件勾平,不得勾成凹缝。灰缝应直顺、严实、光洁。

安装完毕后,局部如有凹凸不平,可进行凿打,将石面"洗"平。

d. 木栏杆安装

施工工艺流程:准备工作→平整(基层交接检验)→施放控制标线→整木栏杆安装→打磨刷漆→成品保护

龙骨及木面板施工完毕后,开始进行整木栏杆的施工。每个整木栏杆用 2 组膨胀螺栓固定在钢筋混凝土板上,最后用 φ8 的圆钢把直径 30 mm 的麻绳固定在整木栏杆上。

e. 金属栏杆安装

施工工艺流程:施工准备→放样→下料→焊接安装→打磨→焊缝检查→抛光

混凝土浇筑前应将金属栏杆预埋件的位置、数量进行复核,确认预埋件的位置、数量无误后方可浇筑混凝土或砌筑时将铁件埋入。

施工前应先进行现场放样,并精确计算出各种杆件的长度。

按照各种杆件的长度准确进行下料,其构件下料长度允许偏差为 1 mm。

选择合适的焊接工艺、焊条直径、焊接电流、焊接速度等,通过焊接工艺试验验证。

脱脂去污处理:焊接前检查坡口、组装间隙是否符合要求,定位焊是否牢固,焊缝周围不得有油污。否则应选择三氯乙烯、苯、汽油、中性洗涤剂或其他化学药品用不锈钢丝细毛刷进行刷洗,必要时可用角磨机进行打磨,磨出金属表面后再进行焊接。

焊接时应选用较细的不锈钢焊条(焊丝)和较小的焊接电流。焊接时构件之间的焊点应牢固,焊缝应饱满;焊缝金属表面的焊波应均匀,不得有裂纹、夹渣、焊瘤、烧穿、弧坑和针状气孔等缺陷;焊接区不得有飞溅物。

杆件焊接组装完成后,对于无明显凹痕或凸出较大焊珠的焊缝,可直接进行抛光。对于有凹凸渣滓或较大焊珠的焊缝则应用角磨机进行打磨,磨平后再进行抛光。抛光后必须使外观光洁、平顺,无明显的焊接痕迹。

3. 景观旱喷

(1) 工艺流程

土方开挖→碎石垫层→给水管道预埋→排水管道预埋→钢筋混凝土垫层→抗渗钢筋混凝土墙身→水泥砂浆找平层→聚氨酯防水涂料→水泥砂浆掺黑色胶泥黏结→砖砌体→混凝土压顶→花岗岩铺贴

(2) 施工程序及方法

① 土方开挖

a. 开挖方式　人工配合机械,即机械开挖,人工清平。

b. 标高控制　测量人员提前将标高控制桩在准备开挖区域两侧或周边固定、保护,并向机械操作人员及该分项工程现场施工负责人交代清楚。通过控制点标高确定土方开挖厚度。

c. 开挖顺序　开挖前需充分考虑现场总体车行路由,避免出现开挖后严重阻碍工程总体进展的现象。

d. 土方开挖　根据控制标高由机械从开挖起始位置向结束位置顺序进行,开挖时机械需留置 50 mm 厚土层由人工跟随清理,以免超挖。对土方开挖后局部存在软土或渣土的部位则需局部深挖直至老土层,严重的土质问题需请设计及其他相关方一起协商解决。

e. 余土处理　路床开挖后先对现场进行土方平衡,多余土方采用 30 型铲车配合清理外运。

② 碎石垫层

碎石垫层应铺设在不受地下水侵蚀的地基上,机械碾压密实。接缝处应重叠夯实。雨季施工要做好防雨和排水措施。

③ 给水管道预埋

a. 安装工序

安装准备→定位放线→管道安装→水压试验→管道吹冲洗→系统调试

b. 给水管道采用镀锌钢管,钢管在安装前先进行防腐处理,防腐层厚度小于 6 mm。

c. 管道连接采用焊接,焊缝外形尺寸应符合工艺文件的规定,焊缝高度不得低于母材表面,焊缝与母材应圆滑过渡。

d. 焊缝及热影响区表面应无裂纹、无熔合、未焊透以及无夹渣、弧坑和气孔等缺陷。

e. 给水管道应有 2‰～5‰的坡度坡向泄水装置,给水管道纵横方向弯曲每 1 m 允许偏差 1 mm,全长 25 m 以上偏差不大于 25 mm。

f. 给水管道安装完毕应做水压试验,给水系统工程试验压力下观测 10 min 后,压力降值应不大于 0.05 MPa,然后降至工作压力进行检查,不渗不漏为合格。

g. 水表应安装在便于检修,不受曝晒、污染和未冻结的地方,表前和阀应有不小于 8 倍水表接口直径的直线管段,水表进水口中心标高按设计要求允许偏差为±10 mm。

h. 给水系统安装结束,试压合格后,应进行管道吹冲洗、通水及调试工作。

④ 排水管道预埋

a. 安装工序

安装准备→排水管预制→管道安装→灌水试验

b. 管道安装

根据设计要求,排水系统采用铸铁管,铸铁管内外用清砂防腐,承接口用钢丝网水泥砂浆抹带接口。

c. 根据实际情况,管沟底部用混凝土浇筑或砌筑砖支墩。

d. 排水管道的坡度应符合规范,严禁倒坡(见表 2-31)。

表 2-31　排水管道的坡度表

序号	管径/mm	标准坡度/‰	最小坡度/‰
1	DN100	20	12
2	DN150	10	7
3	DN200	8	5

e. 排水埋地管道在隐蔽之前应进行灌水试验,即管道满水 15 min,水面下降后再灌满观察 5 min,液面无下降,管道及接口无渗漏为合格。

⑤ 钢筋混凝土垫层

钢筋混凝土垫层必须控制厚度和强度,按施工图做好混凝土强度试块检测工作。

a. 在完成的基层上定点放线,每 10 m 为一点。根据设计标高,园路的边线放中间桩和边桩,并在园路整体边线处放置施工挡板。挡板高度应在稳定层以上,但不要太高,并在挡板上画好标高线。

b. 复核、检查和确认园路边线及各设计标高点正确无误后,可进入下道工序。

c. 在浇筑混凝土稳定层前,在干燥的基层上洒一层水或 1:3 砂浆。

d. 按设计的材料比例配制混凝土试块,然后浇筑、捣实混凝土,并用直尺将顶面刮平,顶面调整至设计标高。施工中要注意做出路面的横坡和纵坡。

e. 混凝土面层施工完成后应及时开始养护,并及时对混凝土基层进行伸缩缝的切割。切割时应注意与道路面层铺设尺寸的吻合,然后考虑园路和广场面层的铺装。可用湿稻草、湿砂及塑料薄膜覆盖在路面进行养护。

f. 质量标准及检测方法(见表 2-32)。

表 2-32 混凝土基层的允许偏差及检测方法

项 次	项 目	允许偏差/mm	检测方法
1	表面平整度	15	用 2 m 靠尺和楔形塞尺检查
2	标高	±10	用水准仪检查
3	厚度	+10	用钢尺检查
4	宽度	-20	用尺量
5	横坡	±10	用坡度尺或水准仪测量

注:每 500 m² 检查 3 处,不足 500 m² 的不少于 1 处。

⑥ 抗渗钢筋混凝土墙身

a. 模板应保证工程结构和构件各部尺寸及相互位置,具有足够的强度、刚度和稳定性,构造简单,装拆方便,模板接缝应平整。

b. 模板支撑系统均采用 φ48 mm×35 mm 钢管及扣件,梁设置对拉片,对拉片间距按 800 mm 双向布置。

c. 模板安装后,必须经过检查验收后才能进行下道工序,检查验收要求可参照现行规范。

d. 钢筋必须有进出厂质量证明书,并按有关规定分批抽样做机械性能试验,合格后才能大批量进场并分类堆放,按厂家、型号、规格、进场时间、数量、检验情况、使用部位等内容进行标识。

e. 钢筋的调直、切断、弯曲采用机械加工,加工前对钢筋表面进行除锈处理。

f. 钢筋在加工过程中发现脆断或机械性能不良时,应进行化学分析或专项检测。

g. 钢筋在运输过程中必须保留标牌并按批分别堆放,避免锈蚀。

h. 混凝土材料选用:水泥选用普通硅酸盐水泥,水泥标号 425♯,严禁使用过期或受潮结块水泥及小厂水泥。砂子采用洁净的中砂,砂率为 35%~40%,砂石含泥量不大于 3%。石子采用 2~4 cm 连续粒级碎石,吸水率不大于 2%~3%,含泥量不大于 1%。水应采用不含有杂质的洁净水。

i. 浇筑混凝土时不得任意加水,不得冲击模板和取掉模板支撑,不得踩踏钢筋,以免钢筋发生位移、弯曲而影响质量。

j. 采用插入式振捣时,一般应垂直自然地插入。棒体插入混凝土的深度不应超过棒长的 2/3~3/4,逐点移动,顺序前进,移动间距不得大于振捣器作用半径。为使上下层混凝土结合成整体,振动器应插入下一层混凝土 50 mm,但上一层必须在下一层混凝土初凝前浇筑完毕。

k. 混凝土在搅拌均匀运至浇筑现场时,如有离析现象,必须进行二次搅拌。模板和支撑架钢筋预埋件应及时检查,防止遗漏或错位。

l. 混凝土应连续浇筑,如必须留置施工缝时,施工缝的位置宜留在结构受力较少处且便于施工的部位。混凝土浇筑完成后应在 12 h 内加以覆盖养护 7 天,始终保持混凝土湿润。

⑦ 水泥砂浆找平层

a. 铺设前,将基层湿润,并在基底刷一道素水泥浆或界面结合剂,随刷随铺砂浆。

b. 砂浆铺设应从一端开始,由内向外连续铺设。

c. 大面积水泥砂浆找平层应分区段施工,分区段时应结合变形缝位置、不同类型的建筑地面连接处和设备基础的位置进行划分,并应与设置的纵向、横向缩缝的间距相一致。

d. 砂浆表面找平:砂浆先用水平刮杠刮平,然后表面用木抹子搓平,铁抹子抹平压光。

e. 找平层施工完后 12 h 内应进行覆盖和浇水养护,养护时间不得少于 7 天。

⑧ 聚氨酯防水涂料

a. 工艺流程:

基层清理→涂刷底胶→第一道涂膜防水层施工→第二道涂膜防水层施工→做保护层

b. 施工工序及方法

基层处理:涂刷防水层施工前,先将基层表面的杂物、砂浆硬块等清扫干净,并用干净的湿布擦一次。经检查,基层无不平整、空裂、起砂等缺陷方可进行下道工序。

涂刷第一道涂膜:在前一道涂膜加固层的材料固化并干燥后,应先检查其附加层部位有无残留的气孔或气泡。如没有,即可涂刷第一层涂膜;如有气孔或气泡,则应用橡胶刮板将混合料用力压入气孔,局部再刷涂膜,然后进行第一层涂膜施工。涂刷第一层聚氨酯涂膜防水涂料,可用塑料或橡胶刮板均匀涂刮,力求厚度一致,在 1.5 mm 左右,即用量为 1.5 kg/m²。

涂刮第二道涂膜:第一道涂膜固化后,即可在其上均匀地涂刮第二道涂膜,涂刮方向应与第一道涂刮方向垂直;涂刮第二道与第一道相间隔时间一般不小于 24 h,亦不大于 72 h。

涂膜保护层:最后一道涂膜固化后,即可根据建筑设计要求在其面层绑扎钢筋。

⑨ 砖砌体

砌筑前应先放好基础轴线及边线,立好皮数杆,并根据皮数杆最下面一层砖的底标高,拉线检查基础垫层表面标高。当第一层砖的水平灰缝大于 20 mm 时,应先用细石混凝土找平。

a. 浇水湿砖　黏土砖必须在砌筑前一天浇水湿润,一般以水浸入砖四边 1.5 cm 为宜,含水率为 10%～15%。常温施工不得用干砖,雨季不得使用含水率达到饱和状态的砖砌墙。

b. 砂浆搅拌　砂浆配合比应采用重量比,计量精度水泥为 ±2%,砂、灰膏控制在 ±5% 以内,宜采用机械搅拌,搅拌时间不少于 1～5 min。

c. 组砌方法　组砌方法应正铺,一般采用满丁满条排砖法砌筑时,必须里外咬槎或留踏步槎,上下层错缝,宜采用"三一"砌砖法,严禁用水冲灌缝的操作方法。捧砖擦底,基础大放脚的擦底尺寸及收退方法必须符合设计图纸规定。如是一层十退,里外均应砌丁砖;如是两层一退,第十层为条,第二层砌丁。基础大放脚的转角处,应按规定放土分头,其数量为一砖半厚墙放 3 块,两砖厚墙放 4 块,依此类推。

d. 砌筑　基础墙砌筑前,其垫层表面应清扫干净,洒水湿润。再盘墙角,每次盘墙角高度不应超过 5 层砖,基础大放脚砌到墙身时,要拉线检查轴线及边线,保证基础墙身位置正确。同时要对照皮数杆砖层的标高,如有高低差时,应在水平灰缝中逐渐调整,使墙的层数与皮数杆一致。基础墙的墙角每次砌高度不超过五皮砖,随盘随靠平吊直,以保证墙身横平竖直。砌墙应挂通线,24 墙反手挂线,37 墙以上应双面挂线。基础垫层标高不等或有局部加深部位,应从低处往上砌筑,并经常拉通线检查,保持砌体平直通顺,防止砌成螺丝墙。砌体上下错缝,每处无四皮砖通缝。砖砌体接槎处灰缝砂浆密实,缝、砖平直,每处接槎部位水平灰缝厚度不小于 5 mm 或透亮的缺陷不超过 5 个。

⑩ 花岗岩铺贴

a. 施工工艺流程(见图 2-10)

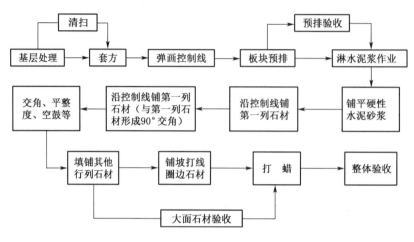

图 2-10　铺贴流程图

b. 施工工艺操作要点

试拼:正式铺设前,对每处大理石(花岗岩)板块要按图案、颜色、纹理试拼,并注意遇到管道套割;将非整块板对称排放在靠边部位,然后编号并码放整齐。

弹线:施工前一定要在基层上弹控制线,以控制方正。

试排:在 2 个垂直方向铺 2 条干砂带,宽度大于板块宽度,厚度在 3 cm 以上。结合施工大样图,把大理石(花岗岩)板块排好,检查板块之间的缝隙,对于拼花部位一定要认真核对位置与花色。

铺贴:试排后将干砂和板块移开,清扫干净,用喷壶洒水润湿,刷一层素水泥浆(水灰比为0.5,不要刷得面积过大,随铺砂浆随刷)。拉十字控制线(鱼线),用 1∶3 的干硬性水泥砂浆铺找平层(干硬程度以手捏成团,落地即散为宜)。铺好后用靠尺板刮平,再用抹子拍实找平,面积以能铺 3 m² 左右为宜。厚度控制在放上大理石(花岗岩)板块时高出面层水平线 3～4 mm为宜。质量标准及检测方法见表 2-33 所示。

表 2-33　花岗岩面层的允许偏差及检测方法

项次	项　　目	允许偏差/mm		检查方法
		块石	碎拼	
1	表面平整度	1	3	用 2 m 靠尺和楔形塞尺检查
2	缝格平直	1	—	拉 5 m 线和钢尺检查
3	接缝高低差	1	1	用钢尺和楔形塞尺检查
4	板块间隙宽度	1	—	用钢尺检查

注:每 200 m² 检查 3 处,不足 200 m² 的不少于 1 处。

面层铺装是园路和广场铺装的又一个重要的质量控制点，必须控制好标高，注意结合层的密实度及做好铺装后的养护工作。在完成的稳定层上放样，根据设计标高和位置打好横向桩和纵向桩，纵向线每隔板块宽度1条，横向线按施工进展向下移，移动距离为板块的长度。

在稳定层上扫净后，洒上一层水，略干后先将1∶3的干硬性水泥砂浆在稳定层上平铺一层，厚度为2 cm作结合层用，铺好后抹平。再在上面浇一层薄薄的水泥浆，然后按设计的图案铺好，注意留缝间隙按设计要求保持一致。面层每拼好一块就用平直的木板垫在顶面，用橡皮锤在多处振击（或垫上木板，锤击打在木板上），使所有石板的顶面均保持在一个平面上，这样可使园路铺装十分平整。路面铺好后，再用干燥的水泥粉撒在路面并扫入砌块缝隙中，使缝隙填满，最后将多余的灰砂清扫干净。石板下面的水泥砂浆会慢慢硬化，使板与下面稳定层紧密结合在一起。施工完后，应多次浇水进行养护。

4. 景观桥梁

（1）施工工艺流程

钻孔灌注桩→承台施工→拱圈施工→桥面施工→附属设施

（2）施工程序及方法

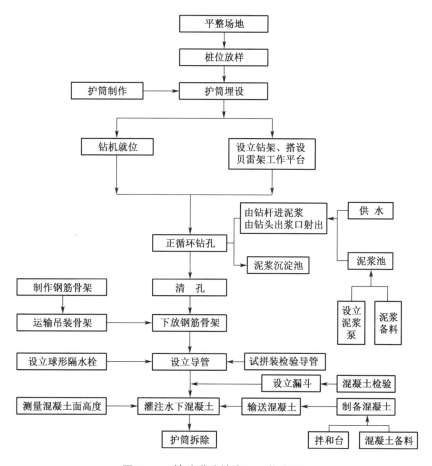

图 2-11　钻孔灌注桩施工工艺流程图

① 钻孔桩施工

a. 钻孔灌注桩施工工艺流程见图 2-11 所示。

b. 埋设钢护筒　钢护筒采用壁厚 16 mm 的 A3 钢板卷制。φ1.2 m 钻孔桩护筒直径为 φ1.4 m，φ1.3 m 钻孔桩护筒直径为 φ1.5 m。陆上护筒在桩位测量定位后采取挖孔埋设的方法设置，后利用振动打桩机插打护筒，直至达到需要深度。淤泥层较厚的桩位采用全护筒跟进施工，确保钻孔、清孔、吊设钢筋笼及灌注水下混凝土过程中均不坍孔。

c. 钢筋笼制作　按照设计图纸及施工规范要求进行钢筋笼的制作。钢筋直径大于等于 25 mm 时采用机械套筒连接，大于等于 16 mm 时采用焊接。焊缝长度单面焊 10 天，双面焊 5 天。螺旋箍筋接头采用对接方式，并于钢筋笼四周对称焊接钢筋保护层，保证钢筋笼保护层符合设计要求。在顶节钢筋笼上焊接 4 根加长钢筋，以备固定钢筋笼。

d. 泥浆制备　拌制泥浆选择塑性指数大于 25、黏粒含量大于 50％的黏土配制。泥浆性能：相对密度 1.25～1.3，黏度 25～30 s，失水量 15～25 mL/30 min，含砂率≤4％，胶体率≥95％，泥皮厚度＞1.5 mm。施工中应经常测定泥浆性能，保证护壁效果。

e. 泥浆的排放处理　在墩位处设置泥浆循环系统。在钻孔桩施工时，泥浆通过管道引至泥浆池循环使用，泥浆及沉渣最后运至合适的地点丢弃。钻孔桩施工应严格按环保要求进行。

f. 钻孔　成桩作业主要包括钻机选型、钻机定位、钻进、清孔、验孔等过程。根据本工程的地质情况及设计桩型，选用冲击钻机钻孔。钻机钻孔时钻头中心要对准桩中心，钻机安放平衡。钻机起落钻头时不宜过猛和骤然变速，以防撞孔。钻孔过程中要经常注意地层的变化，在地层变化处均捞取渣样。如实际地质情况与钻孔资料不一致，应及时通知监理和设计单位，以便设计单位及时调整。钻孔过程中，要及时掌握地质变化情况，根据地质情况经常调整泥浆指标，随时检查孔位中心、孔径、垂直度，发现问题后及时处理。

g. 终孔　钻孔达到设计要求时，通知监理工程师进行成孔检验，检验孔位、孔深、孔径、孔形倾斜度等情况，并填写终孔记录。

h. 清孔　采用换浆法和掏渣法清孔，使泥浆比重及沉淀层厚度均达到规范要求。若清孔后 4 h 尚未开始浇筑混凝土，则孔底必须重新清理。

i. 放钢筋笼　钢筋笼分节制作，采用汽车吊安装就位。

j. 灌注水下混凝土　混凝土要先经过试拌，选定配合比。要严格控制混凝土的坍落度并保证混凝土的和易性、连续性，防止卡管。混凝土用导管法灌注，灌注中要始终保持混凝土埋管深度大于 2.0 m 且小于 6.0 m，防止断桩。为了确保桩身混凝土质量，应在灌注桩顶预加一定的高度，即高出 0.5 m。在整个施工中按规定进行水下灌注测量和记录，混凝土由集中拌和场生产，运输车运输。

k. 截桩头及无破损检测　灌注混凝土基桩完成后，超灌的混凝土用人工挖除，注意防止对桩基非清除部分的损坏和扰动。对桩进行无破损检测，对质量有怀疑的桩采取钻芯取样。进行检测的桩按规定进行无破损检测或钻芯取样。

② 承台施工

a. 基础开挖　先初步放样，划出承台边界，用机械配合人工开挖，人工清理四周及基底，对基底进行夯实。

b. 测量放样　下部承台至墩台帽各部分开工前，进行准确中线放样，并在纵横轴线上引出控制桩，进行钢筋绑扎和模板调整，严格控制好各部顶面标高。

c. 钢筋下料成型及绑扎　钢筋由钢筋班组集中下料成型，编号堆放，运输至作业现场进行绑扎。钢筋均应有出厂质量证明书或试验资料。钢筋绑扎严格按图纸进行现场放样绑扎，绑扎中注意钢筋位置、搭接长度及接头的错开。钢筋绑扎成型后，按要求进行验收。

d. 支模板　承台模板采用木模拼装。底口、中部、上部均用 φ16 对拉螺杆，外侧用方木支撑固定。模板拼装时严格按照设计图纸尺寸作业，垂直度、轴线偏差、标高均应符合技术规范要求。

e. 浇筑混凝土　浇筑中控制好每层浇筑厚度，防止漏振和过振，保证混凝土的密实度。混凝土浇筑要连续进行，中间因故间断时间不能超过前层混凝土的初凝时间。将混凝土浇筑到顶面，应按要求修整、抹平。

f. 养生　混凝土浇筑后要及时覆盖养生，经常保持混凝土表面湿润。

g. 模板拆除　按照结构决定，承台达到强度的 50% 即可拆除模板。模板拆除时要小心按顺序拆卸，防止撬坏模板和碰坏结构。

③ 墩台施工

程序：放线→安装钢筋骨架→扎筋→安装模板→混凝土浇筑→养护

a. 钢筋的骨架及箍筋在加工现场制作成型并编号。骨架的焊接严格按照规范进行，骨架安装按设计图纸进行。

b. 墩、台模板采用钢木结合，木胶合板作面板，木方作加劲板，用 10 号槽角夹持，采用 φ16 圆钢作拉条固定。模板的强度及刚度必须满足混凝土的振捣要求。模板安装时，接缝做到平顺严密、无缝隙，以保证不漏浆。

c. 墩、台的混凝土严格采用试配合格的配比进行配料。混凝土的浇筑从一头向另一头阶梯式推进。混凝土的振捣做到密实，严禁漏振、过振，同时做好混凝土试块。

④ 拱圈施工

a. 施工工艺流程

土牛施工→支架安装→拱架安装→拱圈底模安装→钢筋绑扎→拱圈侧模安装→拱圈混凝土浇筑→侧模拆除→底模、拱架拆除→成品养护

b. 施工工序及方法

土牛施工：工程宜选择在枯水季节施工，采用土牛加扣件式钢管脚手架拱盔相结合的施工工艺。在土牛下设置直径 1.5 m 的导流有筋涵管，完成后回填碎石，密实度不小于 90%。当碎石填筑到支墩标高 −30 cm 时，整体打 30 cm 厚混凝土垫层以保证土牛填筑时的整体性。

支架安装：支架整体、杆配件、节点、地基、基础和其他支撑物应进行强度和稳定性验算。支架安装应考虑支架受载后的沉陷、弹性变形等因素预留施工拱度。

本工程采用满堂钢管脚手架支架。支架安装完毕后，应对其平面、顶部标高、节点联结及纵横向稳定性进行全面检查，符合要求后方可进行下道工序。

拱架安装：安装拱架前，对拱架立柱和拱架支承面应详细检查，准确调整拱架支承面和顶部标高，并复测跨度，确认无误后方可进行安装。各片拱架在同一节点处的标高应一致，以便于拼装平联杆件。拱架按施工图不设预拱度。为了拆卸方便，拱架采用钢管脚手架体系，须有足够的强度、刚度和稳定性，施工前均应进行施工图设计。采用扣件式钢管拱架，钢管拱架组成排架的纵、横间距应按承受拱圈自重计算，各排架顶部的标高应符合设计要求。为保证排架的稳定应设置足够的斜撑、剪刀撑、扣件和缆风绳。

拱圈模板（底模、侧模）安装：拱圈模板（底模）宜采用双面覆膜酚醛多层板。采用多层板背

后加弧形木或横梁,多层板板厚依弧形木或横梁间距的大小来定。模板接缝处粘贴双面胶条填实,保证板缝拼接严密,不漏浆。侧模板应按拱圈弧线分段制作,间隔缝处设间隔缝模板并应在底板或侧模上留置孔洞,待分段浇筑完成、清除杂物后再封堵。在拱轴线与水平面倾角较大区段应设置顶面盖板,以防混凝土流失。模板顶面标高误差不应大于计算跨径的 1/1 000,且不应超过 30 mm。

拱脚接头钢筋预埋:钢筋混凝土无铰拱的拱圈主筋一般伸入墩台内,因此在浇筑墩台混凝土时,应按设计要求预埋拱圈插筋。伸出插筋接头应错开,保证同一截面钢筋接头数量不大于 50%。

钢筋接头布置:为适应拱圈在浇筑过程中的变形,拱圈的主钢筋或钢筋骨架一般不应使用通长钢筋,宜在适当位置的间隔缝中设置钢筋接头,但最后浇筑的间隔缝处必须设钢筋接头,直至其前一段混凝土浇筑完毕且沉降稳定后再进行联结。

钢筋绑扎:

绑扎顺序:分环浇筑拱圈时,钢筋可分环绑扎。分环绑扎时各种预埋钢筋应临时加以固定,并在浇筑混凝土前进行检查和校正。

拱圈侧模安装:参照④款规定施工。

拱圈混凝土浇筑:上承式拱桥浇筑一般可分 3 个阶段进行:

第一阶段:浇筑拱圈及拱上立柱的底座。

第二阶段:浇筑拱上立柱、联结系及横梁等。

第三阶段:浇筑桥面系。

前一阶段的混凝土达到设计强度的 70% 以上才能浇筑后一阶段的混凝土。拱架则在第二阶段或第三阶段混凝土浇筑前拆除,但必须对拆除拱架后拱圈的稳定性进行验算。对于多环拱桥,其对称拱圈应同时浇筑。

模板拱架的拆除:为保证支架拆除时拱肋内力变化均匀,应对称于拱顶,由拱中部向两侧同时拆除。

顶部扣压模板在混凝土初凝后即可拆除。当混凝土达到设计要求抗压强度时方可拆除侧模。若设计无要求,混凝土抗压强度达到 2.5 MPa 时方可拆除侧模。底模必须等到拱圈最后施工段混凝土抗压强度达到 100% 设计强度时方可拆除。

拱架拆除是由拱圈及上部结构的重量逐渐转移给拱圈自身承担的过程,应按拟定的卸落程序进行。拱架不得突然卸除。卸除过程中,当达到一定的卸落量,拱架才脱离拱圈实现力的转移。在拱架拆除过程中应根据结构形式及拱架类型制定拆除程序和方法。

⑤ 桥面施工

a. 拌和

试料:不断地对拌和出来的沥青混合料进行检验和调整,使拌和机生产出来的混合料组成符合设计要求。

检验施工组织、施工工艺、机械设备的配套、组合是否合适;确定摊铺的松铺系数、最佳摊铺温度、碾压温度、碾压遍数、碾压速度、压路机的组(配)合以及人员的组织问题。进行总结,对存在的问题制定改进措施,并向指挥部、总监办提交试验路段的总结报告,经批准后方可开工。

b. 运输

车况良好,车厢清洁,用篷布覆盖。

根据产量、运输距离和保通路况确定运输车辆数量。

c. 沥青混凝土的摊铺

摊铺准备:验收清扫下承层;保证机械处于完好状态,摊铺机开工前 0.5~1 h 预热熨平板,使其温度不低于 100 ℃。

摊铺过程:摊铺机必须缓慢、均匀、连续不断地摊铺,不得随意变换速度或中途停顿,以提高平整度,减少混合料的离析;粗粒式沥青混凝土采用非接触式平衡梁控制标高和厚度;细粒式沥青混凝土采用非接触式平衡梁自动找平控制厚度和平整度;沥青混凝土的松铺系数根据混合料类型由试铺试压确定;摊铺机的螺旋布料器应相应于摊铺速度调整到保持一个稳定的速度均衡地转动,两侧应保持有不少于送料器 2/3 高度的混合料,以减少在摊铺过程中混合料的离析。

d. 沥青混凝土的碾压

检测碾压各工序温度(初压温度、复压温度、终压温度)。

碾压遍数根据试验路确实压实遍数为准(确定方法与级配碎石底基层相同)。

碾压程序:碾压时应重叠 1/3~1/2 轮宽,后轮必须超过两端接缝处。压路机速度初压为 1.5~1.7 km/h,稳压 2.0~3.0 km/h,终压 3~5 km/h。直线和不设超高段由两侧向路中心碾压,设超高处从超高内侧向外侧碾压。压路机禁止在碾压成形或温度大于 70 ℃ 的地方停留、掉头和急转弯。

e. 接缝处理

接缝采用平接缝,每天工作缝结束时用 3 m 直尺进行找平,不平整部分用切割机切除。接缝时先用压路机横压,如有不顺及时用 3 m 直尺测量,再进行人工铲除或找补。

f. 开放交通

当沥青混凝土表面温度小于 50℃时方可开放交通,如有不能封闭交通地段可用水车洒水冷却。

⑥ 附属设施

a. 拱内填料　考虑渗水宜采用透水性较好的中粗砂并夯实,密实度应达到 95% 以上。

b. 防水层　防止水流浸蚀拱圈,在拱圈拱背上必须设置防水层,防水层为 3 层沥青 2 层油毡,且在墙身设泄水孔。

c. 伸缩缝　桥伸缩缝采用 2 cm 宽的简易伸缩缝,用沥青麻絮填塞。各桥共有 2 处伸缩缝,分别在拱桥侧桥和桥台侧墙间设置。

d. 护栏施工　本桥栏杆为石材,为保证达到设计意图,施工时应特别注意斜坡及竖曲线部分栏杆立柱、护栏板、地栿及地梁预留立柱安装槽加工。为达到永久装饰效果,石雕图案应为浮雕。

(八) 目标实现的保证措施

目标实现的保证措施主要有工期、质量、安全生产、文明施工、消防保卫、环境保护、冬雨季施工、成品保护、苗木反季节种植、降低成本、防疫等措施,本章节主要介绍工期、质量、安全生产保证措施。

1. 工期保证措施

（1）确保工期的组织措施（见表2-34）

表2 34　确保工期的组织措施

序号	措施	具　体　内　容
1	工期管理组织机构	为确保本工程进度,公司将成立以项目经理部和各劳务作业层组成的项目工期管理组织机构。选派具有类似工程管理经验和业绩的项目经理担任工程的项目经理,同时还配备一批经验丰富、精力充沛的项目管理、技术人员 项目组织机构在投标期间确定,项目管理人员需提前做好就位工作,主要骨干成员参与投标过程,熟悉工程特点,在最短时间内进入角色;普通人员在投标期间着手工作移交,中标后立即就位
2	合同管理	施工前就要和各劳务队伍签订相关合同,规定完工日期及不能按期完成的惩罚措施等。合同是施工和支付工程款的依据,一定要在施工前签订 在合同中添加专款专用制度以防止施工中因为资金问题而影响工程进展,充分保证劳动力、机械的充足配备和材料的及时进场。随着工程各阶段控制日期的完成,及时支付各作业队伍的劳务费用,为施工作业人员的充足准备提供保证。按工期节点设立奖罚制度,提前或按期完成给予奖励,拖期给予处罚
3	专题例会制度	项目部定期召开施工生产协调会议,会议由项目经理主持,项目管理人员及劳务作业队主管生产的负责人参加。主要是检查计划的执行情况,提出存在的问题,分析原因,研究对策,采取措施 项目部随时召集并提前下达会议通知单。各作业单位必须派符合资格的人参加,参加者将代表其决策者 计划管理人员定期进行进度分析,查看指标的完成情况是否影响总目标,劳动力和机械设备的投入是否满足施工进度的要求。通过分析、总结经验,暴露问题,找出原因并制定措施,确保进度计划的顺利进行 各作业单位及时根据项目部的安排调整进度计划,在进度上有任何提前及延误应及时向项目部说明

（2）确保工期的管理措施

① 编制总进度计划或子进度计划时,将进行多方案比较并选一个优秀、合理的方案,体现资源的合理使用、工作面的合理安排,有利于提高建设质量、有利于文明施工和有利于合理地缩短建设工期。

② 在编制总进度计划时使其系统化,所编制的各种计划独立但又相互联系、统一,使其形成计划系统。

③ 对进度实施动态控制,计划编制后,根据现场实际情况对计划进行及时的动态调整。

④ 项目实施过程中遇业主有特殊要求或遇突发事件(自然灾害等)影响个别系统施工进度,必须及时向总包项目部汇报,说明影响进度的原因,采取挽回工期的措施,以及工期节点计划推移的时间等。

⑤ 组织所有系统负责人员召开专题会议,根据发生变化的节点重新进行总进度计划的调整,制定适应新情况的进度计划。将新进度计划通知到各系统并重新进行交底。

⑥ 项目实施过程中做到损失的工期及时抢回,绝不允许损失工期累积。

（3）确保工期的技术措施

"科学技术是第一生产力",先进施工技术措施的合理运用为工期管理提供最直接的根本保障。我公司将充分发挥企业在大型项目施工中积累的丰富经验和技术优势,精心组织,精心施工,确保本工程顺利实现既定的工期目标。做好详尽的技术准备工作,确保技术先行。

（4）确保工期的经济措施（见表 2-35）

表 2-35　资金管理保障措施一览表

序号	资金类别	资金管理保障措施
1	预算管理	执行严格的预算管理:施工准备期间,编制项目全过程现金流量表,预测项目的现金流,对资金做到平衡使用、以丰补缺,避免资金的无计划管理
2	支出管理	执行专款专用制度:建立专门的工程资金账户,随着工程各阶段控制日期的完成,及时支付各专业队伍的劳务费用,防止施工中因为资金问题而影响工程的进展,充分保证劳动力、机械、材料的及时进场

（5）确保工期的资源保障措施

资源的投入包括劳动力、施工机械及设备器具、周转材料等,保障资源投入是确保工期的关键所在。

① 劳动力投入的保障措施（见表 2-36）。

表 2-36　劳动力投入的保障措施一览表

序号	类别	措　施　内　容
1	数量保障	按照"足够且略有盈余"的原则,以应对施工中的诸多不确定因素;不因节假日及季节性影响导致人员流失,确保现场作业人员的长期固定性;根据总体、分阶段进度计划、劳动力供应计划等,编制各工种劳动力平衡计划,分解细化各阶段的劳动力投入量;充分发挥经济杠杆作用,定期开展工期竞赛,进行工期考核,奖优罚劣,激发劳动效率
2	素质保障	进场人员必须持有各类《岗位资格证书》,其中高、中级工所占比例不少于 60%;劳务分包进场后,及时组织工期、技术、质量标准交底,进行安全教育培训等;施工中,定期组织工人素质考核、再教育
3	劳动力组织安排	为保证工程进度计划目标及管理生产目标,应充分配备项目管理人员,做到岗位设置齐全,以形成严格完整的管理层次 开工前提前组织好劳动力,挑选技术过硬、操作熟练的施工队伍,按照施工进度计划的安排分批进场。分析施工过程中的用人高峰和详细的劳动力需求计划,拟订日程表,劳动力的进场应相应比计划提前,预留进场培训、技术交底时间 做好后勤保障工作,为工人提供良好的工作环境,保证伙食质量。尤其要安排好夜班工人的休息时间,保证工人有充沛的体力更好地完成施工任务 由于专业多,作为总承包,将要求各专业在开工前列出详细人员计划表,只有在各工种施工人员都到位的情况下,才可以大面积开工 在确保现场劳动力的前提下,还要计划储备一定数量的劳动力,作为资源保障
4	人员劳动力合理调配	做好劳动力的动态调配工作,抓关键工序。在关键工序延期时,可以抽调精干的人力,集中突击施工,确保关键线路按期完成 每道工序施工完成后,及时组织工人退场,为下道工序工人操作提供作业面,做到所有工作面均有人施工 根据进度计划、工程量和流水段划分合理安排劳动力和投入生产设备,保证按照进度计划的要求完成任务 加强班组建设,做到分工和人员搭配合理,提高工效。既要做到不停工待料,又要调整好人员的安排,不出现窝工现象

续表 2-36

序号	类别	措　施　内　容
5	制定详细的劳动力计划	对劳务作业层实行专业化组织,穿透性动态管理,以保证本工程各项管理目标的实现。各专业主要工种人员的配备详见劳动力动态表 对于整个项目施工,保证劳动力需求配置计划按时实现。对于业主指定的专业施工,将根据实际需要严格控制其人力资源的投入量和投入时间、完成时间以保证整体施工进度
6	抢工应急措施	在施工队伍选择上尽量避免和没有充足劳动力的劳务公司合作,确保在农忙期间劳动人员不减员。当出现习惯性劳动力供应不及时的情况,可抽调其他地区的资源,对工程进行补充

② 施工机械、器具投入的保障措施(见表 2-37)。

表 2-37　机械设备投入的保障措施一览表

序号	措施	具　体　内　容
1	数量保障	调集:发挥企业在经营布局方面的雄厚综合实力优势,迅速在宿州市内或周边调集能满足施工需要的各类机械设备及器具 新购或租赁:必要时实施就地采购或租赁 配备足够的机械设备和必需的备用设备
2	机械计划	精心编制详细准确的机械计划,明确机械名称、型号、数量、能力及进场时间等,并严格落实计划
3	性能维护	设备进场验收:对所有投入使用的施工机械设备或器具,在进场时严格按照企业有关管理程序,结合工程实际情况进行性能验收,对不符合要求的设备及时采取维修或清退更换处理 施工中维护:根据"专业、专人、专机"的"三专"原则,安排专业维护人员对机械实施全天候跟班维护作业,确保其始终处于最佳性能状态 检定:对测量器具等精密仪器,按国家或企业相关规定定期送检

③ 周转材料的保障措施。

本工程的材料分为周转材料和非周转材料两类,其供应保障措施见表 2-38。

表 2-38　材料、设备供应的保障措施一览表

序号	材料类别	供应保障措施
1	周转材料	根据项目生产进度对各项材料的需求,选择几家交通便利的周转材料租赁公司作为储备,在周转材料出现问题时及时进行租赁调配,保证不耽误施工生产需求 根据周转材料投入总计划和工程进度计划,结合工程实际情况,编制切实可行的周转材料供应计划,按计划组织分批进场,确保周转材料及时、适量
2	非周转材料	1. 项目自购材料 在全国各地建立大宗材料信息网络,不断充实更新材料供应商档案;随施工进度不断完善材料需用计划;在保证质量的前提下,按照"就近采购"的原则选择供应商,尽量缩短运输时间,确保短期内完成大宗材料的采购进场;严把材料采购过程、进场验收的质量关,避免因材料质量问题而影响工期 2. 业主提供材料、设备及分包商采购材料 协助业主、分包商超前编制准确的甲供材料、设备计划,明确细化进场时间、质量标准等,必要时提供供货厂家和价格供业主参考;及时细致地做好业主提供或分包商采购材料、设备的质量验收工作,填写开箱记录,办理交接手续;做好甲供材料、设备的保管工作,对于露天堆放的材料、设备采取遮盖、搭棚等保护措施

（6）确保工期的其他措施

① 与总包单位的配合（见表 2-39）

保证无条件地配合总包单位提出的任何合理性要求，接受总包单位的管理和协调，以优良的服务使业主满意，通过良好的合作确保工程承包合同全面履行。

与总包单位加强沟通、紧密配合，在构件进场、场地占用、塔机使用、施工、生活用水用电等各个环节出现的问题应及时同总包协商解决；自觉地服从总包的协调管理，并主动为总包提供有利于施工进度、能有效解决现场难题的合理化建议；同总包相互支持，共同确保工程总工期。

制定良好的配合计划是做好配合工作的核心。提前将各阶段的设备、材料进场清单、进场和施工计划以及需要总包协助的配合计划提供给总包单位，便于总包单位对施工通道、场地、机具使用等进行及时协调。

对施工中遇到的难题，与总包相互支持并通力合作加以解决。

表 2-39　服从总承包单位的 CI 及现场管理规定

序号	管 理 措 施
1	进入现场的施工人员必须统一着装、统一戴安全帽（样式不得与总承包和监理的相同）、佩戴胸卡、编制号码，管理人员、操作人员和特殊工种必须有明显的区别并予以保持
2	所建的临时设施必须符合总承包单位项目总平面布置图及 CI 协议要求，施工前必须得到总承包单位项目工程管理部的批准
3	所有施工管理人员及操作人员必须着装整洁，不得留长发，注意举止行为
4	负责保护合同中所包括的工作及装置，直至总承包工作完工，或任何由发包方指定的时间为止。保护的方法需得到总承包的同意
5	进入施工区域必须戴好安全帽，并符合有关规定
6	进入现场的车辆严禁乱停、乱放，严禁停在现场内道路上。办公区严禁货车进入
7	必须保证所张贴悬挂标牌的完好，标识颜色清晰无退色。所堆放物品无论堆放时间长短，必须堆放整齐
8	全力配合总承包单位及其他单位申报各类工程奖项
9	协同总承包单位完成工程施工技术资料的存档备案，向总承包方提供其需要的技术资料

② 夜间施工安排

a. 监督管理　现场安排专职人员值班，协调处理夜间施工工作；项目经理部设置夜间施工监督员，对夜间施工进行巡视，确保夜间施工的管理工作效率和作业安全；项目部其他人员保持全天候的通信联络。

b. 施工照明　施工照明与施工机械设备用电各自采用一条施工线路，防止大型施工机械因偶尔过载后跳闸导致施工照明不足。施工准备期间，分别在场地四周搭设大功率镝灯，用于整个施工现场的夜间照明。施工现场必须有足够的照明能力，满足夜间施工质量、安全等对照明的需求。在现场临边、洞口等事故易发位置，严格按照有关规定设置警戒灯，并由专职安全员负责维护，确保设施的完整性、有效性。配备足够的电工和发电设备，及时配合施工对照明的需要，尤其是移动电源。

c. 安全防护　夜间施工时应加强安全设施管理，重点检查作业层四周安全围护、临边洞口防护等部位，确保夜间施工安全。

d. 后勤保障　做好后勤保障工作,尤其是食堂等生活配套设施,必须满足夜间施工的要求。

e. 验收计划　针对夜间施工中出现的中间验收,提前制定验收计划,上报业主、监理单位,以便他们做出相应的工作安排。

③ 节假日施工安排

原则上所有人员取消所有休假。根据总进度计划安排,为保证节假日期间的正常施工,拟采取如下措施:

a. 合同约束

劳务合同:明确约定保证农忙、节假日连续施工条款,并从每月工程款中扣5%作为履约保证金,对考核达不到出勤率要求的每次扣除保证金20%,超过3次全部扣除。

材料供货合同:明确约定保证农忙、节假日材料正常供应条款,并从每笔材料款中扣10%作为履约保证金,对考核达不到供应率要求的每次扣除保证金30%,超过2次全部扣除。

b. 超前计划　在节假日前半个月,排定详细的施工进度计划,运用统筹安排的原理,有的放矢,未雨绸缪,为后续工作尽可能提供便利条件;提前半个月制定详细材料计划并同相关材料供应商沟通,确保落实,提前做好材料储备;根据进度计划,提前与业主、监理、设计、质监协调好诸如图纸疑问、分部分项验收等各项事宜,提前报送相关工作联系单位。

c. 补偿　严格按照国家《劳动法》为在节假日中加班的项目部人员及工人提供相应报酬、补助,提高参建员工的工作积极性。农忙季节来临前,做好工人的思想工作,承诺对农忙季节坚守岗位的工人适当给予经济补偿。利用工序间隙对假期进行补偿。

d. 便利措施　为节假日期间职工的娱乐生活等提供各项便利,确保工作积极性。

④ 采取经济奖罚措施

a. 根据各期作业计划,向参加施工班组下达任务。充分运用奖惩制度,针对每个分部分项工程,按期保质完成的给予奖励,完不成的给予经济处罚。按公司单项工程工期奖罚办法执行,确保每一个分部(项)工程的工期和总进度计划如期实现。

b. 实行多劳多得的奖励原则,采用多种灵活的工作制度,在认真执行《劳动法》的前提下,经环境部门同意后,对部分分部工程实行白班、晚班双班制施工,停人不停机,组织工人和管理人员轮换作业。夜以继日加班加点,争分夺秒,除按《劳动法》的规定给工人报酬外,严格按公司单项工程承包办法给予奖励。

⑤ 采取适当加快工期的赶工措施

对工期紧、任务重的工程,在原有的施工计划工期基础上,采取一定的措施加快施工进度,力求提前工期。若因不可预见因素、施工原因及外部影响原因,造成阶段工期落后于计划工期,将采用下列措施进行赶工:

a. 组织措施

领导亲临现场,坐镇督促指挥,由项目部项目经理负责实施。

拨专款给项目部,用专款支持赶工。部分资金用于因赶工增加的人员、机械设备、生产资料;部分资金用于奖励赶工中表现突出的人和项目经理等领导班子骨干分子,充分调动他们的积极性;部分资金用来酬劳前来支援的其他兄弟单位和地方支援队伍。

从其他工地调遣专用施工机具和物资材料来支援。

制定详细的赶工方案,细化每日工作计划,严格按既定方案配合实施。

b．技术措施

加大人力、物力、财力和机械设备投入，尤其在施工初期，施工临时设施建设、土方工程施工均可以通过加大投入适当加快施工进度。施工过程中可以通过从其他类似项目上抽调人员、机械等进行增援。

挖掘潜力、优化施工方案。通过科学分析并结合施工实际情况，挖掘潜力，优化施工方案，调整施工工序，使施工作业更科学、更合理，达到使工期缩短的目的。

施工中采用三班工作制，加大人力投入，做到机械设备的充分利用。

设置联络员负责外界的施工协调，在与相邻标段的接口界面施工时做好配合工作，避免相互间的施工干扰。

⑥ 外部环境保障措施

a．市场动态　密切关注相关资源的市场动态，尤其要提高对材料市场供应水平的预估能力。对消耗量大的材料，除现场有一定的储备外，还必须要求供应商第一时间供应保证。

b．信息沟通　与业主、监理单位、设计单位以及政府相关部门建立有效的信息沟通渠道，确保各种信息在第一时间进行传输。

c．周边协调工作　设立独立的部门或者人员，专职负责外联工作，及时解决影响工程的各种事件。积极主动与当地街道办事处、派出所、交通、环卫等政府主管部门协调联系，取得他们的支持，为施工提供方便条件。

d．扰民　做好合理的施工计划安排，增加围挡，减少噪声。做好周边环保工作，尽力做到不扰民、不影响周边居民的正常生活。积极热情地与附近小区居民联系沟通，取得周围居民的理解和支持，力争做到全天不间断施工，保证施工进度要求，并由专人专门负责。

e．相邻施工　积极主动地与施工范围内有交叉，并可能影响总工期的邻近施工单位进行沟通，对比施工范围交叉处进度计划节点时间，有冲突的尽量协商解决，以免影响总工期。

2．质量保证措施

（1）质量管理体系

在工程施工中，公司将始终贯彻"百年大计，质量第一"的工程质量管理方针，严格按市政公用工程及其他相关施工及验评标准组织施工，并以此标准作为本工程质量控制的依据。施工中严格按施工及规范控制工程质量，遵照设计单位的要求和工程监理单位质量监理细则进行施工，全面达到建设单位所要求的质量等级。严格控制每一个工序的施工质量，从工序交接班检查验收着手，对施工质量达不到标准的工序，要求指定专人负责落实整改工作，并在班内完成，不得影响下道工序。

① 质量目标

a．质量方针　以质量求生存、全员参与，守合同、讲信誉，以顾客满意为宗旨，持续改进质量管理体系。在保证工程满足法律法规要求的同时，追求专业特点，塑造文化艺术精品，以求得公司效益的增长。

b．质量目标　本工程单位工程质量确保达到合格标准，严格进行施工过程的质量控制。执行国家、安徽省、宿州市现行验收评审标准及招标人要求，如各标准存在不一致之处，以最高标准为准。

c．现场管理目标　在泗县城北新区中心公园建设及羊城湖路道路改造工程 EPC 项目中，将对施工现场实行全新的科学化管理。施工现场的安全、消防、卫生、环保等各项管理目标,均按照市文明安全工地的要求组织落实,确保达到市文明安全工地标准,杜绝一切质量、安全事故。

② 质量管理组织机构设置

施工质量的管理组织是确保工程质量的前提,其设置的合理、完善与否将直接关系到整个质量保证体系能否顺利地贯彻及运转。本工程由项目部成立质量管理领导小组,由项目经理任组长。项目部各班组设专职质检员,保证施工作业始终在质检人员的严格监督下进行。质检工程师发现违背施工工序,不按设计图、规程、规范及技术交底施工,使用材料、半成品及设备不符合质量要求的,有权制止,必要时可下停工令。质检工程师工作不力,将追究其责任,严肃处理。

③ 质量管理组织机构人员职责(见表 2-40)

表 2-40 质量管理组织机构人员职责一览表

序号	项目职务	主要职责和权限
1	项目经理	1. 制定项目质量目标管理具体目标 2. 组织制定本项目部的奖励和惩罚制度
2	技术负责人	1. 组织施工组织设计及方案的编制 2. 根据项目质量目标,制定质量分解目标 3. 具体负责三体系运行管理工作 4. 负责管理与业主、监理、设计单位的技术信息交流与沟通工作 5. 负责对施工队伍进行施工质量技术交底
3	质检员	1. 协助技术负责人进行施工的质量技术交底 2. 认真配合技术负责人组织有关单位对隐蔽工程的检查、验收、质量评定和竣工验收 3. 定期或不定期地组织质量检查,督促质量措施的落实,保证施工正常进行 4. 协助材料部门对进场材料进行质量验收 5. 办理相关质量检查验收记录
4	施工员	1. 组织作业班组进行工序自检、互检,搞好工程质量的过程控制 2. 对作业班组进行技术、质量要求交底 3. 填写相关施工记录资料
5	材料员	1. 负责按计划采购、租赁材料,对进场材料进行初步质量验收,及时办理周转材料的入场退场 2. 负责堆码标识以及材料发放和保管 3. 负责通知试验员进行材料抽检
6	测量员	1. 负责计量器材和测量仪器的保管、检修等工作,确保计量器材和测量仪器的精密和准确度 2. 熟悉施工图纸,明确施工各工序的工艺流程,做好施工平面轴线、标高、垂直度、沉降观测等控制测量。工程施工过程中,测量人员应根据施工实际和有关规范、标准要求,做好施工中的观测、测量。当发现位置、标高、垂直度与设计图纸不符合或沉降数值超出现行规范所规定的安全许可范围时应及时通知施工员并同时书面报告项目经理 3. 积极配合各相关人员做好各个阶段的验收工作

(2)工程质量管理制度

① 样板管理制度

为保证工程质量,统一施工做法,减少施工中的返工与材料浪费现象的发生,预防和消除质量通病,创出精品工程,实现质量目标。本合同段的所有分项工程都必须先做施工样板。

a. 样板施工前必须具备以下资料:

经设计审批过的深化设计图纸或施工翻样图;材料样板及进场检验报告;苗木照片或已经过甲方/设计代表选定的苗木档案;施工方案与质量控制方案;所有材料的质量检验报告、合格证书、复试报告等质量证明资料;施工单位、样板施工责任人、施工人员资历水平说明及施工资质水平证明材料。

b. 坚持样板引路,新工序开始前要统一进行一个样板施工,然后各施工队按照样板的工艺和质量要求,分头施工自己的样板。凡无样板或样板验收通过前,不得进行大面积施工。

c. 样板施工所使用材料、苗木必须符合质量标准。材料、苗木进场后,由收料员进行现场验收,合格后办理材料验收签认手续,方可在样板施工中使用。不合格的材料或苗木应立即退出现场,避免误用。

d. 严格样板工序质量控制。每道工序完工后,必须认真组织有关技术、质检人员进行自检验收,合格后方可进行下道工序的施工。

e. 分项样板施工后,施工队应进行自检,合格后填写样板工程检查验收会签表报质检部,由质检部进行验收并办理验收手续,样板段在经过正式验收前不得进行大面积施工。

f. 大面积展开施工时的施工质量标准不得低于样板段,样板段应作为工程质量的最低标准。

g. 样板施工中各专业严格执行自检、互检、交接检、隐预检验收交接程序。各专业、各系统要相互交圈,相互之间要办理工序交接手续。

② 样品管理制度

a. 样品报批 所有材料、苗木选样由资源采购中心进行,样品要能体现材质、功能或工艺,一旦样品经过设计师、发包人和监理工程师审批,经审批同意的样品将成为检验相关工程或工艺的标准之一。样品必须来自为工程供货的实际源地。样品的尺寸和数量应符合发包人和设计、监理工程师的要求。样品应足以显示其质量、型号、颜色、表面处理、质地、误差和其他要求的特征。一旦某一样品被认可,将不允许在品牌、质地等方面做任何改变。

b. 样品管理 经审批同意的样品需妥善陈列在现场的样品间中。样品间要具有防雨、防潮和防霉等功能,配备足够的陈列柜台和足够的照明设施,防止因存放不当而造成样品的任何破损、变性、变形或丢失等,未经同意不得随意进入样品存放场所。

③ 质量奖罚制度

a. 将质量管理目标分解细化,按项目和工序落实到人,实行各级各类人员质量奖罚责任制,同每人的工资奖金挂钩。奖(罚)金额按月考核,当月兑现。

b. 根据规范要求制定详细的内部工程质量检测制度和工程质量检查评分办法。项目部质量领导小组每月至少进行一次全面质量检查和评分,并将结果予以通报,此结果将是核实各工程工班工资的首要依据。工程工班质检小组每天进行质量小结,每周进行一次自检自评,并将结果报项目部质量领导小组。此结果亦是职工工资、奖金发放的重要依据。

c. 实行全员质量风险抵押金制度。所施工项目达到创优目标的,除全额返还抵押金外,将按该项目投资额的 5‰ 予以奖励;达不到创优目标的,将全额扣除抵押金。

d. 出现质量事故时,除对责任人及所在施工工班实行经济处罚外,还将对责任人进行相应的行政处理,并在 3 年内不得晋升职务。

④ 建立质量分析会制度

a. 质量分析会由技术负责人组织,项目部相关管理人员参加,定期组织召开,特殊情况不定期召开。质量部门负责组织开展相关工作。

b. 质量分析会的主要内容是总结前段时间存在的质量问题、分析问题产生的原因、研究需要采取的措施、确定下一步工作的重点和方向。

c. 会议召开前由工程管理中心充分收集质量问题,填写质量问题清单并分发至每一位参会人员,做好签到表、质量分析会议纪要,对上段时间的质量情况进行小结,对下一步工作进行安排。

d. 项目部要对每月的工程质量相关数据进行统计分析,将分析结果、改进目标和方向在质量分析会上公布,并定期将质量总结报公司工程管理中心。

⑤ 隐蔽工程验收制度

当工程具备覆盖条件或达到协议条款约定的中间验收部位,在自检合格及在隐蔽和中间验收 48 h 内通知监理人对施工部位的准备工作进行检查验收。

⑥ 图纸会审制度

所有施工图纸必须执行严格的图纸会审制度。图纸会审由技术负责人负责组织和实施。对于图纸会审中发现的问题,应及时向监理工程师、设计人员反映,得到明确的书面确认和答复后方可实施。

⑦ 技术措施方案报审制度

a. 凡本工程重大技术方案均由技术负责人负责组织制定,并经咨询专家委员会审核把关后,再由项目经理审定并报公司批准,最后报监理工程师批准后实施。

b. 一般性的施工方案由工程技术部牵头制定,经技术负责人审核、项目经理审定并报监理工程师批准后实施。

c. 项目部负责监督和落实各专项施工方案,检查现场实际施工时是否严格按已批准的施工方案和技术标准执行施工。

⑧ 技术交底制度

a. 以批准的施工措施方案及相关设计、规范为依据,在施工前编写详细的施工作业指导书并召开专门技术交底会议,就作业指导书、设计图纸及措施方案对全体施工管理人员进行技术交底。

b. 根据各部位、各专业施工特点,技术交底实行分级交底制度。首先是项目部向施工管理层交底,由技术负责人负责组织召开,相关施工管理人员参加。其次是施工管理层向班组交底,各班组管理人员、施工作业人员参加。

c. 所有参加交底的施工管理人员必须达到了解所交底项目的工程概况、内容、特点及施工重点和难点,明确施工过程、施工方法、质量标准、安全措施、环保措施、节约措施和工期要求等。

⑨ 工程质量检验验收制度

建立严格的工程质量检验验收制度。每一项分项工程或检验批施工完后,首先由施工班组自检,再由项目分部或分包单位技术负责人组织有关施工员、质检员、班组长进行互检和交接检,最后由项目部和监理工程师组织验收。同时,公司、项目经理部、项目分部对工程项目实施三级检查,对质量进行层层把关。

特别是建立工程质量验收制度,可加强工程施工质量,保证每道工序均达到合格以上,以最终达到工程优质目标。可合理安排协调分包单位、监理、项目经理部三方的工程报验工作,提高报验的效率及质量,也保证工程施工的顺利进行。

⑩ 持证上岗制度

实行持证上岗制度,主要专业工种均应有操作上岗证书(见图2-12)。

图 2-12　人员岗位资格证书

(3) 工程质量保证措施

① 组织措施

a. 建立健全质量保证体系,强化现场技术管理和质量管理各方面的规章制度和措施。

b. 强化"百年大计,质量第一"的质量意识,推行"全员、全方位、全过程"的全面质量管理。

c. 认真做好图纸会审、设计交底、施工技术交底、技术资料档案和技术培训等方面技术管理工作,为工程质量提供技术保证。

d. 严格把好原材料质量关,收集各类质保单,加强原材料的检查和控制,确保原材料性能指标满足规范要求,按规范要求进行取样送检。

e. 铺装工程用到比较多的异形石材加工,考虑到现场铺装工人加工不专业会降低铺装面的美观性,所以铺装使用的异形石材由工厂派专业师傅携专业切割机床到施工现场加工。

f. 现场施工每道工序结束后,按隐蔽工程及技术复核项目进行验收。若不符合质量标准,应及时整改,验收合格后方能进行下道工序。

g. 各部分分项的施工质量严格按规定指定的设计图纸、规范标准进行自验、验收,最后报专业监理进行验收。

h. 加强成品养护,贴好的地面要采取切实可靠的防止污染措施,及时清擦石材上的残留砂浆,铺好塑料布,防止污染、磕碰。

② 工程质量技术措施

a. 施工中要求生产班组应熟悉和遵守施工图纸、操作规程、质量标准、技术交底和工序控制点等有关技术文件规定的要求,随时检查贯彻执行情况,分析研究工序能力,预防和消除异常因素,促使工序处于控制状态,保证和提高质量水平。生产班组应对其操作质量负责。在质量产生、形成和实现过程中,应认真进行工序质量自检、互检和上下工序的交接检查。

b. 上、下工序之间的交接检查也应在施工员和专职质检员参加下进行。由上一道工序的班组长和班组质量检查员在班组自检、互检基础上,负责向下一道工序班组组长和班组质量检查员进行交接。在全面了解和掌握上一道工序质量情况并确认符合设计图纸和有关技术文件规定后,方可进行下一道工序作业。

③ 材料质量保证措施

a. 材料的质量是影响工程质量的一个重要环节,严格控制自购工程材料的采购渠道,任何材料进场都需要经过监理工程师的验收并提交合格证及检验报告。构成工程实体并对工程质量要求有重大影响的物资(如植物等)必须在合格分承包方中选择。对工程质量有一定影响的物资,如砂、石料等一般物资,按合同要求和有关规定就近对合格分承包商进行选择控制。对工程质量影响较小的物资如辅助材料等,主要控制其采购途径,查验厂名、地址、商标牌号、生产日期、外观规格等。

b. 承包方提供的材料须符合现行国家有关技术标准,并有相应的合格证、检测报告等。

c. 在订购材料前,其规格、质量及价格需得到甲方代表认可,并应向甲方提供材料样品。

d. 承包方在工程施工中,所有应用于工程的材料须经监理单位现场抽检或复检。

④ 设备质量控制

施工过程中使用的测量、计量和试验设备必须具有合适的量程和准确度且处于有效期内,并按《检测、测量和试验设备控制程序》的规定进行核实。具体控制措施如下:

a. 测量、计量器具应指定专人使用,使用者要具备相应的资格,具备保证检验、测量和试验在适宜环境下工作的条件。

b. 测量、计量器具一般每年检定一次,检验不合格或应检而未检的计量器具不准投入使用。

c. 测量、计量器具校准必须经国家认可机构检定合格,可溯源至国家标准的标准器。

⑤ 工程质量管理措施

a. 建立高效的管理机制　设置高效的工程协调管理机制、敬业负责的质量检测部门、严格的工程监督制度,分包单位必须选派责任心强的技术骨干专人抓技术质量管理。开工前对质量实行目标管理,施工中严格执行各项管理制度,定期检查落实情况,从管理上确保质量目标的实现。

b. 贯彻质量方针,提高全员质量意识　针对工程特点,根据质量目标,制定创精品规划,组织协调各部门围绕质量目标开展工作。加强全员质量意识,牢固树立“质量第一”的思想,将岗前教育、岗位培训作为质量管理的措施,利用严格的质量管理制度进行约束,把质量管理工作变为职工的实际行动,做到“四个一样”,即:有人检查无人检查一样,隐蔽工程外露工程一样,突击施工和正常施工一样,坚持高技术高标准一样。

c. 坚持质量管理责任制　坚持质量管理责任制,做到目标清、任务清,班组对个人,施工队对班组,项目部对施工队逐级考核,实行质量否决权。实行挂牌上岗,对施工队采取按工种定人、定岗、定责的“三定”措施,并针对工程的实际情况进行岗前培训,把质量责任落实到每个具体施工人员,使工程质量始终处于受控状态。

⑥ 工序质量控制

a. 各专业工种和施工队的工序质量控制　各工序必须按照项目施工技术规范、质量标准、质量目标进行控制,由工长组织质检员、技术人员及时进行专检并与下道工序的班组长进行交接检查以满足下道工序的施工条件和要求,填写分项工程自检、交接检查记录表,填写检查意见并签字确认形成记录,报请监理工程师进行复验并做好复验记录。

b. 项目部应及时收集已完成工序的工程资料,及时对在施工作业面和已完成工序进行实地检查,确保每道工序处于受控状态。

c. 施工过程检验质量标准　各分项工程、分部工程的自检、专检、交接检的验收均须按照本公司的企业工程质量内控标准执行。

⑦ 实施全面质量管理

全面质量管理分为 4 个过程阶段(PDCA):

a. 计划阶段(P)　项目经理部根据对工程特点、技术质量要求、影响工程质量的潜在因素等的分析,提出具体的质量目标、计划和要求。各部门根据要求编制具体的实施方案和保证措施,由项目经理部审批后付诸实施。

b. 实施阶段(D)　施工队根据确定的方案、标准、计划、要求等进行施工,完成既定目标。

c. 检查阶段(C)　项目经理部、施工队等相关部门检查方案、标准、计划、要求等的落实情况,利用关系图、排列图、因果分析图、分布图、控制管理图、调查表等有关工具进行分析,找出存在的问题和主要影响因素,制定具体的改进和处理方案。

d. 处理阶段(A)　施工队根据检查阶段发现的问题和制定的改进处理方案、措施,对存在的问题进行改进。

项目经理部和施工队通过 PDCA 过程,对存在的问题进行改进和处理,对过程中效果良好的方法、措施加以固定并形成标准,在类似过程中加以推广。错误的做法要引以为戒,在后续过程中尽量避免。对于本次 PDCA 过程中没有解决或解决不彻底的问题,要转入下一个 PDCA 循环加以解决。PDCA 循环要不断地运转,在每次循环中都不断赋予新的内容,使质量控制水平得到不断改进和提高。

⑧ 加强过程检验和试验

a. 各种检验和试验工作由质量部统筹负责,由各专业工程师组织各专业的施工员、质检员实施,自互检由各专业施工员组织施工班组进行。

b. 每道工序完成后(特别是关键工序)必须进行标识,报监理验收合格后方可进行下一道工序的施工。

c. 项目质量部门制订月检查计划、周检查计划,组织并实施对施工质量的检查,核对工程技术资料是否真实、齐全并且与工程同步。

d. 施工过程中如因施工紧急等原因未进行检验和试验就转入下一过程(必须是可以挽回的工序),由施工队填写《例外转序审批表》,说明转序原因和可靠的追回程序(措施),并标明工程部位和工序,报技术负责人和生产负责人批准后才允许放行。由顾客批准后放行的工序同样执行本要求。

e. 材料、苗木到货时间应该按照材料试验的周期提前组织进场,进场后及时以书面形式向监理报验。

⑨ 关键工序质量保证措施

a. 设计交底　通过向施工人员说明工程主要部位、特殊部位及关键部位的做法,使施工人员了解设计意图、工程的主要特点,掌握施工图的主要内容。图纸做法及设计要求交底分两步进行。

b. 施工方案交底　项目技术负责人组织项目各专业管理人员召开施工方案交底会,通过介绍主要内容,使项目人员掌握工程特点、施工部署、任务划分、进度要求、主要工种搭接关系、施工方法、主要机械设备及各种管理措施。

c. 设计变更及工程洽商交底　专业工程师在办理设计变更和工程洽商之后,应及时将设计变更和工程洽商的主要原因、部位及具体变更做法向相关专业技术人员、施工管理人员、施工操作人员交代清楚,以免施工时漏掉或仍按原图施工。

d. 分项工程技术交底　主要包括施工工艺、规范、规程要求、材料使用、质量标准及技术安全措施。对非常规工序、新技术项目(新技术、新工艺、新结构)和重点部位的特殊要求等,要编制作业指导书进行着重交代,把好关键部位的质量、技术关。

e. 技术交底　一般通过填写"技术交底记录"以书面形式进行交底,必要时还可以采用图表(含平面图、剖面图、节点详图等)、实物、现场示范操作等形式进行。

f. 技术交底要做到具备可操作性,详细明了,使施工人员能够实施;技术交底内容要和施组、施工方案吻合,不发生矛盾;技术交底后需交底人、接收人签字。

3. 安全生产保证措施

(1) 安全管理体系

① 安全生产原则

a. 坚持管生产必须同时管安全的原则。

b. 坚持生产与安全必须同步实施的原则。

c. 生产与安全发生矛盾时,坚持安全第一。

② 职业健康安全方针

a. 全员参与　最高管理者承诺核准职业健康安全方针;全体人员参与职业健康安全管理和绩效改善;职业健康安全信息提供给相关方。

b. 预防为主　对每道工序、岗位、作业场所、设备设施、项目在投入前进行危险识别和评价,以对风险进行防范,采取相应措施,达到许可的范畴;运行中实施安全隐患检查,并分析隐患原因,采取纠正和预防措施,将事故消除于萌芽状态;对采取的预防、纠正措施和方案验证效果。

c. 安全健康　员工生命第一,健康第一,安全生产保障条件第一,安全教育培训第一;制定、完善安全健康管理规则;培训健康安全卫生知识,掌握健康安全卫生技能;常态化地改善作业环境,营造舒适、健康、安全的工作环境;综合治理,人管、技防、法制三管齐下。

d. 遵纪守法　获取适应职业健康安全相关的法律法规、标准,并完善信息更新;承诺遵守与职业健康安全相关的法律、规章、制度、标准。

e. 持续改善　对职业健康安全管理不断修正和改善,以符合法规和体系的要求,符合公司的发展,达到职业健康安全绩效;实施 PDCA 模式;定期进行内、外部审核。

③ 安全生产目标

要求:合格。

目标:杜绝各等级生产安全事故,年轻伤率小于 3‰;对于满足条件的工程,争创安全生产文明施工样板工地。

a. 安全生产是指在施工过程中采取各项措施,完善安全管理体系与制度并严格执行,使工程在施工过程中不发生安全事故。

b. 安全是建筑施工中永恒的主题,我们将把安全放在重要位置。对整个工程的施工过程而言,其排列应为安全、质量、进度、经济效益,只有在确保工程施工安全的前提下,才有质量、文明施工、进度、经济效益。没有安全,一切都无从谈起。

c. 我们承诺安全生产目标如表 2-41 所示。

表 2-41 安全生产目标

"三无"	无工伤死亡和重伤事故,无交通死亡事故,无火灾、水灾事故
"一控"	月安全事故频率控制在 0.5‰以下

④ 安全生产组织机构设置

a. 安全生产领导小组职责

认真贯彻和落实国家、交通运输部、住建部等有关安全生产的政策、法律、法规、条例、标准、规范和规定等,对本工程的施工安全生产负领导责任;

负责和监督各部门、各施工单位,建立健全施工安全生产保证体系,健全机构,配齐人员,制定规章制度,完善安全生产责任制。

b. 具体人员职责

项目经理:全面负责施工现场的安全措施、安全生产等,保证施工现场安全。

安全员:督促施工全过程的安全生产,纠正违章,配合有关部门排除施工不安全因素,安排项目内安全活动及安全教育的开展;监督劳防用品的发放和使用。

材料员:保证各类机械的安全使用,监督机械操作人员保证遵章操作,并对电器机械进行周期性安全检查。

技术负责人:保证进场施工人员的安全技术素质,控制加班加点,保证劳逸结合。

施工员:保证防火设备的齐全、合格,消灭火灾隐患,对每天动火区域记录在册,开具动火证,组织建立消防队和日常消防工作。

施工队长:负责上级安排的安全工作的实施,进行施工前安全交底工作,监督并参与班组的安全学习。

其他部门:财务部门保证用于安全生产上的经费;后勤、行政部门保证工人的基本生活条件,保证工人健康;材料部门应采购合格的用于安全生产及劳防的产品和材料。

⑤ 安全生产管理体系

进行施工安全管理,维护人身和财产的安全,保障工程施工顺利进行。在施工中必须严格执行有关文明施工安全标准化现场管理规定,按双标化要求组织施工,牢固树立安全文明施工意识,确保本工程安全目标的实现,杜绝安全事故发生,建立安全生产管理体系。

a. 落实安全生产责任制 在本工程施工过程中,拟运用科学的管理手段和模式,以安全为中心,制定以保证安全生产为目的的安全生产体系。安全生产体系将由安全生产责任制、安全生产制度及安全生产管理网络组成。项目实行安全生产三级管理:一级管理由经理负责,二级管理由专职安全员负责,三级管理由班组长负责,各作业点设安全监督岗。完善各项安全生产管理制度,针对各工序及各工种的特点制定相应的安全管理制度,并由各级安全组织检查落实。建立安全生产责任制,落实各级管理人员和操作人员的安全职责,做到纵向到底,横向到边,各自做好本岗位的安全工作。项目开工前,由项目经理部编制实施性安全技术措施,对各项作业编制专项安全技术措施,经领导小组同意后实施。严格执行逐级安全技术交底制度,施工前由项目经理部组织有关人员进行详细的技术安全交底,项目工程队对施工班组及具体操作人员进行安全技术交底,各级专职安全员对安全措施的执行情况进行安全技术交底,各级专职安全员对安全措施的执行情况进行检查、督促并做好记录。

b. 加强施工现场安全教育 针对工程特点,定期进行安全生产教育,重点对专职安全员、安全监督岗岗员、班组长及从事特种作业的起重工、电工、焊接工、机动车辆驾驶员进行培训和考核,学习安全生产必备的基本知识和技能,提高安全意识。

c. 认真执行安全检查制度 项目经理部保证检查制度的落实,按规定定期检查。经理部每 10 日检查一次,工程队安检部门每 7 日检查一次,作业班级实行每班班前、班中、班后三检制。不定期检查视工程进展情况而定,如:在施工准备前、节假日前后或在施工危险性大、采用新工艺、季节性变化等时要进行检查,并要有领导值班。对检查中发现的安全隐患,建立登记、整改制度,按照“三不放过”的原则制定整改措施,在隐患消除前采取可靠的防护措施。如有危及人身安全的险情,应立即停工,处理合格后方可施工。

d. 安全生产制度 根据上级部门有关文件规定,并结合本工程的实际情况制定安全教育、安全检查、安全交底、安全活动 4 项制度,要求所有进入本施工现场的人员以班组为单位进行检查,制定本工程《安全生产奖罚条件》以确保制度及各项措施的落实。

(2) 安全防护措施

① 安全管理组织保证措施

a. 建立以项目经理为首的各班组参加的安全体系与管理网络,形成安全管理体系。

b. 建立、健全各级安全生产责任制,责任到人。各项经济合同有明确的安全指标和包括奖罚在内的管理措施,总、分包之间必须签订安全生产协议书。

c. 新进工地工人须进行公司、项目部和班组三级教育,且有书面记录、个人照片和存档。

d. 施工班组在班前须进行上岗交底、上岗检查,对班组安全活动要有考核措施。安全教育程序如图 2-13 所示。

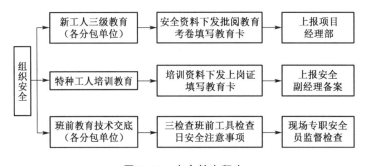

图 2-13 安全教育程序

e. 加强施工中的安全技术交底工作,履行签字手续。各工种严格按照安全操作规程组织施工,严禁违章指挥和违章作业。

f. 建立定期安全检查和不定期抽查制度,明确重点部位、危险岗位且有记录。对查出的隐患应及时整改,做到定人、定时间、定措施。塔吊及施工升降机等设备应认真做好验收挂牌制度,对机操工、电焊工、电工等特殊工种均要求持证上岗,记录齐全。安全检查项目见表 2-42。

g. 建立安全值班制度,严格执行工序交接检查制,没有安全设施可拒绝施工。班组长和安全员要做好操作人员施工前的安全交底。

h. 安全生产做到项目部日检查、分公司周检查、公司月检查(表 2-42),把安全事故遏制在萌芽状态。建立健全安全管理制度,主要制度如表 2-43 所示。

表 2-42　安全检查和不定期抽查内容

检查内容	检查形式	参加人员	考　核	备　注
外脚手架	定期	安全副经理会同专职安全员	周考核记录	
三宝、四口防护	日检	安全副经理会同项目部	日检记录	
施工用电	定期	安全副经理会同项目部	周考核记录	项目部日检
作业人员的行为和施工作业层	日检	专职安全员会同项目部	日检记录	现场指令,限期整改
施工机具	日检	项目部自检	日检记录	专职安全员检查项目部自检记录

表 2-43　安全管理制度

序号	类　别	制　度　名　称
1	岗位管理	安全生产组织体系
2		安全生产责任制度
3		安全生产教育培训制度
4		安全生产岗位操作规程
5		安全生产值班制度
6		特种作业人员和外协力量管理制度
7		安全生产奖罚制度
8	措施管理	安全技术措施的编制和审批制度
9		安全技术措施实施的管理制度
10		安全技术措施的总结和评价制度
11	安全物资采购使用管理	安全设备、设施和措施费用的编制和审批制度
12		劳动保护用品的购入(添置)、发放与管理制度
13		特种劳动防护用品定点使用管理制度
14	日常管理	安全生产检查制度
15		安全生产验收制度
16		安全生产交接班制度
17		安全隐患处理和安全整改工作的备案制度
18		伤亡事故的报告、统计制度
19		安全生产资料归档和管理制度

② 安全经济保证措施

a. 拟订安全生产费用计划,按规定使用和管理安全生产费用。

b. 项目经理部依据签订的《安全生产目标责任书》相关规定,项目经理与各部门负责人签署《安全生产管理责任承诺书》,承诺书应明确各自安全生产管理职责、奖罚措施等事项。

c. 编制《项目部安全生产达标策划书》,内容应明确经济投入目标。

d. 项目经理部开展多种形式的安全竞赛活动,突出和奖励"安全优胜工程",并对安全工作做出贡献的单位、班组和个人给予奖励。

③ 安全培训教育措施

a. 学习《建筑施工安全检查标准》(JGJ 59—2011)及国家有关安全法规标准。

b. 学习当地或业主要求遵守的施工安全生产规定、制度。

c. 学习公司下发的各项安全生产管理制度。

d. 各作业处每周一召开一次全体员工大会进行安全教育,班组必须坚持每天班前的安全教育活动。

e. 做好特种作业人员的岗前培训,特种作业人员必须持证上岗。

f. 施工过程中开展形式多样的安全教育活动,如安全知识竞赛、演讲赛、"安全月"、"百日无事故"、"青年安全监督岗"等。通过活动,努力提高广大员工的安全意识、管理水平和技术素质。

g. 质安部对所有施工人员进行三级安全教育并办理施工证后,施工人员方可进入现场进行作业。

④ 安全技术保证

a. 根据《危险性较大的分部分项工程安全管理规定》(建办质〔2018〕31号)规定,针对本项目施工存在的危险性较大的分部分项工程,项目经理部编制安全专项方案。

b. 安全专项方案的编制、安全专项方案的审核执行《三标一体化管理体系程序》(QG4)的相关规定。

c. 所有安全专项方案在实施前由工程技术人员向作业员工进行技术交底,项目经理部质安部长参加交底,并形成记录。

d. 所有安全专项方案在实施过程中必须有专人负责监控,并形成监控记录。

e. 所有安全专项方案在实施中所发生的费用应计入安全措施费用中。

f. 项目施工过程隐患排除治理,执行《安全管理制度》第9章的规定。

⑤ 危险源与环保控制措施

进行危险源的辨识与风险评价,确立重大危险源。对重大危险源进行日常巡查,制定安全生产应急救援预案。

⑥ 事故预防保证措施

加强事故的统计、报告工作。对施工中发生的险肇事故,按"四不放过"原则对各类事故进行分析,采取预防措施,避免类似事故重复发生。对瞒报、漏报者,一经发现将按规定加倍处罚。

⑦ 外协安全管理

a. 必须具有与《建筑业企业资质管理规定》相适应的专业承包资格,必须是法人或拥有有效法人授权委托的其他组织。必须具有自主经营权,可自行承担合同义务。必须是经过公司项目管理部核准的合格分供方的单位。

b. 对分包工程所使用的协力队伍的操作人员要进行上岗前的考核培训,特种作业人员必须持证上岗。

⑧ 员工体检、职业病防治

a. 根据公司要求,项目部需组织员工每年进行一次体检。要及时保存体检记录,做好相关健康检查资料报告的整理和存档工作,并将体检结果于 12 月前以电子表格形式报公司人力资源备份。

b. 按照公司《环境/职业健康安全管理工作计划》文件要求,同时也为有效预防、控制和消除作业环境中的职业病危害因素,规范职业健康监护,预防职业病的发生,项目部行政负责制定职业病防治规划和计划,负责进行职业病危害因素的定期监控。按照规定定期做总结报告,负责接触职业病危害因素上岗前和在岗时的劳动卫生培训,指导正确使用、维护劳动保护设施和个人防护用品。

(3) 安全应急预案

① 应急预案的方针与原则

为了更好地适应法律和经济活动的要求,给企业员工的工作和施工场区周围居民提供更好、更安全的环境。保证各种应急资源处于良好的备战状态,指导应急行动按计划有序地进行。防止因应急行动组织不力或现场救援工作的无序和混乱而延误事故的应急救援,有效地避免或降低人员伤亡和财产损失,帮助实现应急行动的快速、有序、高效开展,充分体现应急救援的"应急精神"。坚持"安全第一,预防为主"、"保护人员安全优先,保护环境优先"的方针,贯彻"常备不懈、统一指挥、高效协调、持续改进"的原则。

② 应急组织机构及职责

为保证施工安全,当突发事件出现时能够做到及时、迅速、有效抢救,将危险控制在最小范围内,将损失减小到最低限度,特成立应急管理工作小组。

组　　长:项目经理。

副组长:安全员、项目副经理、技术负责人。

组　　员:质量员、材料员、资料员、施工班组长等。

各级管理人员职责见表 2-44。

表 2-44　各级管理人员职责一览表

人员	职 责 内 容
项目经理	1. 全面负责指挥、协调项目的紧急事态处理和救援工作,以及紧急事态处理后迅速恢复施工生产的工作;有权调动一切相关人员和相关设施设备;有权做出放弃相关设施设备的救援;有权做出停止施工作业进行疏散的决定 2. 贯彻落实专项应急预案方针、政策、法规及各项规章制度,结合工程实际情况,制定专项应急预案和总体思路并监督实施 3. 组织落实专项方案技术措施,做好物资供应、人员调配工作并监督施工中安全技术交底制度和设备验收制度的实施 4. 领导、组织施工现场的安全检查,发现施工中不安全问题,组织制定相应解决措施。对气象灾害发生前的预警工作发动启动令进行方案实施 5. 保证安全经费投入,落实各项安全防护措施 6. 发生严重气象灾害后,要做好现场保护与抢救工作并及时上报

续表 2-44

人员	职 责 内 容
安全员	协助总指挥负责紧急事态的具体处理工作;提出应采取的减轻事故后果行动的应急反应对策,提供解决事故所需的技术支持;保持与事故应急救援现场指挥的直接联络;协调、组织和获取应急所需的其他资源、设备以支援现场的应急行动;定期组织检查各在建工程项目部应急反应组织和准备状态
项目副经理	1. 协助项目经理认真贯彻执行预防、检查、控制、恢复等工作,落实应急实施任务及管理制度 2. 组织实施安全生产工作规划、目标及实施计划,组织落实安全生产责任制 3. 领导工程部执行应急任务,直接指挥工人现场操作 4. 认真听取和采纳安全生产管理人员的合理化建议,保证应急体系的正常运转
技术负责人	1. 负责组织编制专项应急预案,分析气象资料和气候特点,针对现场工程情况制定冬雨季施工技术措施和应急方案方法 2. 组织实施专项安全生产工作规划、目标及实施计划,组织落实安全生产责任制 3. 认真听取和采纳安全生产管理人员的合理化建议,保证专项应急体系的正常运转

③ 应急救援资源配备

a. 应急物资准备

资金的配备:由项目经理批准,财务部门必须保证 50 万元的应急救援备用资金,以备紧急事件发生时有足够的财力支持应急救援工作顺利落实。

救护人员的装备:安全帽、防护服、防护靴、防护手套、安全带、防尘口罩、警戒带等。保存地点:项目部办公室。

灭火器:干粉、泡沫、气体灭火器等,日常按要求就位,紧急情况下集中使用。保存地点:各施工现场。

其他灭火材料:水、扫帚、铁锹、水桶、脸盆、砂、石棉被、湿布、干粉袋等。保存地点:各施工现场。

消防救护器材:救生网、救生梯、救生垫、救生滑杆等。保存地点:物资部门。

自动苏生器:适用于抢救因中毒窒息、胸外伤、溺水、触电等原因造成的呼吸抑制或窒息处于假死状态的伤员。保存地点:项目部办公室。

通信器材:电话、手机、对讲机、高音喇叭、报警器、哨子。保存地点:各施工现场。

医疗器材:担架、氧气袋、小药箱(包括药棉、纱布、绷带、胶布、棉签、创可贴、医用酒精、云南白药、速效救心丸等)。保存地点:项目部办公室。

照明器材:手电筒、应急灯、36 V 以下安全线路、灯具。保存地点:各施工现场。

交通工具:各项目必须常备一辆值班汽车,24 h 不得开出项目范围。保存地点:项目部。

抢险设备、器材:电工工具、撬棍、斧子、大锤、铁铣、镐头、扳手、挖掘机、铲车、吊车、钢板、方木、钢管、氧气瓶、乙炔瓶、千斤顶等。保存地点:施工现场。

以上应急资源由项目部质安部门监管并督促各存放点定期维护、保养,确保应急物资齐全、有效。

b. 现场准备

制定好专项管理的组织体系,保证工程质量、工期按计划执行;做好有关施工人员的施工培训工作,组织相关人员进行一次全面检查。

④ 应急准备

a. 对应急现场人员的岗位教育和消防知识教育;对扑火救灾、救护人员的知识能力教育;对抢救摔伤人员的知识能力教育;对紧急切断电源、抢救触电人员的知识能力教育;对控制机械事故损害或伤害、排除机械设备危害、防止机械事故扩大的教育。

b. 项目部组织一支义务消防队,学习消防知识,适时检查应急准备工作的完成情况。

c. 制定切实可行的安全施工方案及安全技术交底,备足备好应急工具和应急用品,做好预防准备。

⑤ 应急响应

a. 一般事故的应急响应　当事故或紧急情况发生后,当事人应立即将信息报告给与其最近的项目部管理人员、抢救小组成员,使得消息迅速报告到应急救援小组办公室,并采取应急措施,防止事态扩大。项目经理及应急人员对事故应及时进行处理,并及时向公司安全设备科报告。

b. 重大事故的应急响应　重大施工安全事故发生后,当事人或发现人应立即向项目部负责人报告,同时采取应急措施,防止事态扩大。项目经理及应急人员对事故按应急措施进行处理,并立即报告安全设备科。

c. 报警　紧急事故发生时,发现人应立即报警。向内部报警,简述出事地点、事态状况、报警人姓名;向外部报警,详细准确报告出事地点、单位、电话、事态状况及报警人姓名、单位、地址、电话。发生火灾时还要派人到主要路口迎接消防车。

d. 上报　紧急事故处理后,事故发生所在部门或项目部负责人应在 24 h 内填写《应急准备和响应报告书》,一式两份,自留一份。消防保卫事故、安全事故报安全设备科。

⑥ 应急预案与响应措施(见表 2-45)

表 2-45　应急预案与响应措施一览表

预案名称	措 施 内 容
预防触电控制措施	1. 施工现场做到临时用电的架设、维护、拆除等由专职电工完成,检查和操作时必须按规定穿戴绝缘胶鞋、绝缘手套,必须使用电工专用绝缘工具。坚持临时用电定期检查制度 2. 临时配电线路必须按规范架设,架空线必须采用绝缘导线,不得采用塑胶软线,不得成束架空敷设,不得沿地面明敷。在建工程的外侧防护与外电高压线之间必须保持安全操作距离,无安全防护措施时禁止强行施工 3. 配电系统必须实行分级配电,坚持"一机、一闸、一箱、一漏"。现场内所有电闸箱的内部设置必须符合有关规定,箱内电器必须可靠、完好,其选型、定值要符合有关规定,开关电器应标明用途 4. 按照临时用电规范要求,做好各类电动机械和手持电动工具的接地或接零保护,保证其安全使用。凡移动式照明,必须采用安全电压。在采取接地和接零保护方式的同时,必须设两级漏电保护装置,实行分级保护,形成完整的保护系统。漏电保护装置的选择应符合规定 5. 电动工具的使用应符合国家标准的有关规定。工具的电源线、插头和插座应完好,电源线不得任意接长和调换,工具的外绝缘应完好无损,维修和保管由专人负责 6. 用电开关应由专人负责,严禁其他人随意开关,以免误触电 7. 现场有电线处,严禁机械碾压,以免压坏电线造成触电 8. 所有机具在使用前应由专业人员检查,检查完好后方可使用 9. 现场应设电工负责安装、维护和管理用电设备,严禁非专业人员乱接线、拆线 10. 用电开关应由专人负责,严禁其他人随意开关,以免误触电 11. 现场有电线处,严禁机械碾压,以免压坏电线造成触电 12. 施工现场严禁使用裸线

续表 2-45

预案名称	措 施 内 容
预防火灾控制措施	1. 施工现场应固定可燃、易燃材料存放场,包括木料、木模板、保温材料的位置。施工现场严禁吸烟,明火作业应得到质安部门的批准,并设专人监护 2. 应根据各种电气设备的用电量正确选择导线截面,导线架空敷设时其安全间距必须满足规范要求,所有用电设备严禁超载使用
预防中毒及爆炸控制措施	1. 在职工住宿区,职工生活用煤气、液化气等应经常检查其安全装置及输气管线,睡前检查其是否关掉,防止中毒 2. 进行有毒物料作业时,应戴口罩做好防护工作,且应通风良好 3. 办公室、工具房、休息室、宿舍等房屋内严禁存放易燃、易爆物品
预防风、雨控制措施	1. 当发生连降暴雨天气,地面严重积水,生活、办公区出现雨水倒灌现象且暴雨没有停止迹象时,项目部应急小组应组织所有人员撤离至施工工地附近的最高点 2. 撤离应遵循"先撤人,后转移贵重物品、资料"的原则,并上报上级应急领导小组组长 3. 当恶劣天气停止后,在第一时间组织员工奔赴现场,抢救设备物资,把财产损失降到最低 4. 对主要通电线路进行检查,防止漏电伤人及影响正常施工用电

(九) 工程特点、重难点分析及应对措施

该项目四面环路,交通便利,场地平整,无地上地下障碍物。项目综合性较强,面广量大,专业内容多,因新老城区相距较近,物资采购较方便,资源渠道较丰富。

表 2-46　工程重点、难点分析及应对措施

事 项	重点、难点分析	解决措施
测量放线	人工湖土方开挖量大,临水结构多,栈道、桥梁、道路、广场等交错布置,整体定位和标高控制是重点	现场设置三级永久测量控制点,成立专业测量队伍,按区域设置网格测控并过程跟踪复测纠偏,在保证土方整体平衡状态下一次开挖到位,避免反复挖填而增加成本
交叉作业	现场有4处建筑物为外单位施工,园林景观和水电管网工程无法依次闭合施工,且场内运输和临水结构受场地限制,容易产生交叉破坏、重复施工或毁损等问题	针对房建周边区域施工应满足房建交通和材料堆放场地需求后再布置室外作业。在房建施工前先将地下管网及临水结构全部施工完成,同步完成土方回填和地形整理,并做好成品保护,为后期景观和绿化施工创造条件
人工湖水系桥梁、栈道及临水挡墙结构平台等	人工湖水系土方开挖量较大,能否一次开挖到位直接影响整体施工进度。桥梁、栈道和临水结构复杂,点多量大,分区分段同步流水施工困难,一旦进入雨季将对工期影响较大	充分利用枯水期,以湖心深水区为开挖起点,采用梯度二次开挖的形式向两边同时退土作业,过程跟踪测控最大限度做到土方平衡,减少挖填次数;桥梁、栈道及临水结构按区域定位同步施工,环湖道路可作临时便道硬化畅通,保证各物资和车辆进出需求;原则上按照先深后浅、先地下后地上、先整体后局部的思路组织施工,确保雨季前全部结构及管网、土方施工完成
人员配置	分区分段流水施工强度高,技术管理难度大,土建及绿化施工人员不足	公司内部人员调配,陆续增加管理人员,选定班组前要求分包单位自带技术管理人员,加强承包范围技术管理

续表 2-46

事　项	重点、难点分析	解决措施
资金投入	半年度资金投入强度高,非本地企业或初次合作供应商赊欠机会较少,现金采购频率高	公司采购部尽量选用长期合作供应商,项目公司和采购人员加强本地供货商的关系疏通,提高信任度,不断开发本地资源
EPC 分包项目认价	过程认价工作繁琐势必会影响材料采购节点和专业发包进度,对成本控制和利润保障影响大	区域公司与采购部安排专人对接总承包和审计单位,配合各种认价沟通事宜;根据资源需求及进场计划提前协调认价事宜,完善过程认价手续,为及时结算创造条件

（十）新技术、新产品、新工艺、新材料应用

1. 新材料

（1）新型透水混凝土砌块

新型透水混凝土砌块内部构造是由一系列与外部空气相通的多孔结构形成的骨架,具有良好的渗水性及保湿性,既满足使用强度和耐久性要求,又通过自身接近天然草坪和土壤地面的生态优势与绿化相结合,形成半绿化地面,减轻城市硬化路面对环境的破坏。

专利:CN201520629796.7 一种具有缓流净化功能的透水混凝土砌块;CN201520629708.3 一种可净化水质的复合透水混凝土砌块。

科技项目:江宁区专利产业化项目-新型透水混凝土砌块产业化项目。

省级工法:新型透水混凝土砌块铺装净水系统施工工法 JSSJGF 2019—141。

（2）新型塑石假山

新型塑石假山在外壳的喷施材料上和材料填充上,选用新型轻质材料,使塑石假山整体自重小、强度大、牢固结实,能够有效地弥补传统堆山中的缺陷,将园林景观中的美以及具有的现代化气息充分表现出来,满足现代园林景观不断发展的需求。

专利:CN201510519031.2 一种植生假山石。

省级工法:塑石假山施工工法 JSSJGF 2020—197。

2. 新技术

（1）大苗移植技术

大苗移植技术的创新特点是利用复合微生物菌剂涂抹根部,刺激根系细胞的伸展旺盛,有效控制苗期的死苗烂根现象。同时氨基酸类物质给根系源源不断供给营养,维持苗强苗壮势头,极大地提高大苗移栽后的适应性,使其成活率显著提高。

专利:CN201510096404.X 一种朴树的大苗移栽方法;CN201510096403.5 一种栾树的大苗移栽方法。

省级工法:盐碱地大苗移植施工工法 JSSJGF 2018—140。

（2）海绵城市建设技术

海绵城市建设技术包括透水路面施工技术、园路施工技术、植草沟施工技术、雨水花园施工技术、下沉式绿地施工技术、地下构筑物覆土绿化施工技术、雨水收集回用系统施工技术。该技术先进、成熟可靠,并在城市园林建设中广泛应用。

专利:CN201821042655.5 高效脱氮除磷的雨水花园;CN201821252807.4 雨水花园净化系统;CN201921311287.4 城市景观雨水收集净化回用系统。

工法:雨水花园地表径流储渗净化系统施工工法 JSSJGF 2020—196。

团体标准:《海绵城市公园绿地施工技术导则》T/JSYLA00002—2021。

江苏省科技进步二等奖:2020-2-57-D2 蓄渗净水型铺面关键技术与应用。

3. 新工艺

（1）镜面水池工艺

镜面水池施工工艺将镜面水池的景观效果和镜面水池的净化系统等集成为一体,在镜面水池净化系统中设置垃圾滞留槽、土工格栅、净化层及循环水库,开口槽自左向右依次叠加组成净化模块,顶部设置有绿化植草带,系统两侧还包括进水口、出水口、生物滤膜,使镜面水池具有运行周期长、抗堵塞性能强、净水能力强、常年无需换水、耐久性好、终身受益等特点。

专利:CN201520629706.4 一种镜面水池净水系统。

省级工法:镜面水池施工工法 JSSJGF 2021—201。

（2）起伏地形草坪雨水回用工艺

起伏地形草坪雨水回用技术施工工艺利用起伏地形的特点,将草坪铺设、草坪排水、雨水净化及雨水利用等集成一体,避免因雨水频发、洪涝等问题影响草坪的生长,而且在功能上能及时排水,便于市民的休闲娱乐。最重要的是,雨水的净化回用技术有利于雨水的再利用。

专利:CN202121545719.5 起伏地形草坪雨水回用装置。

省级工法:起伏地形草坪雨水回用技术施工工法 JSSJGF 2021—200。

五、专项工程施工组织设计的编制

（一）专项施工方案的编制范围

（1）基坑支护与降水工程。

（2）土方开挖工程。

（3）模板工程。

（4）起重吊装工程。

（5）脚手架工程。

（6）拆除、爆破工程。

（7）临时用电工程。

（8）国务院建设行政主管部门或其他有关部门规定的其他危险性较大的工程。

（二）专项施工方案的论证

施工单位应当在危险性较大的分部分项工程施工前编制专项方案;对于超过一定规模的危险性较大的分部分项工程,施工单位应当组织专家对专项方案进行论证。

专家组成员应由 5 名及以上符合相关专业要求的专家组成。专家组应当对论证的内容提出明确的意见,形成论证报告,并在论证报告上签字。论证审查报告作为安全专项施工方案的附件。

施工单位应根据论证报告修改完善专项方案,报专家组组长认可并经施工单位技术负责人、项目总监理工程师、建设单位项目负责人签字后方可组织实施。施工单位应当严格按照专项方案组织施工,不得擅自修改、调整专项方案。如因设计、结构、外部环境等因素发生变化确需修改的,修改后的专项方案应当重新履行审核批准手续。对于超过一定规模的危险性较大工程的专项方案,施工单位应当重新组织专家进行论证。

(三)专项施工方案编制的内容

(1)工程概况:危险性较大的分部分项工程概况、施工平面布置、施工要求和技术保证条件。

(2)编制依据:相关法律、法规、标准、规范及图纸(国标图集)、施工组织设计等。

(3)施工计划:包括施工进度计划、材料与设备计划。

(4)施工工艺技术:技术参数、工艺流程、施工方法、检查验收等。

(5)施工安全保证措施:组织保障、技术措施、应急预案、监测监控等。

(6)劳动力计划:专职安全生产管理人员、特种作业人员等。

(7)计算书及相关图纸。

(四)专项施工方案的编制及审批

实行施工总承包的,专项方案应当由施工总承包单位组织编制。其中,起重机械安装拆卸工程、深基坑工程、附着式升降脚手架等专业工程实行分包的,其专项方案可由专业承包单位组织编制。

施工单位应当根据国家现行相关标准规范,由项目技术负责人组织相关专业技术人员结合工程实际编制专项方案。

专项施工方案应当由施工单位技术部门组织本单位施工技术、安全、质量部门的专业技术人员进行审核。经审核合格的,由施工单位技术负责人签字。实行施工总承包的,专项方案应当由总承包单位技术负责人及相关专业承包单位技术负责人签字。经审核合格后报监理单位,由项目总监理工程师审查签字。

六、施工组织设计的管理

(一)施工组织设计的编制与审批

(1)编制:施工组织设计应由项目技术负责人主持编制。征得建设单位同意的情况下,可根据需要分阶段编制和审批。

(2)审批:如表 2-47 所示。

表 2-47　施工组织设计审批

施工组织总设计	总承包单位技术负责人审批
单位工程施工组织设计	施工单位技术负责人或技术负责人授权的技术人员审批
施工方案	项目技术负责人审批
重点、难点分部(分项)工程和专项工程施工方案	施工单位技术部门组织相关专家评审,施工单位技术负责人批准

《建设工程安全生产管理条例》(国务院第 393 号令)中规定:达到一定规模的危险性较大的分部(分项)工程编制专项施工方案,并附具安全验算结果,经施工单位技术负责人、总监理工程师签字后实施。

(3)专业承包单位施工的分部(分项)工程或专项工程的施工方案应由专业承包单位技术

负责人或技术负责人授权的技术人员审批,有总承包单位时应由总承包单位技术负责人核准备案。

（4）规模较大或在工程中占重要地位的分部（分项）工程或专项工程的施工方案,应按单位工程施工组织设计进行编制和审批。

（二）施工组织设计的实施、修改、检查

（1）施工组织设计审批通过后,应由项目经理组织召开方案交底会议,由项目技术负责人进行交底。若施工过程中出现变更情况,应提出书面变更方案,修改施工组织设计相应内容,经审批后重新进行技术交底后实施。

（2）经修改的施工组织设计应按原审批程序进行审批,属公司审批的重大修改由公司技术负责人审批并签署修改意见。

第三章　项目施工管理

第一节　进度管理

一、一般要求

1. 进度控制的目的

进度控制的目的是实现工程的进度目标,而工程的进度目标包括工程施工顺利、按期完成施工任务、履约合同工期。进度控制除了要重视进度计划的编制外,还要重视进度计划必要的调整。为了实现进度目标,进度控制的过程也就是进度计划随着项目的进展不断调整的过程。

2. 进度控制目标

施工进度控制以实现建设工程施工合同约定的竣工日期为最终目标。进度控制总目标应进行层层分解,逐一实施。可按单位工程分解为交工分目标,可按承包的专业或施工阶段分解为完工分目标,也可按年、季、月计划期分解为时间目标。

3. 进度控制程序

(1) 根据施工合同确定的开工日期、总工期和竣工日期确定施工进度目标,明确计划开始日期、总工期和竣工日期,并确定项目分期分批的开工、竣工日期。

(2) 编制详细的施工进度计划。施工进度计划应根据工艺关系、组织关系、搭接关系、起止时间、劳动力计划、机械计划及其他保证性计划等因素综合确定。

(3) 向监理工程师提出开工申请报告,按指令日期开工。

(4) 按施工进度计划实施。

(5) 在实施施工进度计划的过程中加强协调和检查,如出现偏差应及时进行调整,并不断预测未来施工进度情况。

(6) 在项目竣工验收前的收尾阶段进行进度控制。

二、施工进度的影响因素

1. 工程建设相关单位的影响

影响建设工程施工进度的单位不只是施工单位。事实上,只要是与工程建设有关的单位,如建设单位、监理单位、设计单位、政府部门、物资供应单位、运输单位、通信单位、供电单位等,其工作进度的拖后必将对施工进度产生影响,所以各单位应及时办理相关工程手续,避免因手续不齐而影响整个工程的施工进度。

2. 物资供应进度的影响

施工过程中需要的资料、构配件、机具和设备等如果不能按期运至现场或者是运抵现场后发现其质量不符合有关标准的要求,会对施工进度产生影响。

3. 资金的影响

工程施工的顺利进行必须有足够的资金作保障。一般来说,业主没有及时给足工程预付款或拖欠了工程进度款,都会影响到工程施工单位流动资金的周转,进而影响施工进度。

4. 设计变更的影响

在施工过程中出现设计变更是难免的,可能是由于原设计有问题需要修改,或者是由于业主提出了新的要求等。

5. 施工条件的影响

在施工过程中一旦遇到气候、水文、地质及周围环境等方面的不利因素,必然会影响到施工进度。

6. 各种风险因素的影响

风险因素包括政治、经济、技术及自然等各方面的各种可预见或者不可预见的因素。政治方面的因素主要有战争、内乱、罢工等;经济方面的因素有延迟付款、汇率变动、通货膨胀、分包单位违约等;技术方面的因素有工程事故、试验失败、标准变化;自然方面的因素有地震、洪水、台风等。

7. 施工单位自身管理水平的影响

施工现场的情况千变万化,施工方案不当、计划不周、管理不善、解决问题不及时等都会影响建设工程的施工进度。所以,作为项目经理应通过分析问题、总结经验、吸取教训,及时改进。

上述影响建设工程施工进度的因素归纳起来,有以下几点:

(1)在估计工程的特点及工程实现的条件时,过高地估计了有利因素或过低地估计了不利因素。

(2)在工程实施过程中各有关方面工作上的失误。

(3)不可预见事件的发生。

三、进度计划的控制

(一)进度计划的调整

项目部的管理人员应实时掌握现场工程进度计划中各个分部、分项的实际进度情况,收集有关数据,并对数据进行统计后对计划进度与实际进度进行对比分析。根据分析结果,提出可行的变更措施,对工程进度目标、工程进度计划和工程实施活动进行调整。

工程进度的调整一般是要避免的,但如果发现原有的进度计划已落后、不适应实际情况时,为了确保工期,实现进度控制的目标,就必须对原有计划进行调整,形成新的进度计划,作为进度控制的新依据。调整工程进度计划的主要方法有:

1. 压缩关键工作的持续时间

不改变工作之间的顺序关系,而是通过缩短网络计划中关键线路的持续时间来缩短已被延长的工期。具体采取的措施有:

组织措施：如增加工作面、延长每天的施工时间、增加劳动力及施工机械的数量等。

技术措施：如改进施工工艺和施工技术以缩短工艺技术间歇时间、采用更先进的施工方法以减少施工过程或时间、采用更先进的施工机械等。

经济措施：如实行包干奖励、提高资金数额、对所采取的技术措施给予相应补偿等。

其他配套措施：如改善外部配合条件、改善劳动条件等。

在采取相应措施调整进度计划的同时，还应考虑费用优化问题，从而选择费用增加较少的关键工作为压缩对象。

2. 不改变工作的持续时间，只改变工作的开始时间和完成时间

当工期拖延得太多，或采取某种方法未能达到预期效果，或可调整的幅度受到限制时，还可以同时采用改变工作的开始时间和完成时间这两种方法来调整进度计划，以满足工期目标的要求。调整的同时还需要注意到无论采取哪种方法都必然会增加费用，所以项目部在进行施工进度控制时还应该考虑到成本控制的问题。

（二）进度计划的循环控制

施工进度控制包括"计划—实施—检查—分析—处理"5 个循环阶段。每经过一次循环得到一个调整后的新的施工进度计划，所以整个施工进度控制过程实际是一个循序渐进的过程，是一个动态控制的过程（见图 3-1），直至施工结束。

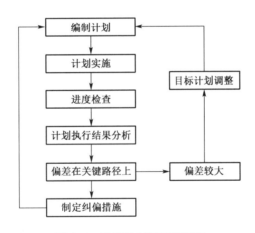

图 3-1 进度计划循环控制图

（三）进度计划的控制措施

1. 组织措施

（1）落实项目部的进度控制人员，细化具体控制任务和管理职能分工。

（2）进行项目分解，如按项目进展阶段分为总进度、各阶段进度、分部分项进度。

（3）确定进度协调工作制度，包括进度协调会开会时间、参加人员等。

（4）建立进度计划审核制度和进度计划实施中的分析制度。

（5）建立图纸审查、工程变更和设计变更管理制度。

（6）对影响进度目标实现的干扰和风险因素进行分析，常见的干扰和风险因素有：

① 项目的使用要求改变或因某种要求而造成的设计变更。

② 由建设单位提供的各种手续未及时办妥，如道路的临时占用、夜间施工许可证、施工图

审查报告、工程规划许可证、项目施工许可证等。

③ 勘察资料不准确,特别是地质资料错误引起设计上的错误。

④ 设计、施工中因采用不成熟的工艺、技术方案不当或工人的技术水平不够而打乱施工过程。

⑤ 图纸供应不及时、不配套、出现重大差错,使工程受阻。

⑥ 外界条件配套问题,如交通运输受阻,水、电供应条件不具备等。

⑦ 计划不周,导致停工待料、相关专业脱节、工程无法正常进行。

⑧ 各单位、专业、工序间交接、配合上的矛盾,打乱计划安排。

⑨ 材料、构配件、机具、设备供应不及时,品质、规格、数量、时间不满足工程的需要。

⑩ 地下埋藏文物的保护、处理影响。

⑪ 社会干扰,如节假日限行、市容整顿等。

⑫ 有关部门审批手续延误。

⑬ 建设单位由于资金方面问题未及时付款。

⑭ 突发事件影响,如恶劣天气、地震、台风、临时停水、停电、社会动乱等。

⑮ 建设或监理单位超越权限无端干涉,因而造成指挥混乱。

2. 技术措施

先进、合理的技术是施工进度的重要保证,采用平行流水作业、立体交叉作业等施工方法以及先进的技术手段、施工工艺、新技术等可以加快施工进度。

3. 合同措施

有效的合同措施有利于加快施工进度。

4. 经济措施

经济措施指采取对工期提前进行奖励或对工期延误给予惩罚等措施,保证进度计划实现。

5. 信息管理措施

主要通过计划进度与实际进度的动态比较,及时商定采取有效措施进行进度协调。

(四) 加快施工进度的有效途径

1. 施工进度计划的检查与调整

(1) 定期进行施工进度计划执行情况检查,为调整施工进度计划提供信息。检查内容包括:检查期内实际完成和累计完成情况;参加施工的人力、机械设备数量及生产效率;是否存在窝工,窝工人数、机械台班数及其原因;进度偏差情况;影响施工进度的其他原因。

(2) 通过检查找出影响施工进度的主要原因,采取必要措施对施工进度计划进行调整。调整内容包括:增减施工内容、工程量;持续时间的延长或缩短;资源供应调整。

(3) 要及时、有效地调整施工进度计划,调整后的施工进度计划要及时下达执行。

2. 做好各项施工准备工作

(1) 做好各项施工准备工作,是确保工程施工顺利、加快工程施工进度的前提。

① 施工准备工作要有计划、有步骤、分阶段进行,要贯穿于整个工程建设项目始终。准备工作不充分就仓促开工,往往出现缺东少西、时间延误、窝工、停工、返回头来补做的现象,影响工程施工进度,因此要尽量避免。

② 做好施工前的调查研究,做到心中有数、有的放矢。实地查勘,搜集有关技术资料。

③ 做好施工组织设计与主要工程项目施工方案编制和贯彻工作,使其真正成为工程施工过程中的依据性文件。要避免工程临近完工时才编制完成,只能应付资料而不能指导工程施工的现象。

④ 做好现场施工准备,为施工进度计划按期实施打下良好的基础。要做到现场三通一平、临建规划与搭设、组织机构进驻现场、组织资源进场。

⑤ 做好冬、雨季施工准备工作。

⑥ 做好安全、消防、保卫准备工作。

(2) 避免施工过程中的不良影响事件发生,是确保施工进度计划顺利实施、加快施工进度的有效途径。

① 安全文明工地创建工作要从进驻现场开始,按标准要求创建并始终保持,避免返工整改所导致的重复工作,影响工程施工进度。

② 及时做好技术交底,使员工明确安全生产、工程质量标准和目标要求,避免因交底不清而影响工程施工进度的事件发生。

③ 及时发现专业工种配合不当和施工顺序、时间发生变化等问题,采取措施进行调整,消除因此给工程施工进度带来的影响。

④ 及时与资源供应单位或部门签订供需合同,明确责任,减少纠纷,避免因此而影响工程施工进度。

⑤ 及时核对工程施工进度完成情况和工程款拨付情况,避免因工程款不到位而影响工程施工进度。

(3) 采取科学有效的保证措施

① 对于施工期长、用工多的主要施工项目的关键工序,可采取优先保证其人力、物力投入等相应措施,在保证安全、质量的前提下加快工程施工进度,以达到按期或提前完工的目的。

② 查找施工进度计划关键线路间或非关键线路间的主要矛盾,分析相互关系所在,采取交叉作业或改变施工顺序、时间等方式,有效地缩短控制线路。

③ 积极采用和推广"四新"技术(新技术、新工艺、新材料、新设备),以提高工效来缩短施工时间。

④ 将进度控制工作进行责任分工,同时加强组织协调力度,及时解决好工程施工过程中发生的工作配合、工序穿插作业问题,及时处理好各单位间的工作配合问题,以达到工程顺利施工的目的。

⑤ 将成品保护列入进度控制范围进行控制,以减少或避免返工整改现象的发生。

(4) 有效地缩短开工准备时间和工程竣工收尾时间,以及对施工过程关键线路的施工进度进行有效控制,是加快工程施工进度的主要途径。

(5) 及时提交资料和办证签证结算。

在工程竣工后,施工单位应按照合同约定的内容及时提交相关资料,办理签证工程中间结算和竣工结算,以此作为催讨工程进度款和清理工程拖欠款的依据。做好工程进度款的催讨工作,使资金及时到位,满足工程施工需要,以达到进度控制的目的。

第二节 质量管理

工程项目质量管理是工程项目各项管理工作的重要组成部分,它是工程项目从施工准备到交付使用的全过程中,为保证和提高工程质量所进行的各项管理工作。

一、制定项目质量目标

(一)制定质量目标的依据

(1)工程施工承包合同及其相关合同。工程施工承包合同及其相关合同文件详细规定了工程项目参与各方在工程质量控制中的权利和义务,以及项目各方在工程施工活动中的责任等。

(2)设计文件。"按图施工"是施工阶段质量控制的一项重要原则,必须严格按照设计图纸和设计文件进行目标控制。

(3)技术规范、规程和标准。技术规范、规程和标准属于工程施工承包合同条件的组成部分之一,必须作为制定质量目标的基础。

(4)国家及政府有关部门颁布的有关质量管理方面的法律、法规性文件。

(5)施工单位在不断建设和发展中,为总结施工经验和推进技术创新,规范本单位的技术质量管理,制定的符合企业自身特点的施工方法和企业标准。这些工法和标准是制定质量目标的主要依据。

(二)项目质量目标的制定

1. 质量等级目标

执行国家、地方现行一切相关工程质量验评标准和相关技术标准,一次验收合格率达100%。

2. 质量创优目标

可按不同的级别进行划分:国家级优质工程(如鲁班奖);省部级优质工程(如江苏省"扬子杯"、安徽省"黄山杯");市级优质工程(如南京市"金陵杯"、徐州市"古彭杯");质量观摩工程;企业内部优质工程。

项目质量目标既要满足与业主签订的合同要求,又要满足企业质量计划的要求。比如有的工程与业主签订的合同质量等级为优良,而企业为满足市场需要确定其为创市、省级优质工程或创"国家级大奖"工程,那么该工程的最终质量目标就应定在省、市优质工程或"国家级大奖"工程上,按照这个质量目标进行全面质量管理设计。首先按照"分项保分部、分部保单位工程"的原则,对质量总目标进行层层分解,定出每一个分部、分项工程的质量目标。其次针对每个分项工程的技术要求和施工的难易程度,结合施工人员的技术水平和施工经验,确定质量管理和监控重点。

(三)样板段施工

在施工质量管理中还要坚持"样板施工引路",即在各分项工程全面施工前,首先组织技术熟练的操作工人进行样板施工。样板施工后及时总结,确认能达到质量目标和规范设计要求时,组织施工班组全体人员进行现场观摩,使各施工班组能直观地看到质量标准和要求。进一步向班组做较深层次的技术交底,从而达到质量预控,少走弯路,一次成优。

1. 样板段项目适用范围

项目首次施工的关键工序、具有特殊技术要求的分项工程、项目施工重点和难点,以及数量较大的分项工程等。

2. 施工样板的确定

施工班组进场后,区域公司应要求施工班组结合项目的工程特点,根据施工合同条款、图纸、现场情况等,制定相应的施工样板方案。

3. 施工样板的依据

样板施工应符合施工图纸、技术专项方案、招标投标文件和合同约定的要求,符合国家有关验收规范的要求,符合工程施工范围内的现场条件,符合施工企业的生产能力、机具设备状况、技术水平等。

4. 施工样板的实施

施工班组按照样板施工方案中所列分部分项工程,按照工程施工的先后顺序进行样板施工。区域公司应对参与施工样板的人员、材料、机械设备、施工环境等进行检查确认,具体如下:

(1) 材料方面

区域公司应要求施工班组所选用材料、材质符合设计及验收规范要求,饰面材料还要注意色泽及形体完整、洁净等要求。

(2) 技术工人

区域公司应要求施工班组选用技术水平中上等的技术工人操作,这样做出的样板代表工人的平均水平,能反映大面积施工时的真实情况。

(3) 实施节点

区域公司应要求施工班组在各分部分项工程正式开始施工前组织施工人员完成施工样板的施工。

5. 样板段施工的质量标准

样板段施工的质量标准必须符合本章第二节"施工工序及质量控制"中的标准要求。

6. 相关职责

(1) 施工班组

① 严格执行材料设备进场验收制度,杜绝不合格材料、设备用于样板工程。

② 严格执行样板工程施工前技术交底制度。

③ 严格按照设计图纸、施工规范、施工合同及企业相关办法组织样板施工。

④ 参与样板工程验收,负责整改验收中提出的质量问题。

(2) 区域公司

① 审批工程样板的专项施工方案。

② 检查工程样板使用的材料和设备。

③ 负责样板工程施工过程质量控制。

④ 组织工程样板验收。

⑤ 监督工程样板质量问题的整改工作。

（3）工程管理中心

监督工程质量样板段制度的执行，抽查工程样板的质量。

二、技术交底

在工程正式施工前，通过技术交底使参与施工的技术人员和工人熟悉和了解所承担工程任务的特点、技术要求、施工工艺、工程难点、施工操作要点以及工程质量标准，做到心中有数。

（一）技术交底的范围划分

（1）单位工程施工组织设计经批准后，由项目技术负责人向项目全体工程技术和质量管理人员进行施工组织设计交底，交底参加人员也可扩大到班（组）长，视具体情况确定。

（2）专业技术员对班（组）长技术交底是各级技术交底的关键，必须向班（组）长（必要时全体人员）和有关人员反复细致地进行。

（3）班（组）长向工人技术交底：班（组）长应结合承担的具体任务同班（组）成员交代清楚施工任务、关键部位、质量要求、操作要点、分工及配合、安全等事项。

（二）技术交底的要求

（1）除领会设计意图外，必须满足设计图纸和变更的要求，执行和满足施工规范、规程、工艺标准、质量评定标准和建设单位的合理要求。

（2）整个施工过程包括各分部分项工程的施工均须作技术交底，对一些特殊的关键部位、技术难度大的隐蔽工程，更应认真作技术交底。

（3）对易发生质量事故和工伤事故的工种和工程部位，在技术交底时，应着重强调各种事故的预防措施。

（4）技术交底必须以书面形式，交底内容字迹要清楚、完整，要有交底人、接收人签字。

（5）技术交底必须在工程施工前进行，作为整个工程和分部分项工程施工前准备工作的一部分。

（三）技术交底的内容

（1）单位工程施工组织设计或施工方案。

（2）重点单位工程和特殊分部分项工程的设计图纸。根据工程特点和关键部位，指出施工中应注意的问题，保证施工质量和安全必须采取的技术措施。

（3）在重点单位工程与交叉作业过程中如何协作配合，双方在技术措施上如何协调一致。

（4）本单位初次采用的新技术、新工艺、新材料、新的操作方法，以及特殊材料使用过程中的注意事项。

（5）土建与设备安装工艺的衔接，施工中如何穿插与配合。

（6）交代图纸审查中所提出的有关问题及解决方法。

（7）设计变更和技术核定中的关键问题。

（8）冬、雨季特殊条件下施工应采取的技术措施。

（9）技术组织措施计划中，技术性较强、经济效果较显著的重要项目。

三、施工工序及质量控制

工程质量是在施工工序中形成的，而不是靠后期检验出来的。为了把工程质量从事后检查把关转向事前控制,必须加强施工工序的质量控制。

(一)工序质量控制的概念

工程项目的施工过程由一系列相互关联、相互制约的工序构成。工序质量是基础,直接影响工程项目的整体质量。要控制工程项目施工过程的质量,首先必须控制工序的质量。

(二)工序质量控制的内容

进行工序质量控制时,应着重于以下 4 个方面的工作:

(1)严格遵守工艺规程。施工工艺和操作规程,是进行施工操作的依据,是确保工序质量的前提,任何人都必须严格执行,不得违反。

(2)主动控制工序活动条件的质量。工序活动条件包括的内容较多,主要是指影响质量的五大因素,即施工操作者、材料、施工机械设备、施工方法和施工环境等。只要将这些因素切实有效地控制起来,确保工序投入品的质量,避免系统性因素变异发生,就能保证每道工序质量正常、稳定。

(3)及时检验工序活动效果的质量。工序活动效果是评价工序质量是否符合标准的尺度。为此,必须加强质量检验工作,对质量状况进行综合统计与分析,及时掌握质量动态。一旦发现质量问题,随即研究处理,自始至终使工序活动效果的质量满足规范和标准的要求。

(4)设置工序质量控制点。控制点是指为了保证工序质量而需要控制的重点、关键部位、薄弱环节,以便在一定时期内、一定条件下进行强化管理,使工序处于良好的控制状态。

(三)园林工程主要施工工序及质量标准(表 3-1)

表 3-1　园林工程主要施工工序及质量标准

工程名称	分部名称	分项名称	质量要求
种植工程	栽植基础	栽植土	1. 园林绿化用地种植土应是含有供植物生长的有机物质的地表层土 2. 土层深厚、土壤肥沃、无建筑垃圾、不应有直径超过 25 mm 的石块、黏土、杂草、树根、垃圾及对植物生长有害的物质 3. 排水性良好、透气性好、pH 在 5.5～6.5 之间、结构适中,能供植物良好生长和绿化功能发挥的土壤
		平整场地	1. 有各种管线的区域、建(构)筑物周边的整理绿化用地,应在其完工并验收合格后进行 2. 地表土应进行深翻,将土块打碎使其成为均匀的种植土,应将现场内的渣土、工程废料、宿根性杂草、树根及有害污染物清除干净。不能打碎的土块、大于 25 mm 的砾石、树根、树桩和其他垃圾应清除并运到指定地点废弃 3. 依照绿化设计的要求先用推土机等机械设备将场地粗略整治,使绿地坡度不小于 3%,砂质土排水坡不小于 1%

续表 3-1

工程名称	分部名称	分项名称	质量要求
种植工程	栽植基础	栽植土回填及地形造型	1. 栽植土、回填土及造型胎土应符合设计要求并有检测报告 2. 回填土及地形造型的平面位置、范围、厚度、标高、造型及坡度均应符合设计要求 3. 回填土壤应分层适度压实或自然沉降达到基本稳定,严禁用机械反复碾压 4. 地形造型应坡度顺滑,自然美观
	栽植	植物材料	1. 乔木:树干挺直,树冠完整;生长健壮,根系茂盛,无病虫害。土球完整,包扎牢固;裸根树木主根无劈裂,根系完整,无损伤,切口平整 2. 灌木:树冠完整不脱脚;生长健壮,根系茂盛,无病虫害。土球完整,包扎牢固,无裸露根系 3. 草坪:尺寸基本一致,每边长应为 33 cm,边缘平直,厚度不小于 2 cm,杂草不超过 5%;草根茎的杂草不得超过 2%;过长草应修剪;无病虫害;生长势良好 4. 花卉、地被:生长苗壮,发育匀齐,根系发达,无损伤和病虫害
		栽植穴、槽的挖掘	1. 栽植穴、槽挖掘前,应了解地下管线和隐蔽物埋设情况。以确定的树穴位置为中心或绿篱沟槽中线为中心线,依照标准进行挖掘 2. 穴、槽应垂直下挖,上口下底应相等。栽植穴、槽的直径应大于土球或裸根苗根系展幅 40~60 cm,穴深度为穴直径的 3/4~4/5。乔木、灌木和绿篱的种植穴、槽规格应符合规定
		苗木掘苗、吊装、运输	1. 吊装 (1) 乔木起苗时,用草绳进行包裹,防止土球散落 (2) 苗木栽植时严禁锁脖 (3) 大树吊装注意拴绑吊带,并用麻片和竹片包扎树干,严禁出现滑落、撸杆、擦伤树皮等情况 2. 运输 (1) 苗木装运前应仔细核对苗木的品种、规格、数量、质量。外地苗木应事先办理苗木检疫手续,本地苗木应办好苗木出圃单 (2) 对于分枝较低、枝条较长且较为柔软的苗(树)木或丛径较大的灌木,用草绳将粗枝向树干绑缚,并用几道横箍收拢分层捆住树冠,纵向将横箍连接起来,以便操作与运输 (3) 运输过程中,树干与车厢部位应有软垫层,防止树干磕伤;出圃前喷抗蒸腾剂;运输途中用苫布覆盖 (4) 带土球苗木装车和运输时,大小苗木排列顺序应合理,捆绑稳固,土球之间必须排列紧密不摇摆,土球上不得放置重物,树梢不得拖地。裸根苗木运输时应进行覆盖,保持根部湿润。运输竹类不得损伤竹鞭、竹芽和生长点

续表 3-1

工程名称	分部名称	分项名称	质量要求
种植工程	栽植	乔木栽植	1. 裸根苗栽植前对苗木的根枝做必要的修剪,在穴底施足底肥,在肥料上覆5~10 cm的表土,使根系不直接接触肥料。随后将裸根苗木放入树穴的中央,以自然形态散开根系,在树坑四周及其上回填土并适当压紧;当回填土到根系一半时,将植物稍提起,随即再按每层厚20 cm回填土并压实 2. 带土球的苗木,先将土球上的包裹物去掉,栽植时将苗木放稳,回填土随即填在植物土球周围并踩实。栽植完毕后,在植物四周围成土围堰,深约15 cm 3. 栽植后及时设支撑。培筑围堰后立即浇定根水,根据土壤墒情浇第二、第三次水,第三次浇水完后进行封堰
		灌木栽植	1. 自然式种植灌木应疏密有致、高低错落,群植、规则式种植灌木应株距均匀 2. 外侧的苗木要选择植物相对低矮、分枝点低的苗木,边缘向内三排倾斜栽植收口;最外侧向外侧倾斜45°,第二排向外侧倾斜30°、第三排向外侧倾斜15° 3. 在铺装交接处栽植时,土球顶面需低于铺装3~5 cm,栽植边界与铺装结合紧密,色带底部无纺布不得外露 4. 灌木与草坪之间应切边,切边由草坪向灌木一侧倾斜45°,深度8~10 cm,宽窄一致,线条流畅
		草坪	1. 坪床土层厚度不少于30 cm,铺沙3~5 cm后精细整平,用耙子耙平,路边铺沙后低于道牙3 cm;地形整理完成后必须碾压平实,不得出现地面不实现象,或尚有坑洼不平部分直接铺草 2. 草坪应独立成卷,无碎块,无杂草,无病虫害,带土2~3 cm,草的高度保持3~4 cm;确保"平、整、齐、鲜、厚" 3. 铺设草卷,草块应不重叠,按设计留缝,宽度一致;工字形错缝铺种,互相衔接不留缝 4. 草坪铺完后浇水前、后各用碾子碾压一遍,进行3次碾压(铺沙后1次、铺草后1次、浇水后1次),使草坪与细沙紧密接触,不得出现坑;浇水后不得踩踏,严禁出现脚坑
		大树移栽	1. 按设计位置挖种植穴,种植穴的规格应根据根系、土球的大小、木箱的规格确定 2. 树木种植的深度应与原土痕持平或高于地面5 cm 3. 带土球树木种植时应将土球放置平稳,取出包装物,如土球有松散现象,中下部草绳可不拆除 4. 大树栽植后应支撑牢固,裹干保湿,及时浇定根水
		非种植季节苗木移栽	1. 苗木土球根据情况可适当加大到胸径的8~10倍 2. 大乔木上车前进行遮阳、保湿覆盖,到场后及时修剪并保持原树冠形态,剪除部分侧枝,保留的侧枝应进行短截 3. 珍贵树种可架设遮阴网,根据需求设置微喷,必须用草绳缠干,并每天淋湿草绳 4. 起苗时根部可喷施促进生根激素,栽植时施加保水剂,栽植后树体注射营养剂

续表 3-1

工程名称	分部名称	分项名称	质量要求
种植工程	栽植	苗木修剪	1. 苗木栽植前的修剪应将劈裂根、病虫根、腐朽根、过长根剪除 2. 落叶树木的枝条应从基部剪除,不留木橛,剪口平滑不得劈裂 3. 枝条短截时应留外芽,剪口应距留芽位置上方不小于0.5 cm 4. 修剪直径2 cm以上的大枝及粗根时,截口应削平涂防腐剂
		苗木支撑	1. 行道树、孤赏树及树阵要求打四角支撑,特殊高大乔木可做拉纤支撑 2. 支撑物的支柱应埋入土中不少于30 cm,支撑物、牵拉物的强度应保证支撑有效;与地面连接点的连接牢固 3. 连接树木的支撑点应在树木主干上,连接处应衬软垫并绑缚牢固
		围堰	1. 围堰内径不小于种植穴直径,高度宜10～20 cm,外形统一,用土无杂物 2. 必须按树圈标准做围堰;装饰围堰包括围堰带和填充物,特殊项目必须做装饰围堰 3. 内部填充物根据甲方要求,可选择机制石、卵石、树皮等,铺放整齐平整,要求达到不露土 4. 围堰边缘的草坪保证修剪平顺,围堰内不得有杂物
		浇灌水	1. 新栽苗木定植后前3次应浇足透水(水管前接1 m左右硬管,浇水时沿土球与原土间缝隙插入,使水自下而上浸透整个土球) 2. 栽植当日必须浇第一遍定根水,并进行树干或叶面喷水,直到积水与水圈持平后停止浇水 3. 对浇水后出现的土壤下沉、苗木倾斜等问题应及时处理解决
土方工程	土方工程	挖方施工	1. 在挖方边坡上如发现有软弱土、流砂土层,应将其挖除后用好土、灰土或砂砾石分层回填夯实;若地表出现裂缝应停止开挖并及时采取相应补救措施 2. 土方开挖时,应防止邻近已有建筑物或构筑物、道路、管线等发生下沉或变形。必要时,与设计单位或建设单位协商采取防护措施,并在施工中进行沉降和位移观测
		填方施工	1. 填土前应将基坑(槽)或地坪上的垃圾等杂物清理干净;坑槽回填前,必须清理到基础地面标高 2. 回填土每层至少打夯3遍,打夯应一夯压半夯,夯夯相连,纵横交叉 3. 深浅坑槽相连时,应先填夯深基础,填至浅槽相同标高时再与浅槽一起填夯;必须分段填夯时交接处应填成阶梯形,上下错缝不小于1 m

续表 3-1

工程名称	分部名称	分项名称	质量要求
混凝土结构工程	模板	模板安装	1. 安装模板时,应进行测量放线,并应采取保证模板位置准确的定位措施。对竖向构件的模板及支架,应根据混凝土一次浇筑高度和浇筑速度,采取竖向模板抗侧移、抗浮和抗倾覆措施。对水平构件的模板及支架,应结合不同的支架和模板面板形式,采取支架间、模板间及模板与支架间的有效拉结措施。对可能承受较大风荷载的模板,应采取防风措施 2. 对跨度不小于 4 m 的梁、板,其模板施工起拱高度宜为梁、板跨度的 1/1 000～3/1 000。起拱不得减少构件的截面高度 3. 模板安装应与钢筋安装配合进行,梁柱节点的模板宜在钢筋安装后安装。模板与混凝土接触面应清理干净并涂刷脱模剂,脱模剂不得污染钢筋和混凝土接槎处。后浇带的模板及支架应独立设置
		模板拆除	1. 模板拆除时,可采取先支的后拆、后支的先拆,先拆非承重模板、后拆承重模板的顺序,并应从上而下进行拆除 2. 拆下的模板及支架杆件不得抛掷,应分散堆放在指定地点,并应及时清运。模板拆除后应将其表面清理干净,对变形和损伤部位应进行修复
	混凝土工程	混凝土工程	1. 混凝土所有原材料经检查合格,全部符合配合比通知单所提出的要求 2. 结构混凝土的强度等级必须符合设计要求 3. 混凝土运输、浇筑及间歇的全部时间不应超过混凝土的初凝时间。同一施工段的混凝土应连续浇筑,并在底层混凝土初凝前将上一层混凝土浇筑完毕 4. 施工缝及后浇带的位置应按设计要求和施工方案确定
砌体结构工程	砌体	砖砌体结构	1. 砌筑普通烧结砖、烧结多孔砖、蒸压灰砂砖、蒸压粉煤灰砖砌体时,砖应提前 1～2 天湿润,一般以水浸入砖四边 1.5 cm 为宜,严禁使用干砖或处于吸水饱和状态的砖砌体 2. 砖砌体的灰缝应横平竖直、厚薄均匀,水平灰缝厚度及竖向灰缝宽度宜为 10 mm,但不应小于 8 mm,也不应大于 12 mm
		石砌体结构	1. 砌筑石基础的第一皮石块应坐浆,并将大面向下;砌筑料石基础的第一皮石块应用丁砌层坐浆砌筑 2. 石砌体的第一皮及转角处、交接处和洞口处,应用较大的平石砌筑。每个楼层(包括基础)砌体的最上一皮,宜选用较大的石材砌筑 3. 石块间缝隙填筑严禁先摆石块后塞砂浆或干填碎石块的做法
		钢结构	1. 钢柱几何尺寸应满足设计要求。对运输、堆放和吊装等造成的钢构件变形及涂层脱落,应进行矫正和修补 2. 钢屋(托)架、钢梁(桁架)的几何尺寸偏差和变形应满足设计要求并符合本标准的规定。运输、堆放和吊装等造成的钢构件变形及涂层脱落,应进行矫正和修补 3. 对于需要进行焊前预热或焊后热处理的焊缝,其预热温度或后热温度应符合国家现行有关标准的规定或通过工艺试验确定。预热区在焊道两侧,每侧宽度均应为焊件厚度的 1.5 倍以上,且不应小于 100 mm,后热处理应在焊后立即进行,保温时间应根据板厚按每 25 mm 板厚 1 h 确定 4. 涂料涂装前,钢材表面防腐涂装质量应满足设计要求。构件表面不应误涂、漏涂,涂层不应脱皮和返锈等。涂层应均匀,无明显皱皮、流坠、斜眼和气泡等

续表 3-1

工程名称	分部名称	分项名称	质量要求
园路与广场工程	基土(路基)施工	基土(路基)施工	1. 基土(路基)必须均匀密实,如填土或土层结构被破坏,应予压实 2. 填土的压实,宜控制在最优含水量的情况下分层施工,以保证干土质量密度满足设计要求。过干的土在压实前应加以湿润,过湿的土应加以晾干 3. 如需在基土上铺设有坡度的地面,则应修整基土来达到所需的坡度 4. 不得在冻土上进行压实工作
	铺装基层	砂石基层	砂石应选用级配材料。铺设时不应有粗细颗粒分离现象,压至不松动为止
		碎石基层	碎石垫层施工前应完成与其有关的电气管线、设备管线及埋件的安装
		混凝土基层	1. 混凝土基层应铺设在基土上,设计无要求时,基层应设置伸缩缝(道路每 6 延米,广场铺装每 9 ㎡) 2. 混凝土基层铺设前,其下一层表面应湿润,但不得有积水
		灰土基层	1. 石灰质量应符合设计要求,块灰须经充分消解后才能使用 2. 石灰和土的用量应按设计要求控制准确 3. 灰土基层应铺设在不受地下水浸泡的基土上,施工后应有防雨水浸泡措施 4. 灰土基层应分层夯实,经湿润养护后方可进行下道工序施工
		二灰基层	1. 控制素土含水量,通过洒水或翻土晾晒的方式,保证素土含水量处于最佳含水量±2%以内 2. 在二灰土拌和过程中,派专人持锹跟踪检验拌和深度及拌和均匀性,进行多遍拌和,直至无夹层、土团、灰团、灰条、灰面等现象,确保二灰土拌和均匀
	园路铺装结合层	园路铺装结合层	1. 铺设前将基层面清理干净 2. 砂浆摊铺宽度应大于铺装面 5~10 cm,已拌好的砂浆应当日用完
	园路铺装面层	混凝土面层	1. 模板安装的位置和高程应符合设计要求,支撑稳固准确,接头密封严密不漏浆 2. 面层铺设时,应按要求设置伸缩缝。伸缩缝位置应与中线垂直,分布均匀,缝内不得有杂物。面层铺设应连续进行,当施工时间超过规定时间时,应对接槎处进行处理 3. 振捣棒的移动间距不大于 400 mm,至模板边缘的距离不大于 200 mm。应避免碰撞模板、钢筋、传力杆和拉杆。靠近模板两侧用插入式振捣棒振捣边部,重叠不小于 5~10 cm,严防漏振 4. 抹面应分两次施工,第一次抹面宜在混凝土振捣完毕后,第二次抹面应在混凝土泌水基本结束后、混凝土表面湿润的状态下进行

续表 3-1

工程名称	分部名称	分项名称	质量要求
园路与广场工程	园路铺装面层	沥青面层	1. 沥青路面铺筑前,基层标高、横坡度、密实度、含灰量、含水量等指标应符合质量标准,基层坚实稳定,承载力符合要求,表面无尘土、杂物。在基层表面喷洒透层油,表面干燥后方可铺筑沥青面层 2. 沥青混合料运输车,装料前将车厢清扫干净,涂抹防黏结剂,并加苫盖保温措施 3. 沥青混合料出厂温度不得低于 130℃,混合料不得混有杂物、拌和不均、花白料、黏结成块以及配比不均等质量问题 4. 摊铺工作应连续进行,应保持摊铺机料斗中有足够的混合料。根据摊铺宽度、厚度、拌和机生产效率等适当调整摊铺速度,不得留有纵槎 5. 螺旋摊铺机两端混合料至少要达到螺旋高度的 2/3,以使混合料对熨平板保持均衡的压力,获得较好的平整度
		卵石面层	1. 基础层浇筑 3～5 天达到一定强度后方可铺设 2. 进行测量放线,打好控制桩 3. 卵石面层一般通过结合层固定在基础层上 4. 面层铺设后应立即用湿布擦去卵石表面的灰泥。面层略干燥后,应注意浇水保养并注意成品保护
		水洗石	1. 施工前进行测量放线,做好平面及高程控制 2. 砾石进场前应进行检验,确保石子色差小,颗粒饱满,大小均匀一致 3. 保证基础稳定,不得沉降、开裂,必要时加厚碎石垫层或混凝土基层内加配钢筋 4. 合理设置伸缩缝,一般距离 5～6 m
		砖面层	1. 铺设结合层时,基层应保持湿润但不得积水,已刷素水泥浆不得有风干现象 2. 结合层厚度宜为 20 mm,用刮尺及木抹子压平打实 3. 铺筑前,应先将面砖浸水 2～3 h,阴干后方可使用 4. 嵌草砖铺设时应以砂土、砂壤土为结合层,厚度满足设计要求;设计无要求时,厚度应不小于 50 mm;停车场用嵌草砖铺设时,结合层下应采用级配砂石做基层
		料石面层	1. 结合层为沥青胶结料时,基层应为水泥砂浆或水泥混凝土找平层,含水率不大于 9%,铺贴前 24 h 在找平层表面涂刷基层处理剂 2. 如设计需要镶边,所有镶边必须选用同类石材 3. 用水泥砂浆填缝后,洒水养护 7 天;用沥青拌合料填缝后,应薄撒一层砂
		花岗石面层	1. 花岗石的表面应洁净、平整、无磨痕,图案、色泽一致,接缝均匀 2. 基层的平整度、标高应符合设计要求,施工前洒水湿润基层 3. 花岗石铺贴应周边顺直、镶嵌正确,板块无裂痕、掉角、缺楞等缺陷 4. 花岗石在铺设前应进行试拼、对色、编号等操作 5. 铺设时先铺几条作为基准,起标筋作用。花岗石事先浇水湿润,阴干后方可使用

续表 3-1

工程名称	分部名称	分项名称	质量要求
园路与广场工程	园路铺装面层	冰梅面层	1. 冰裂石材由五边形和六边形组成,无直角和凹角 2. 拼缝均匀、无通缝,表面平整,无局部低洼或超高现象 3. 边角无加塞料,大小均匀,色泽无偏差
		透水砖	1. 扫缝砂必须使用干砂,含泥量在1%以下 2. 不得在铺设完成的路面上拌和砂浆、堆放水泥等材料,以免造成透水砖透水结构的永久性损伤
		木铺装	1. 木铺装的条材和块材应具有产品合格证,其产品类别、型号、检验规则及技术条件等应符合设计要求和有关规范规定 2. 木铺装面层及垫木等应做防腐、防蛀处理
附属构筑物	路缘石	路缘石	1. 路缘石背部应做灰土夯实或混凝土护肩,宽度、厚度、密实度或强度、标高应符合设计要求 2. 路缘石外形不翘曲,无蜂窝、麻面、脱皮、裂纹及缺棱断角等缺陷
水景工程	静态水景	人工湖	1. 人工湖应按设计要求预埋各种预埋件,穿过湖壁和湖底的管道应采取防渗漏措施 2. 置石放置处应结合结构设计,考虑荷载情况,局部做相应加强处理 3. 所有穿过的管道均应设止水环或防水套管。人工湖的沉降缝、伸缩缝等应设止水带 4. 人工湖边坡应以自然土壤、木材或天然石块砌成,保持多孔隙性及多变化性。湖底的黏土应进行夯实处理或在池底铺筑优质熟土,反复夯实30~40 cm厚,压实度应达到90%以上。砂砾或卵石基层经碾压平后,面上须再铺15 cm细土层。湖底如为非渗透性土壤,应先敷以黏土,加湿后捣实,其上再铺砂砾 5. 膨润土防水毯的质量指标、技术要求、试验方法应符合《钠基膨润土防水毯》(JG/T 193—2006)标准要求。防水毯施工前,表面应平整光滑,压实度在85%以上,不能有凸出2 cm以上岩石和其他物体,也不能有明显的空洞。防水毯的搭接宽度不小于20 cm,其接缝应平顺,无曲翘皱褶现象,细部构造及锚固应吻合。防水毯保护层材质应符合设计要求。夯实后回填土厚度≥30 cm
	动态水景	人工溪流	1. 对游人可能涉入的溪流,其水深应设计在30 cm以下,以防儿童溺水。同时,水底应做防滑处理。对既可用于儿童戏水,又可用于游泳的溪流,应安装过滤装置(一般可将瀑布、溪流及水池的循环过滤装置集中设置) 2. 栽种石菖蒲、芦苇等水生植物处的水势会有所减弱,应设置尖桩压实植土 3. 水底与防护堤都应设防水层,防止溪流渗透
		瀑布	1. 砌块之间的缝隙、贴面材料与土建底板墙面之间,都必须用灰浆填实,不得漏水,不得存在空腔,否则不但会影响瀑身水形,还可能在冬季结冰时,由于空腔积水结冰膨胀而破坏底衬 2. 任何形式的溢流堰,堰顶必须严格水平,否则会影响瀑身水形的完整性与均匀性 3. 建造底衬施工时,必须同步安装水泵、管道、循环水处理设备以及彩灯或其预埋件

续表 3-1

工程名称	分部名称	分项名称	质量要求
水景工程	动态水景	跌水	1. 测量放线,根据设计图放跌水步级位置和标高控制线,然后按放样开挖基槽;开挖基槽后重新对基槽平面位置、标高进行放样。预埋件的尺寸、位置等必须严格按设计要求进行定位放样 2. 园林跌水的结构主体按材料分为钢筋混凝土主体、砌筑主体和其他结构主体,其基础土层承载力标准值应在60 kPa以上,土壤密实度应大于0.90。土质应均匀,当土质不均匀时应进行技术处理 3. 做防水处理时,防水卷材应顺跌水方向搭接,长度应大于200 mm,并用专业胶结材料胶结牢固;所使用的防水、胶结等材料应满足使用条件及环境的要求 4. 自然跌水防水卷材上应铺设40 mm以上厚的级配石,跌水瀑布直接冲击部位应用垫石处理
	驳岸及护坡	驳岸	1. 石材及砂浆强度等级必须符合设计要求 2. 驳岸的外形尺寸、倾斜度及稳固性符合设计要求 3. 驳岸后侧回填土不得采用黏性土
		护坡	1. 石料等级应符合设计、规范要求 2. 石料应强韧、密实、坚固与耐久,质地适当细致,色泽均匀,无风化剥落和裂纹及结构缺陷 3. 石料不得含有妨碍砂浆的正常黏结或有损于外露面外观的污泥、油脂或其他有害物质。石料在运输、储存和处理过程中不应有过量的损坏和废料 4. 砂浆标号M10采用人工砌筑,砂浆采用搅拌机拌和 5. 在砌筑前每一石块均应用干净水洗净,其下铺设10 cm厚砂浆垫层,垫层亦应干净并湿润 6. 在砂浆凝固前应将外露缝勾好,勾缝深度不小于20 mm。如条件不允许时,应在砂浆凝固前,将砌缝砂浆刮深不小于20 mm,为以后勾缝做准备 7. 砌体应分层砌筑,体积较大的石块由专人用风钻配合楔子破碎,然后两人一组将规则的块石搬运至砌筑区域。注意搬运块石时轻拿轻放,砌筑上层块石时不应振动下层,砌筑完成后24 h内不能在坡面上行走,不准在已砌好的砌体上抛掷、滚动翻转或敲击石块。砂浆、石块不得顺坡溜至砌筑部位 8. 护坡坡面应平整、坡度正确,皮带缝宽度不小于2.5 cm。施工过程中通过坡底、坡顶拉线控制坡面的平整度和坡度
假山、置石工程	假山工程	假山工程	1. 假山地基基础承载力应大于山石总荷载的1.5倍;灰土基础应低于地平面20 cm,其面积应大于叠山底面积,外沿宽出50 cm 2. 假山设在陆地上,应选用C20以上混凝土制作基础;假山设在水中,应选用C25混凝土或不低于M7.5的水泥砂浆砌石块制作基础。根据不同地势、地质,有特殊要求的可做特殊处理 3. 拉底石材应选用厚度大于40 cm、面积大于1 m²的石块。拉底石材应统筹向背,曲折连接,错缝叠压 4. 假山选用的石材质地要求一致,色泽相近,纹理统一;石料应坚实耐压,无裂缝、损伤、剥落现象 5. 石山主体山石应错缝叠压、纹理统一,每块叠石的刹石不少于4个受力点且不外露;跌水、山洞山石长度不小于1.5 m,厚度不小于40 cm;整块大体量山石无倾斜,稳固安全,横向悬挑的山石悬挑部分应小于山石长度的1/3,山体最外侧的峰石底部灌1:3的水泥砂浆

续表 3-1

工程名称	分部名称	分项名称	质量要求
假山、置石工程	塑山、塑石工程	塑山、塑石工程	1. 塑山骨架的原材料质量应符合设计要求 2. 钢筋焊接应牢固,间距符合设计要求,钢丝网与钢塑连接牢固 3. 塑山骨架的承载力、表面材料强度和抗风化能力应符合设计要求
	置石工程	置石工程	1. 置石的材质、色泽、造型应符合设计要求 2. 特置景石的重心应垂直于地面,稳定、耐久、牢固
灌溉与排水工程	灌溉工程	给水管道	1. 给水管道埋地敷设时,应在当地冰冻线以下,如必须在冰冻线以上敷设时,应做可靠的保温防潮措施;在无冰冻地区,埋地敷设深度不得小于 500 mm,穿越道路部位埋设深度不得小于 700 mm 2. 给水管道不得直接穿越污水井、化粪池、公共厕所等污染源 3. 管接口要平直,间隙要均匀,要整齐、密实、饱满,不得有裂缝、空鼓等现象 4. 安管应顺直、稳固、缝宽均匀,管底坡度无倒流水,管内无杂物
		喷灌设备	1. 安装喷头前,给水管道应进行检验和冲洗 2. 施工放样时应预先确定喷头位置,再确定管道 3. 喷头安装前应检查其转动灵活性,弹簧不得锈蚀,竖管外螺纹无碰伤 4. 竖管安装应牢固、稳定,伸缩性喷头应加保护套管
	排水管网	混凝土管道	1. 下管前,对混凝土管口做凿毛处理 2. 管道必须垫稳,管底坡度不得倒流水,管道内不得有泥土、砖石、砂浆、木块等杂物 3. 承插接口的排水管道,管道和管件的承插接口应与水流方向相反
		植草沟	1. 植草沟断面形式应符合设计要求,宜设置成倒抛物线形、三角形、梯形 2. 植草沟施工宜在周边绿地种植、道路结构层等施工均已完成后进行,按施工图设计要求进行放线,埋设控制点 3. 植草沟草种应耐旱、耐淹,植草沟内植被高度宜控制在 100～200 mm
		雨水回用设施	1. 埋地模块化雨水储水水池应进行抗浮计算。池顶最小覆土深度在人行道下不应小于 0.6 m,车行道下不应小于 0.8 m,最大埋深不宜大于 6 m 2. 土方开挖与后续工作应紧密衔接,施工区域应严禁非施工人员进入;坑槽边缘应设置安全警示标志,小口径基坑应临时封盖井口,降低安全隐患 3. 土工膜应采用双缝焊接,减少丁字焊缝,不得有十字焊缝

续表 3-1

工程名称	分部名称	分项名称	质量要求
电气安装工程	电缆敷设	电缆敷设	1. 电缆线的品种、规格、质量符合设计要求,电缆直流耐压、泄漏电流试验结果和绝缘电阻符合规定 2. 封闭严实,填料灌注饱满,无气泡、渗油等现象;芯线连接紧密,绝缘带包扎严密,防潮涂料均匀;封铅表面光滑,无砂眼、裂纹 3. 电缆头安装、固定牢靠,相序正确。直埋电缆头保护措施完善,标志准确清晰
	穿线	穿线	1. 管内穿线:盒、箱内清洁无杂物,护口、套管整齐无脱落,导线排列整齐,并留有适当的余量。导线在管内无接头,不进入盒、箱的垂直管子上口,穿线后密封处理良好,导线连接牢固,包扎严密,绝缘良好,不伤线芯 2. 保护接地线、中性线截面选用正确,线色符合规定,连接牢固紧密
	灯具安装	灯具安装	1. 灯具安装牢固端正,位置正确。器具清洁干净,吊杆垂直,日光灯的吊链双链平行 2. 导线进入灯具处的绝缘保护良好,留有适当余量,连接牢固紧密,不伤线芯。压板连接时压紧无松动,螺栓连接时在同一端子上导线不超过 2 根,吊链灯的引下线整齐美观

四、进场材料的质量控制

1. 进场材料验收

供应商送货至项目部现场仓库或项目现场时,由项目部收料员会同施工员、材料员根据合同、采购订单与供应商送货清单及实物进行核对,并对物资进行检验,核实送达材料的规格、数量是否与合同及采购订单一致,检验材料的外观是否完好,产品质量说明书、合格证、检测报告、检疫证等是否齐全。

数量验收应采取计量方法进行验收。需要过磅计量的,应过磅计量;需要检尺计量的,应检尺计量;需要点数的,应计数;需要抽检的应按比例抽检,以实际检验的数量为实收数,做到验收准确及时。当有复验规定时,必须从进场材料中随机抽取样品进行复验。严禁场外抽取,一经发现需严肃处理。未经验收的材料或设备一律不得使用,擅自使用未经验收的材料设备所造成的一切后果由使用单位承担。如货单不符,项目部收料员或材料员负责通知供应商进行处理,必要时报送资源采购中心。对于检验不合格的材料,收料员拒收并填写拒收记录,必要时通知资源采购中心。

验收合格后,收料员或施工员在送货单上签字确认,移交班组签字确认并办理入库登记。收料员将入库材料应按材质、规格、性能、类别、体积等情况分门别类地划区、定架、分层堆放整齐,并挂上标识牌,防止混杂、损坏等情况发生。收料员及材料员根据送货单登记材料台账。

2. 采购退货

在验收入库过程中,若存在实际入库材料的数量、品种、规格、交货日期等信息与合同或采购订单信息不符或存在毁损情况时,验收人员应立即通知材料员。材料员应查明原因并及时进行处理。对于不合格材料,项目部相关人员及资源采购中心相关人员依据检验结果办理让步接收、退货、索赔等手续。对延迟交货造成损失的,区域公司及资源采购中心相关人员要按照合同约定索赔。

3. 资源采购中心检查

(1) 目的。使公司各在建项目的工程质量符合国家有关规范、技术标准及达到合同要求,强化检查工作的制度化,同时保证进场的各类材料符合公司签订的合同内的质量要求。

(2) 检查方法。资源采购中心组织部门相关人员、项目经理、收料员(施工员)、区域采购总监、材料员,必要时联合工程管理中心、成本核算中心,按照部门工作安排每月对在建项目进行检查。主要对进场材料质量及规格、上次检查的整改落实情况、各分包单位的合同履约情况、内务资料管理情况等进行检查。每次检查结束后立即向各项目相关管理人员通报,说明问题及整改措施要求,明确整改完成时限。由各项目经理、收料员、材料员落实整改工作,必要时请资源采购中心配合落实。

(3) 检查程序。每月的检查由资源采购中心负责人组织,提前做好检查工作安排。检查中发现的问题现场明确各负责人及责任单位进行整改,并将当月的检查报告存档,下次检查时复查。在检查过程中发现的问题应第一时间反馈给区域公司,要求区域公司限时督促整改。若在复查过程中发现责任单位或责任人对检查时所提出的问题没有响应或整改,对于存在问题屡禁不止、改善不到位的责任单位或负责人,将上报公司并采取约谈、问责、换岗或者降级处理。

五、提高技术工人的业务水平

(一) 人员资质审查

人是施工的主体,人员素质的高低和质量意识的强弱直接影响到工程质量的优劣,因此必须对施工队伍的资质和管理、技术水平进行事前的严格审查把关,符合条件的方可进场作业。关键岗位、特种岗位和特殊专业的操作人员,必须持有由建设行政主管部门签发的上岗证。

(二) 提高管理认识

提高工程质量必须思想领先,即首先要提高质量管理意识。在项目管理过程中要注重提高管理人员和技术工人的质量意识,具体做法是"一选择,二教育,三管理"。

一选择,即对工人实行"优胜劣汰"制度,必须淘汰那些质量安全意识差、技术素质低、不服从管理的工人。

二教育,即对工人必须实行岗前"三级教育",进场前做好各项安全、质量、技术交底;对各施工班组工人必须奖罚分明,以充分调动工人的积极性,发挥工人的主导作用;对各工种、项目部主要部位操作人员等实行岗前培训。

三管理,即在施工前必须向工人做好各项技术、质量交底工作,在施工过程中严格控制每一道工序并实行跟踪、监督、记录、复查或抽查,从技术措施到实际操作中严格把好质量关。坚持自检、互检、抽检相结合的做法,坚持上道工序不合格不进入下一道工序。特别是对容易发生质量通病的工种及工序要进行专职跟踪施工,以强制手段克制质量通病,改变不规范的做法。

六、成品保护

在施工过程中,有些分部、分项工程已经完成,其他工程尚在施工,或者某些部位已经完成,其他部位正在施工。如果对成品不采取妥善措施加以保护,就会造成损伤进而影响质量。这样会增加维修工作量,浪费工料,拖延工期,更严重的是损伤难以恢复到原样,会成为永久性的缺陷。因此搞好成品保护是一项关系到确保工程质量、降低工程成本和按期竣工的重要环节。

(一)成品保护的原则

(1)在准备工作阶段确定保护方案,由项目经理领导,配合绿化、安装、土建等专业施工员对施工进行统一协调,合理安排工序,加强工种的配合,正确划分施工段,避免因工序不当或工种配合不当造成成品损坏,研究确定成品保护的组织管理方式以及具体的保护方案,对重要构件保护下发作业指导书。

(2)建立成品保护责任制,责任到人。派专人负责各专业所属劳务成品保护工作的监督管理。

(3)各专业施工员会同各分区的成品保护责任人进行定期的巡回检查,将成品的保护作为项目的重要工作进行。

(4)加强员工的质量和成品保护教育,树立工人的配合及保护意识,建立各种成品保护临时交接制,做到层层工序有人负责。

(5)除在施工现场设标语外,在制成品或设备上贴挂醒目的成品保护警示标志,引起来往人员的注意。

(二)成品保护的一般措施

成品保护主要有保护、包裹、覆盖、封闭、巡逻看护等措施(表 3-2)。

表 3-2　成品保护一般措施

名称	措　施　内　容
保护	提前保护,以防止成品可能发生的损伤和污染
包裹	成品包裹:防止成品被损伤或污染。如大理石或高级抛光砖贴好后,用立板包裹捆扎;木坐凳易污染变色,刷油漆前裹纸保护;电气开关、插座、灯具等设备也要包裹,防止施工过程中被污染。 采购物资的包装:防止物资在搬运、储存至交付过程中受影响而导致质量下降,在订货时向供应商明确物资包装要求
覆盖	对于地面成品主要采取覆盖措施,以防止成品损伤。如大理石地面用木板、加气板等覆盖,以防操作人员踩踏和物体磕碰;其他需要防晒、保温养护的项目,也要采取适当措施覆盖
封闭	对于混凝土地面工程,施工后可暂时封闭,待达到相关强度并采取保护措施后再开放
巡逻看护	对已完成产品实行全天候的巡逻看护,防止无关人员进入重点、危险区域和不法分子偷盗、破坏成品,确保工程产品的安全

(三)主要施工项目成品保护措施

1. 土方工程成品保护措施

(1)挖运土时不得碰撞定位标准桩、轴线引桩、标准水准点等。应经常测量和校核其平面位置、水平标高和边坡坡度是否符合设计要求。定位标准桩和标准水准点也应定期复测和检查。

（2）土方开挖时，应防止邻近构造物、道路、管线等发生下沉和变形，必要时应与设计单位或建设单位协商，采取防护措施，并在施工中进行沉降或位移观测。

（3）施工中如发现有文物或古墓等应妥善保护，并应及时报请当地有关部门处理。

（4）如发现有测量用的永久性标桩或地质、地震部门设置的长期观测点等，应加以保护。

（5）在敷设有地上或地下管线、电缆的地段进行土方施工时，应事先取得有关管理部门的书面同意。施工中应采取措施，以防止损坏管线而造成严重事故。

（6）土方回填时，应对定位标准桩、轴线引桩、标准水准点等设置明显标识。填运土时不得碰撞，也不得挠动。运土撒落的土方应及时派专人进行清理，避免污染地面。对于市政路牙及市政井盖，在回填土方过程中要注意防止撞坏和压坏。

2. 地面成品保护措施

（1）地面铺设水泥砖、烧结砖或块料面层后应及时清除建筑垃圾，特别是干硬性砂浆。应及时设置防护栏杆进行保护，直到成品强度达到规定后才能拆除。

（2）地面铺设后，应做好防雨淋的保护措施。

（3）地面铺设后，不允许在上面堆放带棱角或易污染地面的材料。

（4）地面铺设后，若下一道工序进场施工，须事先对地面铺塑料布，以防污染或损坏已完工的地面成品。

（5）铺好的地砖4～5天后方可上人。

3. 砌体成品保护措施

（1）水电管路铁件及孔洞口预埋件应在砌体砌筑过程中留设。砌体完工后，不得随意在砌体上开槽打洞或用重锤锤击。

（2）砌体砌筑完毕应及时进行保护，使其免遭碰撞受损。

（3）雨天砌筑砌体，应按要求覆盖保护。

（4）用于预留洞口上方的临时模板及支撑，在砌体达到设计要求的强度后才能拆除。

4. 现浇钢筋混凝土工程的成品保护措施

（1）钢筋保护

在浇筑基础梁板混凝土前用钢筋套管套在每一根竖向主筋上（高度不小于500 mm），以防止墙柱钢筋污染。如有个别污染应及时用棉纱布清理混凝土浆，保证钢筋表面清洁，同时也要防止脱模剂污染。禁止碰动预埋件及洞口模板。安装电管或其他设施时不得任意切割和碰动钢筋。绑扎成型后，应将多余钢筋扎丝和垃圾清理干净。支立模板、安装预埋件及浇筑混凝土时，不得随意弯曲和拆除钢筋。模板隔离剂不得污染钢筋，如发现钢筋受污染，应及时清洁干净。

（2）模板保护

模板支立完毕，应及时将多余材料及垃圾清理干净。预留孔和预埋件的安设工作应在支模完成之前进行。支模后，不得任意拆除模板或用重锤敲打模板及支顶。浇筑混凝土时，不得用振动棒或其他物件撬动模板预埋件，以免模板变形或预埋件移位。模板安装后，须仔细检查校正，并派专人值班保护。模板拆除后，立即对模板的板面及缝隙进行全面彻底清理，保证下次使用时不出现粘模现象。模板使用后要进行维修清理，如模板清理、变形的校正、模板配件的更换等。

（3）混凝土成品保护

混凝土浇筑完毕,应将散落在模板上的多余混凝土清理干净,并覆盖养护。雨天浇筑混凝土时,应按雨期施工要求遮盖,使混凝土免遭雨水冲刷。混凝土结硬之前,不得踩踏混凝土表面,并按要求洒水养护混凝土至少 7 天。建筑用油漆、涂料、砂浆等物质应用桶盛装。施工操作之前,应将操作面上的混凝土表面覆盖,免其外泄,污染混凝土表面。不得在混凝土成品上随意开槽打洞,不得用重锤锤击混凝土。在混凝土表面安设临时施工设备时,应在安设位置铺放垫板,并做好覆盖措施,以防油漆污染混凝土。

5. 水电安装成品保护措施

（1）给水、排水及电缆敷设,应提前考虑乔木的栽植位置,根据乔木栽植位置调整线路走向,防止因线路走向影响乔木栽植位置。

（2）管线敷设后应做好标识,并与其他专业配合提前弄清线路位置及埋深,防止后一道工序施工时破坏电缆、管道。

（3）挖种植穴要对管线进行避让。对于距离管线较近的种植穴,不得用机械进行挖掘。

（4）回填土时应对井盖、雨水箅子做标识,避免堆筑地形时破坏井盖、雨水箅子。雨水箅子应用板材覆盖,防止回填土后找不到井盖,并防止回填土落入管道。

（5）取水器、喷头等安装后要防止碰撞、踩踏。

（6）灯具安装宜在苗木栽植完成后进行,以免整理绿化用地时污染灯具,也可以避免乔木运输、吊装时损坏灯具。

6. 绿化成品保护措施

（1）乔木栽植后,应安排专人进行巡视,并与其他施工方沟通,避免刮伤树皮,折断树枝。

（2）乔木栽植后如有管道施工,应对乔木种植穴进行避让,不得损害土球及扰动苗木。

（3）地被植物宜在其他专业完成后进行,避免在地被植物栽植后再进行管道、电缆施工,从而造成地被植物的破坏。

（4）在地被植物栽植完成后,严禁在其上堆放杂物,严禁踩踏。

七、项目现场巡查、抽检

（一）项目现场巡查

区域公司要定期对区域管辖内在建项目的工程质量情况进行检查,发现问题组织项目部人员分析问题产生的原因并进行整改,通过此种方式来督促项目管理人员提升质量控制的意识、总结质量控制的经验,从而不断提升工程品质。检查主要包括以下内容:

1. 开工前检查

开工前检查的内容及要求:设计文件、施工图纸经审核并据此编制施工组织设计及质量计划;施工前的工地调查和复测已进行并符合要求;各种技术交底工作已进行,特殊作业、关键工序已编制作业指导书;采用的新技术、机具设备、原材料能满足工程质量需要。

2. 施工过程中检查

施工过程中应检查的内容及要求:施工测量及放线正确,精度达到要求;按照图纸施工,操作方法正确,质量符合验收标准;施工原始记录填写完善,记载真实;有关保证工程质量的措施和管理制度是否落实;混凝土、砂浆试件及土方密实度按规定要求进行检测实验和验收,试件组数及强度符合要求;凡是隐蔽工程均应在检查认证后再掩盖;工程日志簿填写要符合实际。

3. 停工后复工前检查

因处理质量问题或某种原因停工后需复工时,应经检查认可后方可复工。分部分项工程完工后,亦经检查认可,签署验收记录后,才允许进行下一工序项目施工。

4. 成品保护检查

检查成品有无保护措施或保护措施是否可靠。

(二)项目抽检

工程管理中心不定期组织内部质量专家库中的专家对项目现场质量情况进行抽检,发现问题应出具限期整改通知单,并对整改情况进行复查。

第三节　安全管理

一、安全生产管理概述

(一)项目安全生产管理的范围

安全生产管理的中心问题,是保护施工过程中人员的安全与健康,保证施工顺利进行。宏观的安全管理包括劳动保护、安全技术和安全卫生管理。

(1)劳动保护管理侧重于以政策、规程、条例、制度等形式,规范操作或管理行为,从而使劳动者的劳动安全与身体健康得到应有的法律保障。

(2)安全技术管理侧重于对"劳动手段和劳动对象"的管理,以规范物的状态,减轻或消除对人的威胁。安全技术包括预防伤亡事故的工程技术和安全技术规范、技术规定、标准、条例等。

(3)安全卫生侧重于对工程施工中高温、粉尘、振动、噪声、毒物的管理,通过防护、医疗、保健等措施,防止劳动者的安全与健康受到有害因素的危害。

(二)安全生产管理的基本原则

在实施安全管理过程中,必须正确处理5种关系,即安全与危险并存、安全与生产的统一、安全与质量的包涵、安全与速度互保、安全与效益的兼顾。在实施安全管理过程中,还需坚持6项基本管理原则,即管生产同时管安全,坚持安全管理的目的性,必须贯彻预防为主的方针,坚持全员、全过程、全方位、全天候的动态安全管理,安全管理重在控制,在管理中发展、提高。

二、安全生产管理的内容

(一)项目安全生产制度与责任管理

1. 建立健全安全生产管理制度

由于建设工程规模大、周期长、参与人数多、环境复杂多变,安全生产的难度很大。因此,通过建立各项制度,规范建设工程的生产行为,对于提高建设工程安全生产水平至关重要。安全生产管理制度包括安全生产责任制度,安全生产许可证制度,政府安全生产监督检查制度,安全生产教育培训制度,安全措施计划制度,特种作业人员持证上岗制度,专项施工方案专家论证制度,危及施工安全的工艺、设备、材料淘汰制度,施工起重机械使用登记制度,安全检查制度,生产安全事故报告和调查处理制度,同时设计、同时施工、同时投入生产和使用制度,安全预评价制度,意外伤害保险制度。

2. 落实安全责任,实施责任管理

建立、完善以项目经理为首的安全生产领导组织,有组织、有领导地开展安全管理活动,承担组织、领导安全生产的责任。建立各级人员安全生产责任制度,明确各级人员的安全责任。抓制度落实,抓责任落实,定期检查安全责任落实情况。一切从事生产管理与操作的人员,依照其从事的生产内容,分别通过企业、施工项目的安全审查,取得安全操作认可证,持证上岗。特种作业人员,除经企业的安全审查,还需按规定参加安全操作考核,取得监察部门核发的安全操作合格证,坚持持证上岗。一切管理、操作人员均需与施工项目签订安全协议,向施工项目做出安全保证。对安全生产责任落实情况的检查结果,应认真、详细地记录。

(二)项目安全技术管理

1. 施工组织设计与施工方案

项目安全的技术管理首先是体现在该项目的施工组织设计或施工方案之中。在编制施工组织设计时,必须结合工程实际,编制切实可行的安全技术措施。编制安全技术措施应注意以下几个方面:

(1)针对不同工程的结构特点可能造成的施工危险,应从技术上采取措施,消除危险,保证施工安全。

(2)针对选用的各种机械、设备给施工人员可能带来的不安全因素,应从技术措施、安全装置上加以控制等。

(3)针对工程采用有害施工人员身体健康或有爆炸危险的特殊材料的特点,从技术上采取防护措施,保证施工人员安全,保证工程安全施工。

(4)针对施工场地及周围环境给施工人员或周围居民带来的危害及材料、设备运输带来的危害,从技术上采取措施,给予保护。

2. 施工安全技术交底

工程开工前和施工过程中,应向参加施工的人员认真进行安全技术措施交底,让大家知道在什么时候、什么作业应当采取哪些技术措施来保证施工的安全性。

安全技术交底的内容包括施工项目的施工作业特点和危险点、针对危险点的具体预防措施、应注意的安全事项、相应的安全操作规程和标准、发生事故后应及时采取的避难和急救措施。

安全技术交底要求项目经理部必须实行逐级安全技术交底制度,纵向延伸到班组全体作业人员。技术交底必须明确、具体、针对性强。技术交底的内容应针对分部分项工程施工中给作业人员带来的潜在危险因素和存在的问题,应优先采用新的安全技术措施。对于涉及"四新"项目或技术含量高、技术难度大的单项技术设计,必须经过"两阶段"技术交底,即初步设计技术交底和实施性施工图技术设计交底。应将工程概况、施工方法、施工程序、安全技术措施等向工长、班组长进行详细交底。定期向由 2 个以上作业队和多工种进行交叉施工的作业队伍进行书面交底。保持书面安全技术交底签字记录。

3. 安全内业资料的管理

项目的安全管理人员在施工中要随时收集安全技术措施执行情况的原始技术资料,在工程收尾时要整理施工全过程的安全技术资料并归档成册。

4. 制定标准化的安全作业程序

在项目施工管理中,为了杜绝操作者在施工中的不安全行为,避免事故的发生,就要按科学的作业标准来规范作业者的行为,减少人为失误,这也是安全技术管理的一项重要任务。

(三)项目安全教育与培训

1. 安全教育、培训的目的与方式

安全教育、培训包括知识、技能、意识3个阶段的教育。

安全知识教育:使操作者了解、掌握生产操作过程中潜在的危险因素及防范措施。

安全技能培训:使操作者逐渐掌握安全生产技能,获得完善化、自动化的行为方式,减少操作中的失误。

安全意识教育:在于激励操作者自觉坚持实行安全技能。

2. 安全教育的内容

安全教育的内容一般按实际需要确定。新工人入场前应完成三级安全教育。对学徒工、实习生的入场三级安全教育偏重一般安全知识、生产组织原则、生产环境、生产纪律等。强调操作的非独立性。对农民工的入场三级安全教育以生产组织原则和环境、纪律、操作标准为主。

结合施工生产的变化,适时进行安全知识教育,一般每10天组织一次较合适。结合生产组织安全技能培训,干什么培训什么,反复培训,分步验收,以达到出现完善化、自动化的行为方式,划为一个培训阶段。

安全意识教育的内容不易确定,应随安全生产的形势变化,确定阶段教育内容。可结合发生的事故,进行增强安全意识、接受事故教训的教育。

受季节、自然变化影响时,针对由于这种变化而出现生产环境、作业条件的变化进行的教育,其目的在于增强安全意识,控制人的行为,尽快地适应变化,减少人的失误。

采用新技术,使用新设备、新材料,推行新工艺之前,应对有关人员进行安全知识、技能、意识的全面安全教育,激发操作者实行安全技能的自觉性。

3. 加强教育管理,增强安全教育效果

安全教育内容要全面,重点突出,系统性强。应鼓励受教育者树立坚持安全操作方法的信心,养成安全操作的良好习惯。应告诉受教育者怎样做才能保证安全,而不仅仅是不应该做什么。

(四)项目安全检查

1. 安全检查的内容

主要是查思想、查管理、查制度、查现场、查隐患、查事故处理,检查的重点以劳动条件、生产设备、现场管理、安全卫生设施以及生产人员的行为为主,发现危及人的安全因素时必须果断消除。

2. 安全检查的主要类型

安全检查一般包括全面安全检查、经常性安全检查、专业或专职安全管理人员的专业安全检查、季节性安全检查、节假日安全检查以及对要害部门的重点安全检查。

3. 安全检查的注意事项

安全检查要深入基层,坚持领导与群众相结合的原则,组织好检查工作。建立检查的组织领导机构,配备适当的检查力量,挑选具有较高技术业务水平的专业人员参加。做好检查的各项准备工作,包括思想、业务知识、法规政策和物资、奖金准备。明确检查的目的和要求。既要严格要求,又要防止"一刀切",要从实际出发,分清主、次矛盾,力求实效。把自查与互查有机结合起来,取长补短,相互学习和借鉴。检查不是目的,只是一种手段,整改才是最终目的。发现问题,要及时采取切实有效的防范措施。建立健全检查档案,收集基本数据,掌握基本安全状况。

(五)工程安全隐患的处理

建设工程安全隐患包括 3 个部分的不安全因素:人的不安全因素、物的不安全因素和组织管理上的不安全因素。

在工程建设过程中,安全事故隐患是难以避免的,但要尽可能消除安全事故隐患。首先需要项目参与各方加强安全意识,做好事前控制,建立健全各项安全生产管理制度,落实安全生产责任制,注重安全生产教育培训,保证安全生产条件所需资金的投入,将安全隐患消除在萌芽之中;其次是根据工程的特点确保各项安全施工措施的落实,加强对工程安全生产的检查监督,及时发现安全事故隐患;最后是对发现的安全事故隐患及时进行处理,查找原因,防止事故隐患的进一步扩大。

安全事故隐患治理一般要遵循冗余安全度治理、单项隐患综合治理、事故直接隐患与间接隐患并治、预防与减灾并重治理、重点治理和动态治理原则。

安全事故隐患应当场指正,限期纠正,预防隐患发生。做好记录,及时整改,消除安全隐患。分析统计,查找原因,制定预防措施并跟踪验证。

三、工程项目安全事故应急预案和事故处理

(一)安全事故应急预案内容

应急预案是对特定的潜在事件和紧急情况发生时所采取措施的计划安排,是应急响应的行动指南。编制应急预案的目的是防止紧急情况发生时出现混乱,按照合理的响应流程采取适当的救援措施,预防和减少可能随之引发的职业健康安全和环境影响。

1. 应急预案体系的构成

应急预案应形成体系,针对各级各类可能发生的事故和所有危险源制定综合应急预案、专项应急预案和现场应急处置方案,并明确事前、事发、事中、事后各个过程中相关部门和有关人员的职责。生产规模小、危险因素少的生产经营单位,其综合应急预案和专项应急预案可以合并编写。

(1)综合应急预案。综合应急预案是从总体上阐述事故的应急方针、政策,应急组织结构及相关应急职责,应急行动、措施和保障等基本要求和程序,是应对各类事故的综合性文件。

(2)专项应急预案。专项应急预案是针对具体的事故类别、危险源和应急保障而制定的计划或方案,是综合应急预案的组成部分,应按照综合应急预案的程序和要求组织制定,并作为综合应急预案的附件。专项应急预案应制定明确的救援程序和具体的应急救援措施。

(3)现场处置方案。现场处置方案是针对具体的装置、场所或设施、岗位所制定的应急处置措施。现场处置方案应具体、简单、针对性强。

2. 应急预案编制的要求

(1) 符合有关法律、法规、规章和标准的规定。

(2) 结合本地区、本行业、本单位的安全生产实际情况。

(3) 结合本地区、本行业、本单位的危险性分析情况。

(4) 应急组织和人员的职责分工明确,并有具体的落实措施。

(5) 有明确、具体的事故预防措施和应急程序,并与其应急能力相适应。

(6) 有明确的应急保障措施,并能满足本地区、本行业、本单位的应急工作要求。

(7) 预案基本要素齐全、完整,预案附件提供的信息准确。

(8) 预案内容与相关应急预案相互衔接。

(二)建设工程安全事故分类和处理

1. 建设工程事故的分类

(1) 按事故后果严重程度分类

① 轻伤事故,是指造成职工肢体或某些器官功能性或器质性轻度损伤,能引起劳动能力轻度或暂时丧失的伤害的事故,一般每个受伤人员休息 1 个工作日以上、105 个工作日以下。

② 重伤事故,一般指受伤人员肢体残缺或视觉、听觉等器官受到严重损伤,能引起人体长期存在功能障碍或劳动能力有重大损失的伤害,或者造成受伤人员损失工作日在 105 个工作日以上的失能伤害的事故。

③ 死亡事故,一次事故中死亡 1~2 人的事故。

④ 重大伤亡事故,一次事故中死亡 3 人以上(含 3 人)的事故。

⑤ 特大伤亡事故,一次事故中死亡 10 人以上(含 10 人)的事故。

(2) 按事故造成的人员伤亡或者直接经济损失分类

① 特别重大事故,是指造成 30 人以上死亡,或者 100 人以上重伤(包括急性工业中毒),或者 1 亿元以上直接经济损失的事故。

② 重大事故,是指造成 10 人以上 30 人以下死亡,或者 50 人以上 100 人以下重伤,或者 5 000 万元以上 1 亿元以下直接经济损失的事故。

③ 较大事故,是指造成 3 人以上 10 人以下死亡,或者 10 人以上 50 人以下重伤,或者 1 000 万元以上 5 000 万元以下直接经济损失的事故。

④ 一般事故,是指造成 3 人以下死亡,或者 10 人以下重伤,或者 1 000 万元以下直接经济损失的事故。

2. 建设工程安全事故的处理

一旦事故发生,通过实施应急预案,应尽可能防止事态扩大,减少因事故造成的损失。通过事故处理程序,查明原因,制定相应的纠正和预防措施,避免类似事故的再次发生。

(1) 事故处理的原则("四不放过"原则)

① 事故原因未查清不放过。

② 事故责任人未受到处理不放过。

③ 事故责任人和周围群众没有受到教育不放过。

④ 事故后没有制定切实可行的整改措施不放过。

(2) 建设工程安全事故处理

① 迅速抢救伤员并保护事故现场。

② 组织调查组开展事故调查。

③ 现场勘查。

④ 分析事故原因。

⑤ 制定预防措施。

⑥ 提交事故调查报告。

⑦ 事故的审理和结案。

四、工程项目施工现场文明施工和环境保护要求

文明施工就是保持施工现场良好的作业环境、卫生环境和工作秩序。因此,文明施工也是保护环境的一项重要措施。文明施工主要包括:规范施工现场的场容,保持作业环境的整洁卫生;科学组织施工,使生产有序进行;减少施工对周围居民和环境的影响;遵守施工现场文明施工的规定和要求,保证职工的安全和身体健康。

(一)施工现场文明施工的要求

1. 建设工程现场文明施工的要求

依据我国相关标准,建设工程现场文明施工总体上应符合以下要求:

(1) 有整套的施工组织设计或施工方案,施工总平面图布置紧凑,施工场地规划合理,符合环保、市容、卫生的要求。

(2) 有健全的施工组织管理机构和指挥系统,岗位分工明确;工序交叉合理,交接责任明确。

(3) 有严格的成品保护措施和制度。大小临时设施和各种材料构件、半成品按平面布置,堆放整齐。

(4) 施工场地平整,道路畅通,排水设施得当,水电线路整齐。机具设备状况良好,使用合理。施工作业符合消防和安全要求。

(5) 搞好环境卫生管理,包括施工区、生活区的环境卫生和食堂卫生管理。

(6) 文明施工应贯穿至施工结束后的清场。

(7) 要实现文明施工,不仅要抓好现场的场容管理,而且还要做好现场材料、机械、安全、技术、保卫、消防和生活卫生等方面的工作。

2. 建设工程现场文明施工的措施

(1) 加强现场文明施工的组织,建立文明施工的管理组织,健全文明施工的管理制度。

(2) 落实现场文明施工的各项管理措施(详见公司文明标化手册)。

(3) 建立检查考核制度。

(4) 抓好文明施工建设工作。

(二)施工现场环境保护的要求

建设工程项目必须满足有关环境保护法律法规的要求,在施工过程中注意环境保护,这对企业发展、员工健康和社会文明有重要意义。环境保护是按照法律法规、各级主管部门和企业的要求,保护和改善作业现场的环境,控制现场的各种粉尘、废水、废气、固体废弃物、噪声、振动等对环境的污染和危害。环境保护也是文明施工的重要内容之一。

1. 建设工程施工现场环境保护的要求

(1) 根据《中华人民共和国环境保护法》和《中华人民共和国环境影响评价法》的有关规定,建设工程项目对环境保护的基本要求如下:

① 涉及依法划定的自然保护区、风景名胜区、生活饮用水水源保护区及其他需要特别保护的区域时,应当符合国家有关法律法规及该区域内建设工程项目环境管理的规定,不得建设污染环境的工业生产设施;建设工程项目设施的污染物排放不得超过规定的排放标准。

② 开发利用自然资源的项目,必须采取措施保护生态环境。

③ 建设工程项目选址、选线、布局应当符合区域、流域规划和城市总体规划。

④ 应满足项目所在区域环境质量、相应环境功能区划和生态功能区划标准或要求。

⑤ 拟采取的污染防治措施应确保污染物排放达到国家和地方规定的排放标准,满足污染物总量控制要求;涉及可能产生放射性污染的,应采取有效预防和控制放射性污染的措施。

⑥ 建设工程应当采用节能、节水等有利于环境与资源保护的设计方案、材料、构配件及设备,材料必须符合国家标准,禁止生产、销售和使用有毒、有害物质超过国家标准的建筑材料和装修材料。

⑦ 尽量减少建设工程施工中所产生的干扰周围生活环境的噪声。

⑧ 应采取生态保护措施,有效预防和控制生态破坏。

⑨ 对于对环境可能造成重大影响、应当编制环境影响报告书的建设工程项目,可能严重影响项目所在地居民生活环境质量的建设工程项目,以及存在重大意见分歧的建设工程项目,环保部门可以举行听证会,听取有关单位、专家和公众的意见,并公开听证结果,说明对有关意见采纳或不采纳的理由。

⑩ 建设工程项目中防治污染的设施,必须与主体工程同时设计、同时施工、同时投产使用。防治污染的设施必须经原审批环境影响报告书的环境保护行政主管部门验收合格后,该建设工程项目方可投入生产或者使用。

(2)《中华人民共和国海洋环境保护法》规定在进行海岸工程建设和海洋石油勘探开发时,必须依照法律的规定,防止对海洋环境的污染和损害。

2. 建设工程施工现场环境保护的措施

建设工程环境保护措施主要包括大气污染的防治措施、水污染的防治措施、噪声控制措施、固体废物的处理措施以及文明施工措施等。

(1) 施工现场大气污染的防治措施

施工现场垃圾渣土要及时清理出现场。施工现场道路应指定专人定期洒水清扫,防止道路扬尘。对于细颗粒散体材料(如水泥、粉煤灰、白灰等)的运输、储存要注意遮盖、密封,防止和减少飞扬。车辆开出工地要做到不带泥沙,基本做到不撒土、不扬尘,减少对周围环境的污染。除设有符合规定的装置外,禁止在施工现场焚烧油毡、橡胶、塑料、皮革、树叶、枯草、各种包装物等废弃物品以及其他会产生有毒、有害烟尘和恶臭气体的物质。

(2) 施工过程水污染的防治措施

禁止将有毒、有害废弃物做土方回填。施工现场搅拌站废水、现制水磨石的污水、电石(碳化钙)的污水必须经沉淀池沉淀合格后再排放,最好将沉淀水用于工地洒水降尘或采取措施回收利用。施工现场100人以上的临时食堂,污水排放时可设置简易有效的隔油池,定期清理,防止污染。工地临时厕所、化粪池应采取防渗漏措施。

（3）施工现场噪声的控制措施

① 声源控制。声源上降低噪声，这是防止噪声污染的最根本措施；尽量采用低噪声设备与加工工艺代替高噪声设备与加工工艺；在声源处安装消声器消声。

② 传播途径的控制。利用吸声材料（大多由多孔材料制成）或由吸声结构形成的共振结构（金属或木质薄板钻孔制成的空腔体）吸收声能，降低噪声；应用隔声结构，阻碍噪声向空间传播，将接收者与噪声声源分隔。

③ 接收者的防护。让处于噪声环境下的人员使用耳塞、耳罩等防护用品，减少相关人员在噪声环境中的暴露时间，以减轻噪声对人体的危害。

④ 严格控制人为噪声。进入施工现场不得高声喊叫，不得无故甩打模板、乱吹哨，限制高音喇叭的使用，最大限度地减少噪声扰民。

凡在人口稠密区进行强噪声作业时，须严格控制作业时间，一般晚 10 点到次日早 6 点停止强噪声作业。确系特殊情况必须昼夜施工时，尽量采取降低噪声措施，并会同建设单位找当地居委会、村委会或当地居民协调，出安民告示，求得群众谅解。

（4）施工现场固体废物的处理

① 回收利用。回收利用是对固体废物进行资源化利用的重要手段之一。

② 减量化处理。减量化处理是对已经产生的固体废物进行分选、破碎、压实浓缩、脱水等处理，以减少其最终处置量，降低处理成本，减少对环境的污染。在减量化处理过程中，也包括和其他处理技术相关的工艺方法，如焚烧、热解、堆肥等。

③ 焚烧。焚烧多用于不适合再利用且不宜直接予以填埋处置的废物。除有符合规定的装置外，不得在施工现场熔化沥青和焚烧油毡、油漆，也不得焚烧其他可产生有毒有害和恶臭气体的废物。垃圾焚烧处理应使用符合环境要求的处理装置，避免对大气造成二次污染。

④ 稳定和固化。利用水泥、沥青等胶结材料，将松散的废物胶结包裹起来，减少有害物质从废物中向外迁移、扩散，使废物对环境的污染减少。

⑤ 填埋。填埋是将固体废物经过无害化、减量化处理的废物残渣集中到填埋场进行处置。禁止将有毒、有害废物现场填埋，填埋场应利用天然或人工屏障。尽量使需要处置的废物与环境隔离，并注意废物的稳定性和长期安全性。

五、文明、标化

详见公司文明标化手册。

第四节　成本管理

一、成本管控的目标

园林绿化施工项目成本管控的目标是按照 B1 表预测成本，努力降低工程成本，实现利润目标。

二、阶段性成本控制

（一）项目前期成本控制

1. EPC 项目成本管控

（1）投资估算阶段

① 了解设计意图及造价控制要求。

② 当地及周边地材、建材、苗木、机械、劳务价格的调研及收集,建立价格信息库。

③ 匹配库内原有供应商资源,拓展新供应商资源并考察、入库,建立供应商库。

④ 根据调研结果,对于难以采购或利润低的材料,提供代替方案。

⑤ 参考政府信息指导价,推荐利润较高的材料。

⑥ 明确设计方案阶段的材料来源。

⑦ 按照投资估算组成明细整理出项目的方案 B1 表,梳理出项目各成本占比明细。

（2）设计概算阶段

初设交底时期,成本管控需要注意以下几个方面:

① 总价合同注意事项。根据投资估算组成来判断,总价合同要重点核查土方、移苗、清杂和电缆(高压线到配电箱之间的距离)工程量,在初设阶段尽量预估准确,与项目部配合。

② 注意挂网招标的清单和图纸。挂网招标的清单和图纸作为最终结算的依据,在此之后所有变化都需要有变更资料支撑,否则不给计入最终结算。

③ 注意投资估算单价的准确性。投资估算单价应为正常投标报价上浮一定系数报价(考虑下浮率),且为全费用综合单价。

④ 苗木规格选择建议。选择有信息价且采购价低的,按照信息价规格准确填写;没有信息价的材料,报价建议按照公司成本组成部分,提前筹划,保证目标利润。

⑤ 资源采购中心根据初设图纸,分析采购的难易程度,确定采购方案;配合项目经理分析材料盈亏情况;根据初设图纸、图纸会审及初设交底的内容,协助项目经理进行项目利润的规划。

⑥ 研究投资估算造价组成。按照投资估算造价组成分专业合计造价:绿化、土建景观、土方、清杂、市政、其他不可预见费、总造价。

（3）施工图预算阶段

到了施工图预算阶段,项目部需按照项目成本组成情况编制 B1 表,并在工程管理中心的主持下召开施工前的项目筹备会。筹备会时期,成本管控需要注意以下几个方面:

① 下浮率。本项目是否有下浮率?施工图预算造价是否已下浮?

② 研究造价组成,按照施工图预算造价组成分专业合计造价。绿化、土建景观、土方、清杂、市政、其他不可预见费、总造价等。主要是为了控制各项成本,特别是控制材料成本占比。

③ 土方工程。挖土方、回填方、余方弃置、余方场内平衡、种植土回填等工程量计量问题,需要进场前完成原地面标高和完工后完成地面标高三方测量签字盖章记录。绿地起坡造型工程量计量,需办理计量单签字盖章手续,手续完善后才能计入最终结算。根据审计经验,无此手续拿不到此金额。

④ 隐蔽工程。包括地基验槽记录,施工期间木支撑和草绳缠绕照片,铺装工程基层厚度做法(现场测量拍照),土球尺寸合格(现场测量拍照),毛球营养钵照片等,做好隐蔽工程验收

记录,现场留好影像资料和照片,以备后期审计需要;市政道路和铺装工程基层要做好记录,预留几处易于检查的地方,以备后期审计钻孔取样。

⑤ 变更签证。施工期间及时完善变更资料,注意变更签证的时效,在施工期间及时办理签证,完善手续,不要等到施工完成了再去补办手续。不在投标清单范围内的要及时找甲方核价,完善变更资料,计入最终结算。

⑥ 移苗工程。移栽苗和销毁苗木如何计量? 现场是否可以销毁苗木? 项目部应提前做好各方面应对措施,提前和甲方沟通,做好工程量确认单,防止成本发生了却没有对应的产值可报。

⑦ 小品。如健身器材、垃圾箱、指示牌等,是否有品牌要求,有品牌要求要标注好,施工期间做好核价工作;其他独立费工程在施工期间做好核价工作,核价手续要齐全,否则不好计入最终结算。

⑧ 施工图存档。项目部负责施工图存档,由项目经理牵头,项目核算员要存档一份施工图,确保最终结算上报资料完整。

⑨ 采购中心需参与项目筹备会及图纸会审、核对项目成本并根据进度计划制定采购计划。

2. 有投标清单的项目成本管控

有投标清单的项目等同于 EPC 项目的施工图预算阶段,项目部需按照项目成本组成情况编制 B1 表并通过公司各部门审核,并在工程管理中心的主持下召开施工前的项目筹备会。成本管控需要注意的方面与 EPC 项目的施工图预算阶段一样。

(二) 施工期间成本管控

1. 人、材、机管理

(1) 固定工和辅助工管理

公司使用辅助用工人员包括与公司建立劳动合同关系的技术工人、驾驶员、保洁、保安、厨师、宿管员、水电工等,以及项目现场所需的其他需要用到辅助用工的岗位人员。公司人力资源部负责公司辅助用工编制的核定,并负责公司辅助用工人员录用等相关事宜的办理。各用工单位具体负责本单位辅助用工人员的日常管理。凡进行辅助用工的人员,需填写《辅助岗人员登记表》,并提交个人身份证复印件、户口本复印件、学历证明、身体健康证明,技术工种、特种岗位还需要提交相关的上岗证件。辅助用工人员应严格遵守国家各项法律法规以及公司的各项规章制度。

辅助用工人员有下列情形之一的,公司可以与其解除劳动合同:①在试用期内不符合公司工作要求的;②严重违反劳动纪律,影响工作秩序的;③违反工作规程,损坏公共财物,造成经济损失的;④工作态度恶劣,影响公司、部门形象的;⑤有贪污、盗窃、赌博、营私舞弊等违法行为,尚未构成犯罪的;⑥无理取闹、打架斗殴,严重影响社会秩序或犯有其他严重错误,以及被依法追究刑事责任的。

辅助用工人员有下列情形之一的,由公司提前 30 日以书面形式通知劳动者本人后,可以解除劳动合同:①患病或者非因工负伤,在规定的医疗期满后不能从事原工作,也不能从事由用人单位另行安排的工作;②不能胜任现任工作,经调整工作岗位后,仍不能胜任工作的;③劳动合同订立时所依据的客观情况发生重大变化,致使劳动合同无法履行,经公司与劳动者协商,未能就变更劳动合同内容达成协议的;④劳动合同订立时所依据的客观情况发生重大变化,致使劳动合同无法履行,经公司与劳务派遣公司协商,未能就变更劳动合同内容达成一致意见的。新聘用的辅助用工人员实行试用期制度,试用期通常为6个月。

辅助用工人员由低到高依次分为初级技术工、中级技术工、高级技术工、技师、高级技师共5个等级。聘为初级技术工的,需有初中及以上学历,并持有相应岗位所需的上岗证书。聘为中级技术工的,需有初中及以上学历,持有相应岗位所需的上岗证书和中级以上技术工种证书,以及相关岗位工作经验5年以上。聘为高级技术工的,需有初中及以上学历,并持有相应岗位所需的上岗证书和高级以上技术工种证书,以及相关岗位工作经验10年以上。聘为技师的,需有初中及以上学历,并持有相应岗位所需的上岗证书和技师以上技术工种证书,以及相关岗位工作经验15年以上。聘为高级技师的,需有初中及以上学历,并持有相应岗位所需的上岗证书和高级技师证书,以及相关岗位工作经验20年以上。

辅助用工人员的绩效考核参照公司《绩效考核办法》执行。辅助用工人员的工资实行按考勤和月工资日计算的办法。各用工单位必须严格执行公司考勤办法,认真做好考勤记录。

（2）劳务班组管理

① 现场管理

施工开始前,不仅要排施工进度计划,而且应该根据施工进度计划排出每道工序用工计划。在开工前与劳务负责人商议此份用工计划,做到劳务负责人心中有数。

工程开工后,要严格控制劳动力定额、出勤率、加班加点等问题;及时发现和解决人员安排不合理,派工不恰当,时紧时松、窝工、停工等问题。每天早晨由施工员指定上岗民工数,指定的人数应与用工计划基本吻合,一天中视具体情况增加民工上岗。这样就可以在一定程度上避免民工闲滞情况出现,降低人工成本。

施工过程中,应增强施工班组负责人的责任意识,遇到调配用工、追究责任等问题,应直接与班组负责人交涉。

施工开始前与班组负责人签订责任书及承包书等,明确责任。硬质景观工程可采用各项施工工序由班组承包施工的方法,在保证施工质量、施工进度的前提下,针对不同的施工工序定工期、定质量、定人工量,由劳务分段承包施工。这样在一定程度上避免了施工管理中的许多麻烦,减轻了项目经理、施工员的工作量,同样达到了降低人工成本的目的。

依据具体的人工费考核标准,先采取以上管理方式,待工程完工后对比几个工地的专人记工数成本和合同成本,分析其中的浮动额,便于调整合理的人工费定额。

② 月度工程量上报要求

班组现场负责人每月15日至20日上报上月度完成工程量(按照甲方固定表格,含计算式),施工员复核后交由项目经理审核,最后由核算员编制月度结算单并上传至内部流程。

工程量计算以计算规则(以各省市工程量计算规范等)为准,现场实际未达到图示尺寸的,按实际完成尺寸计算,严禁高估冒算,一经查出将对各负责人进行追查。

劳务估算编制应附相应的点工考勤表、计算式、合同首页等。

（3）零星点工管理

园建劳务、绿化劳务、水电劳务等均以包清工工程量乘以单价予以计算,严禁出现点工折算(厨师、门卫等非生产性用工除外),辅助零星用工控制在总人工成本10%以内。

园建劳务、绿化劳务、水电劳务等班组施工出现零星点工,必须要有现场点工派工单(现场人员及项目经理签字,写明施工内容,一日一签),且结算金额不允许超过总结算额的5%。对于另外园建劳务、绿化劳务、水电劳务等产生的点工,应严格限制点工单价。

（4）专业分包管理

① 现场管理

专业分包单位进场前应该就生产、临时设施、用水、用电、材料管理、进度与质量管理、交叉作业（含场地土方、施工垃圾处理）、成品保护、安全文明施工管理及治安管理等方面与总承包单位进行协商。其中专业分包单位的用水、用电必须按标计量,有偿使用。

专业分包单位应接受项目部的管理,应按要求参加项目部组织的有关生产、安全、进度、质量等方面管理的会议。专业分包单位应该遵守国家管理部门安全生产的有关规定以及项目部现场安全管理的规定,对承包范围内的施工安全负责,接受项目部的安全管理和检查监督。

项目部应加强施工现场的安全生产管理,杜绝违章。加强对专业分包单位落实安全生产情况的控制管理,使专业分包单位的安全生产得到有效保障。专业分包单位应按照合同约定和总工程进度计划编制分包工程施工进度计划,安排好人员、材料、设备、交叉作业、成品保护、专项验收等施工管理事宜。

专业分包工程的进度计划与施工方案应报项目部批准后方可实施。专业分包单位因自身因素影响项目总体进度计划,应承担相应违约责任。项目部应在专业分包单位材料进场时,对其分包工程内的材料进行验收,对不符合合同和图纸要求的材料不允许进场。

② 月度成本全过程把控

每月归集的各项劳务成本累计金额和根据完工比例乘以 B1 表对应的劳务金额（同类型有多家劳务班组的,按照多家累计结算金额对比）进行对比,正常偏差应该在 5% 以内;如果出现较大偏差,应及时分析原因,否则不予入账。

③ 工程量计算

专业分包单位每月 15 日前将当月完成的合格工程量交给项目部,施工员审核后报送项目预算员编制月度工程量清单结算暂估表,经项目经理审查后上报区域成本总监、区域采购总监、区域财务总监审核和区域总经理、执行董事、资源采购中心审核,审核流程完成后上报成本核算中心（归档）、区域财务总监（归档）、财务中心入账,并作为支付进度款的依据。

因专业分包单位原因造成返工的工程量,发包人不予计量。

分包施工完成后经项目部验收合格,应在要求时间内完成相应结算编制（含对应附件）,并及时上报成本核算中心进行审核,成本核算中心给出审核意见并审定结算。

相应的审定文件经公司内部流程逐级审批后,进行签字确认后入账。

（5）机械管理

设备质量是设备安装质量的前提,为确保设备质量,技术人员需做好设备检查验收的质量控制。设备的检查验收包括供货单位出厂前的自查检验及用户或安装单位在进入安装现场后的检查验收。

设备验收的要求:设备进场时,要对设备的名称、型号、规格、数量按清单逐一检查验收入库,租赁机械需填写情况登记表（见表 3-3）。设备验收后,验收人员需填写《设备验收记录单》（表 3-4）,报资源采购中心。设备交付使用后,应严格按照机械设备操作规程使用,并注意防护、保养和维修。建立设备档案（合格证、说明书、保修卡）,填写"机械设备管理台账"。

现场机械设备摆放整齐,设备进出库必须试机,确保设备能正常使用,详细记录设备进出库的时间。定期有计划、有目的的给机械设备进行清理、紧固、调整、检查、排除故障、更换已磨损和失效的零件,使机械设备保持良好状态,保养人员应填写《设备维护保养记录》,报资源采购中心。

需要报废的机械设备,应填写《机械设备报废申请报告单》,报公司领导审核、评价、批准后,由公司资源采购中心办理报废手续。大、中型机械进场后安排好存放地方,操作人员持证上岗,确保机械能顺利使用;一些小型机械和使用率不高的机械设备放置于仓库内备用;施工员应每天记录所有机械使用情况,填写机械台班小票;对于重要工序所使用的重要机械,在施工工序开始前由项目经理提出机械种类、数量及台班数;事前控制总台班数量。

表3-3 租赁机械情况登记表

单位:

序号	项目	租赁商	机械名称	型号	车牌号	所有证明	操作人员身份证	驾照	保险情况	备注
				项目一						
				项目二						
				项目……						

项目负责人: 　　　　　　　　　　　　　　　　填表人:

表3-4 设备验收记录单

NO. 　　　　　　　　　　　　　　　　　　　　　　　　R/P04-2

设备名称		型号/规格	

验收内容

1. 主机:

2. 随机备件:

3. 随机工具:

4. 随机附件:

5. 资料:

6. 外观:

7. 其他:

验收人/日期:

备注:

（6）材料管理

① 材料入库

材料员根据项目进度,在审批后的采购计划范围内结合购货合同通知供应商送货时间、地点、规格型号、数量,材料到现场经收料员验收后填写《材料进场登记表》(见表3-5)。

表 3-5　材料进场登记表

项目名称：

日期	供应商	分类	材料	规格	单位	数量	单价	小计	收料人	备注

每月 23 日前,成本会计根据收料员签字的"送货单",按照"送货单"上注明的数量,结合购货合同、验收情况,将购入的材料明细录入材料采购管理系统。

材料员将当月送货单复印留存,原件提交成本会计,经项目会计审核后,汇总录入材料采购管理系统。入库单经区域采购总监审核、项目经理签字后作为当月工程成本的暂估入账依据。

② 材料出库

收料员根据工程进度和材料使用计划发料。材料领用人领用材料并在材料领用登记簿或出库登记表上签字确认。收料员根据领用情况登记材料台账。

工程结束时,已领用尚未使用的物资由施工人员填写《退料单》并将材料送交项目部收料员。收料员对退库的材料验收入库并登记材料台账。

③ 库存材料盘点

日常盘点:工程施工过程中,项目部收料员每月对库存材料进行盘点,并填写月度盘点记录;如有差异,应及时查明原因并上报项目部经理进行处理,收料员与项目部经理在盘点记录上签字确认。

项目结束时,项目经理、材料员、财务中心等相关人员组成盘点小组对库存材料进行清查盘点。收料员编制《库存材料盘点明细表》(表 3-6),相关人员在此表上签字确认,如有差异应及时查明原因并形成书面报告及时进行处理。

表 3-6　库存材料盘点明细表

项目名称：

入库单号	材料名称	规格型号	单位	单价	期初余额		入库		出库		期末余额		月末盘点		盘盈		盘亏	
					数量	金额	数量	金额	数量	金额	数量	金额	数量	金额	数量	金额	数量	金额

盘点流程:盘点前,由材料员与财务中心共同拟定详细的《盘点计划》,明确需要盘点的材料明细、涉及的项目明细、盘点时间安排、盘点人员安排及各盘点小组负责的盘点内容、对不同货物的科学盘点方法、《库存材料盘点明细表》等,并上报资源采购中心经理及财务总监审批同意后实施。各盘点小组由项目部、资源采购中心、财务中心相关人员组成,其中项目部人员进行盘点,资源采购中心、财务中心及相关人员进行监盘。

实施盘点:盘点前,盘点人员获取相关存货账面库存数据记录,作为与实盘数量对比的依据。盘点过程中,盘点人员一方面要核对实物的数量,看其是否与相关记录相符;另一方面也要关注实物的质量,看其是否有明显的损坏。

盘点记录:盘点后,盘点人员应及时根据盘点清查结果填写《库存材料盘点明细表》,盘点人员在盘点表上签字确认并上报资源采购中心总经理、财务总监签字审批。

盘盈、盘亏处置：对盘点清查中发现的问题，应及时查明原因，落实责任，按照规定权限报批后处理。

存货盘盈：对盘盈的材料物资，资源采购中心经办人编制《存货盘盈审批表》，经资源采购中心经理审核后报送财务中心会计审核，并按规定的审批权限逐级上报财务中心经理及财务总监、总经理审批。上述审批通过后，财务中心会计进行相应的账务处理。

存货盘亏、减值或毁损：对盘亏或毁损的存货，资源采购中心经办人编制《存货盘亏、减值、毁损审批表》，经资源采购中心经理审核后报送财务中心会计审核，并按规定的审批权限上报财务中心经理、财务总监、总经理审批。上述审批通过后，财务中心会计进行相应的账务处理。

（7）采购结算

至少每半年或是项目完工后一个月内，项目部对送货数量和质量没有争议的材料，依据供应商的入库明细表、购货合同、送货单复印件编制材料结算单并进行公司内部审批。审批结束后，由项目经理、供应商双方签字确认，工作成果是"材料结算单"。只要涉及需要付款的材料，结算手续必须在办理付款之前完成（此结算单需要供应商签字盖章）。

（8）现场控制

项目经理、施工员、材料员必须反复认真地对工程设计图纸进行熟悉和分析，根据工程测定材料实际数量，提出月度材料申请计划，申请计划应做到准确无误。各分项工程都要控制材料的使用，特别是石材、地材、混凝土等严格按定额供应，实行限额领料。在材料领取、入库出库、投料、用料、补料、退料和废料回收等环节上尤其要引起重视，严格管理。

对于材料操作消耗特别大的工序可以按照不同的施工工序，将整个施工过程划分为几个阶段。在工序开始前由施工员分配大型材料使用数量，工序施工过程中如发现材料数量不够，由施工员报请项目经理领料，并说明材料使用数量不够的原因。每一阶段工程完工后，由施工员清点、汇报材料使用和剩余情况，分析材料消耗或超耗原因并与奖惩挂钩。

对部分材料实行包干使用、节约有奖、超耗则罚的制度。及时发现和解决材料使用不节约、出入库不计量、生产中超额用料等问题。实行特殊材料以旧换新，领取新料需由材料使用人或负责人提交领料原因。材料报废须及时提交报废原因，以便有据可循，作为以后奖惩的依据。

（9）仓库零星材料管理

调查整理、统筹调配项目管理公司剩余物资，对资源采购中心新进库材料进行验收，根据质量、数量、品种、规格办理入库手续。根据材料的类别，合理规划材料摆放的固定区域。统一按库号、架号、层号、位号四者编号，并与账号、编号统一。对定位、编号的材料建立料牌和卡片，标明材料的名称、编号、到货日期和涂色标志，卡片上填写材料的进出数量和积余数量。

为保证仓库安全和材料完好，存储过程中要做好防锈、防尘、防潮、防腐、防水、防爆、防变质、防漏电、防震动等工作。仓库材料领用应手续齐全，领料必须按计划由资源采购中心负责人签字，否则一律拒发。工具借出应建立工具领用分账，工程竣工后应及时监督回库或以旧换新，旧具应及时维修，确保工地使用。建立健全账卡档案，及时掌握和反映产、供、耗、存等情况。

2. 施工技术方案管控

（1）核算资料管控

① 施工日志

每日工作完成后，施工员应记录当日施工情况（如当日工作区域、施工班组及人数、完成工作量、质量检查及技术交底情况、材料进场情况等）。项目部按照工程名称统一至工程管理中心领取施工日志并办理相关领用手续。工程完工后1个月内,项目管理公司按照施工日志领用数量将所有施工日志移交工程管理中心存档。

② 施工过程中经济资料

施工过程中经济资料包括施工图、图纸会审记录、开工报告、工作联系单、签证变更单、核价单、工程量确认单、竣工验收报告、施工图、竣工图、价差调整文件和工期延期说明等,手续办理要及时有效。

施工图:施工单位在收到施工图审查机构审查合格的施工图设计文件后,要求项目部存档一份,产值成本统计岗存档一份。

图纸会审记录:图纸会审由建设单位组织。工程各参建单位(建设单位、监理单位、施工单位等相关单位)在收到施工图审查机构审查合格的施工图设计文件后,在设计交底前进行全面细致的熟悉和审查施工图纸的会审活动,并整理成会审问题清单,由建设单位在设计交底前约定的时间内提交给设计单位。

开工报告:开工报告是由施工单位申请,并经总监理工程师批准而正式进行的拟建项目永久性工程施工报告。根据国际惯例,没有总监理工程师批准的开工报告,承包商不得进行永久性工程的施工。如承包商未提出此报告,监理工程师照样可以按合同规定时间下达必须进行的永久性工程开工的开工令。得此命令,承包商必须有令工程师满意的要素投入施工现场。在开工令规定的日期内,承包商不能按开工令要求开工或只是象征性开工,都将视作违约。

工作联系单:施工期间应建设单位要求变更增加的工作内容,要及时找建设单位索要工作联系单,作为施工单位完成具体施工内容的工作指令。

签证变更资料:施工期间要及时编制签证资料,涉及费用签证的填写要有利于计价,方便结算。不同计价模式下填列的内容要注意:如果有签证结算协议,填列内容要与协议约定计价口径一致;如无签证协议,按原合同计价条款或参考原协议计价方式计价。再有,签证的方式要尽量围绕计价依据(如定额)的计算规则办理;施工以外的现场签证,必须写明时间、地点、事由、几何尺寸或原始数据,不能笼统地签注工程量和工程造价。签证的描述要求客观,准确。隐蔽签证要以图纸为依据,标明被隐蔽部位、项目和工艺、质量完成情况。如果被隐蔽部位工程量在图纸上不确定,还要标明几何尺寸并附上简图。

核价单:施工期间遇到不在原有标价清单内的工作内容又没有信息价可采用的,需要几方询价,要求施工单位及时编制核价资料等申请资料,递交甲方,由建设单位组织监理单位、施工单位、专家等几方询价,询价结果需签字盖章,作为最终结算的依据。

竣工图:工程竣工时,由施工单位按照施工实际情况画出的图纸,在施工过程中难免有变更,为了让建设单位或者使用者能比较清晰地了解现场实际情况,国家规定在工程竣工之后施工单位必须提交竣工图。如果在施工中没有任何变更,施工图就是竣工图,施工单位将施工图的表头调整为竣工图表头,即可完成竣工图绘制;如果在施工中发生少量设计变更,在绘制竣工图时,可在原来的施工图上将变更部位稍作调整,即可完成竣工图绘制;如果在施工中发生大量的设计变更,现场已与施工图基本上对应不上了,特别是在绿化施工中会出现这种状况,绘制竣工图时施工单位可安排专人到施工现场清点工程量,按照现场实际完工工程量重新绘制竣工图纸。

竣工验收报告:指工程项目竣工之后,经过相关部门成立的专门验收机构,组织专家进行质量评估验收以后形成的书面报告。竣工验收报告一般由施工单位提出申请,需要先向有关部门提交申请,监督部门同意之后就可以展开验收工作,最后要出具一份验收报告,提供给相关部门进行检验。

③ EPC 项目材料市场询价

EPC 项目,对于出现不在信息价范围的材料,一般采用几方市场询价,以询价结果作为最终结算的依据。施工单位首先要梳理出需要询价的材料和设备清单并填写报价,上报建设单位申请询价,建设单位组织各参建单位(监理单位、跟踪审计、专家组和施工单位)一起出去询价,以最终询价的结果经几方签字盖章作为最终结算的依据。

三、项目成本核算流程

(一)EPC 项目

进行 EPC 项目方案设计时,由项目经理牵头,核算员、材料员介入,按照方案 B1 表控制各成本占比,特别是为了完成目标利润而设置的材料占比。应严格把控,优先选择采购价低于信息价的材料。对于无信息价的材料,由材料部询价,核算上报系数,保证目标利润。项目部要根据项目所在地梳理出材料信息价和采购价对比表以供设计院比选(见表 3-7)。

表 3-7　苗木选择建议

工程名称:工程所在地

序号	苗木名称	单位	合同工程数量	信息价/元	采购价/元	备　　注
1	香樟:胸径 15～16 cm	株	46	1 647.89	1 200.00	优选
2	乌桕:胸径 15～16 cm	株	43	1 926.61	1 250.00	优选
3	黄金槐:胸径 10 cm	株	18	1 100.00	1 300.00	规避选择
4	栾树:胸径 15～16 cm	株	32	1 926.61	1 300.00	优选
5	红叶石楠:高度 36～45 cm,冠幅 20～25 cm,36 株/m²	m²	1 390	99.00	108.00	设计可调高一个规格,信息价为 132.12 元/m²

(二)对于有投标清单的项目

对于有投标清单的项目,施工前由项目经理牵头,产值成本统计岗、材料员介入编制施工 B1 表。为了节约成本,在人工、机械和材料上做出合理安排,体现在与材料供应商和分包班组谈价的过程中,并以合理的节约成本措施体现在 B1 表编制和筹备会方案编制的过程中,按照公司要求的 B1 表编制模板完成项目 B1 表编制,并发起审核流程。

(三)进场需求计划表

施工 B1 表通过之后进场施工,由施工员梳理编制项目总的人材机需求计划表,发起本项目的总材料进场计划,并于每个月月初编制项目本月的人材机需求计划表,发起本项目的月度进场计划(见表 3-8),审批流程见图 3-2。

表 3-8　项目施工材料、设备、劳务、分包月度需求计划表

X-S10 表

工程名称：						编号	
序号	材料名称	规格型号	单位	数量	进场时间	质量要求	
项目经理：				填表人：			

注：1. 上报时间为每月 25 日；

　　2. 材料、设备申报人为项目部材料员，劳务、分包申报人为项目部施工员；

　　3. 紧急采购须在进场 3 天前申报。

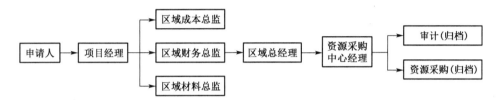

图 3-2　X-S10 项目施工材料、设备、劳务、分包进场月计划表审批流程

(四) 价格确认和班组合同

产值成本统计岗根据每月进场的劳务和专业分包班组，根据前期多轮谈价，在 B1 表价格允许范围内与对方签订合同，发起价格确认（见表 3-9）和合同签订流程，并督促流程在要求时间内审核通过，审批流程见图 3-3 和图 3-4。

表 3-9　项目施工材料、设备、劳务、分包拟定采购价格确认表

X-S02 表

工程名称：

名称	规格	单位	暂定数量	单价	拟定供应商	备注

注：填表时请注意表格的格式，不要随意调整表格或者合并单元格，以便资源采购中心汇总统计。

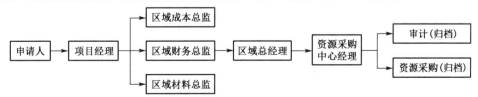

图 3-3　X-S02 项目施工材料、设备、劳务、分包拟定采购价格确认表审批流程

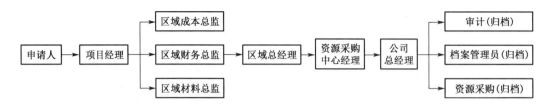

图 3-4　X－S 03 项目材料、设备、劳务、分包采购合同审批流程

（五）月度估算表

每月 15 日至 18 日，产值成本统计岗根据项目部统计并签字的班组施工工程量编制月度估算表（见表 3-10、表 3-11），并发起相关流程（图 3-5）。

表 3-10　劳务分包单位月度产值估算表

年　　　月

工程名称：　　　　　　　　　　　　　　　　　　　分包单位：

序号	项目(定额)编号	项目名称	计量单位	工程数量	单价	合计	备注
1							
2							
3							
4	本月结算小计						
5	上月累计结算小计						
6	本月累计结算合计						

编制说明：1.本结算单以项目合同编号：以合同及月度实际施工内容为依据，本分包合同金额元，本结算单另附附件文件包括_____。2.该产值估算表以签订合同为依据，每月编制，作为劳务或分包月度估算使用。3.此表不作为最终结算付款依据。

表 3-11　劳务分包单位月度结算表（养护）

年　　　月

工程名称：　　　　　　　　　　　　　　　　　　　分包单位：

序号	项目(定额)编号	项目名称	计量单位	工程数量	单价	合计	备注
1							
2							
3							
4							
5							
6							
7	本月结算小计						
8	上月累计结算小计						
9	本月累计结算合计						

编制说明：本结算单以项目合同编号：以合同及月度实际施工内容为依据，本分包合同金额元，本结算单另附文件包括_____。

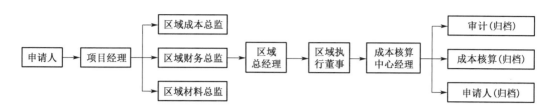

图 3-5　X－S 05-1 项目施工、分包、设备、劳务月度结算审批表审批流程

（六）班组总结算单编制和发起流程

产值成本统计岗根据项目部统计并签字的最终班组施工工程量编制总结算单（见表 3-12），总结算单纸质版上报成本核算中心审核签字后，发起审批流程，见图 3-6。

表 3-12　劳务分包总结算表

年　　　月

工程名称：　　　　　　　　　　　　　　　　分包单位：

序号	项目（定额）编号	项目名称	计量单位	工程数量	单价	合计	备注
1							
2							
3							
4							
5							
6	本月结算小计						
7	上月累计结算小计						
8	本月累计结算合计						

编制说明：本结算单以项目合同编号：以合同及月度实际施工内容为依据，本分包合同金额元，本结算单另附文件包括＿＿＿＿＿＿＿＿＿＿＿。

分包单位负责人：	日期：	年	月	日
项目核算员：	日期：	年	月	日
项目经理：	日期：	年	月	日
区域各总监：	日期：	年	月	日
区域总经理：	日期：	年	月	日
执行董事：	日期：	年	月	日
成本核算中心：	日期：	年	月	日

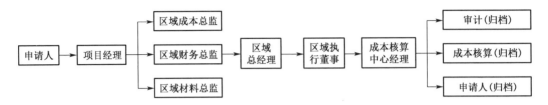

图 3-6　X‑S05 项目施工、分包、设备、劳务结算审批表审核流程

(七) 及时入库、审核

产值成本统计岗做好编制审核完成的结算单台账并发给入库员,在每月 23 日前及时入库,入库完毕由产值成本统计岗完成审核。

四、成本管控内容

(一) B1 表

项目材料员根据清标过后的材料明细对主材价格进行询价,核算员对整个项目的人工、机械工作量进行金额的测算,再结合公司规定的固定比例的相关费用,完成管理费、养护费的测算,最终完成初步确认毛利润的 B1 表。

在这一过程中最重要、最关键的一步是清标工作,这需要所有参与该项目施工的人员对图纸、现场、报价都要了解,提出自己的意见,这些意见将来都会反映在 B1 表内,这也是施工过程中的量价变化(二次经营),是完工工程利润的反映。

1. B1 表的编制

(1) 编制流程

B1 表的编制流程根据项目类型可分为清单招标项目的 B1 表编制和 EPC 项目的 B1 表编制,具体编制流程见图 3-7 和图 3-8。

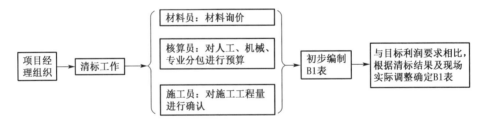

图 3-7　清单招标项目 B1 表编制流程

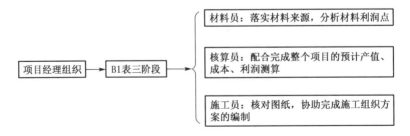

图 3-8　EPC 项目 B1 表编制流程

（2）施工 B1 表的编制模板（表 3-13、表 3-14）

表 3-13　项目工程合同预算成本（利润）汇总表

工程名称：　　　　　　　　　　　编号：B-1.0　　　　　　　　　　　　　　　　　　→ 过程控制

序号	项目内容	合同预算总金额(元)	预测成本金额(元)	预测除税成本金额(元)	备注
一	直接费	-	-	-	
1	人工费用	-	-	-	
1)	辅助人工费	-			
2)	后期维修人工费	-			
2	材料费用	-	-	-	
1)	建材费用	-	-	-	
2)	苗木费用	-	-	-	
3)	零星材料	-			
4)	其他材料		-	-	
3	机械费				
4	其他	-	-	-	
二	措施费	-	-	-	
三	管理费	-	-	-	
四	分包费用	-	-	-	
1	劳务分包	-	-	-	
2	专业分包	-	-	-	
五	规费				
六	利润				
七	设计费				
八	预留费		-	-	
1	养护费				
九	税金			-	
	合计(不含暂列金)	-	-	-	-1-E32/c32

→ 净利控制

表 3-14　项目利润测算表

工程名称：　　　　　　　　　　　　　　　　　　附表　　→ 毛利率

序号	单位工程名称	合同金额(元)	预测成本金额(元)	毛利	合同额占比	目标利润率	目标成本	目标利润
1	园林景观							
2	土建项目							
3	古建项目							
4	市政项目							
5	地产景观							
6	水利项目							
		-					-	-

编制说明：

2. B1 表调整的条件及办法

① 施工过程中涉及造价发生变化,项目造价 1 亿元以内(含),总价浮动达到±10%,或者某项清单数量浮动超过±20%(且清单总价浮动超过 5 万元),需重新调整 B1 表,确认工程项目成本预算。

具体调整办法如下:

a. 编制变更内容合同预算;

b. 根据和班组、供应商谈价,预测变更内容合同成本;

c. 将变更合同预算和成本加入原 B1 表中,并确保综合 B1 表利润不低于原审核通过的 B1 表利润;

调整的 B1 表需要提供相应的手续,如设计变更、签证资料等。项目经理需根据以上变更资料进行利润的测算,完成 B1 表的调整。

为了不影响施工正常进行,在具体操作中施工单位可参照以下两方面:

一方面,发生零星变更总价浮动在±10%以内,或者某项清单数量浮动在±20%以内(且清单总价浮动低于 5 万元),以变更签证作为附件上传流程,作为内部流程通过的依据。若变更手续来不及办理,项目设计代表可在施工图上标注变更发生的部位和内容,报请项目经理核定清单及价格;在签证部分未及时得到甲方指令单的情况下,项目部要做好核量核价工作。项目部以情况说明、变更工程量清单预算和成本对比分析的形式作为附件上传内部流程,并承诺在 15 日内完善手续,其中附件需项目经理签字。

另一方面是发生设计变更总价浮动达到±10%,或者某项清单数量浮动超过±20%(且清单总价浮动超过 5 万元),项目部以情况说明、变更图纸、变更工程量清单预算和成本对比分析的形式作为附件上传流程,承诺 B1 表利润率不变,内部流程可正常审核,但要求项目部在 15 日内完成 B1 表调整。

② 当施工 B1 表完成审核后,在施工过程中因市场原因发生部分材料涨价,导致各项流程无法审核,此时需要调整 B1 表。具体调整办法如下:

a. 梳理涨价部分的材料价格和工程量,统计涨价部分的金额。

b. 项目经理牵头,对于涨价部分金额,采取措施在其他方面降价,保持总价持平,保证 B1 表利润率。对比原 B1 表,超过原 B1 表的苗木部分与低于原 B1 表的苗木部分总价相互抵消,且低于原 B1 表的苗木部分总金额绝对值≥超过原 B1 表的苗木部分总金额。

c. 要保证在同样的工程量下,采购总金额不超原 B1 表成本。

③ 跨期(施工跨年)项目,年末视项目进展情况调整 B1 表。

发生以上 3 种情况可调整 B1 表,由项目部发起 B1 表调整申请,再按照要求调整 B1 表,OA 审批用表为项目预算成本实施调整审批表(X－S06 表)。

(二)产值成本表编制

为保证公司项目施工产值统计、核算的准确性,结合现有制度,对项目施工产值成本表编制作如下要求:

1. 编制的一般要求

项目经理是项目施工产值成本表编制的第一责任人,并指导项目预算员完成具体编制工作,产值成本表必须每月按时编制。

项目施工产值成本表包括产值成本汇总表、产值汇总表、成本汇总表。产值表中包含月度项目施工产值、变更项目施工产值,成本表内包含项目施工成本、变更项目施工成本,表格样式按公司统一模板进行编制(详见表3-15)。

表 3-15 工程产值成本汇总表及产值进度表

		产值进度表		
年度	原合同价（期初）	年度合同价调整	年度调整后合同金额	年度完成产值	产值完成百分比
	a	$b=c-a$	c	d	
	产值合计			—	
			最新预算总产值	最新累计完成产值	

		成本预计表		
年度	合同预计总成本（期初）	年度预计成本调整	年度调整后预计总成本	年度完成产值对应预计成本	预算综合毛利率
	e	$f=g-e$	g	h	$i=(c-g)/c$
	成本合计				
			最新预算总成本	最新已完成成本合计数	最新预算综合毛利率

预审部审核人：　　　　　　分管副总：　　　　　　总经理：

初始预算产值的工程量及综合单价按投标商务标报价清单编制。

月度项目施工产值是根据项目施工现场实际进度,由项目施工员配合项目预算员对已完成工程量进行计算并书写计算公式,根据计算出的工程量乘以投标单价计算已完成工程造价。

变更项目产值是根据项目第三方(如监理、代建、业主)批复的变更依据,由项目施工员配合项目预算员计算变更工程量并书写计算公式,接着按合同变更条款套用或申报变更单价(或称暂定单价),再据此计算出变更造价。

编制预算成本时,月度施工成本是根据项目施工的实际各项施工成本情况及相关定额,计算出对应分部分项工程量清单的人工费、机械费、材料费(主要为主材)、分包费等直接成本费用。

编制预算成本时,养护费、其他费用应单独立项计入月度施工成本表内(养护费一般按苗木采购成本的12%计算,高寒地和盐碱地应特殊考虑)。

上报计算的产值,应当以分部分项作为最小标的,不得分层上报(大型道路工程除外)。

项目毛利率严格按照产值成本表中的预算数据确定,作为公司核算、结转项目工程成本的计算依据;项目预算成本汇总表(B1表)内的数据仅作为内部成本控制及绩效考核的依据。

对每月上报产值及归集成本,由项目经理牵头,项目核算员、项目会计、项目材料员完成具体产值成本分析工作(具体包括劳务、机械、分包、材料等入账情况和施工费用超支及节约等)。

部分项目已中标签订合同,但未有明确工程量清单报价及设计变更、签证内容,投标清单内无明确参考清单内容的,要尽快编制、送审施工图和工程量清单。在工程量清单审定之前,

产值成本表要求暂按合同相关计价、计量条款内容进行编制,具体包括且不限于:

① 没有投标工程量清单报价的项目,按类似工程综合单价(已经确定的)编制。

② 没有类似工程的,以当地信息指导价作为主材价套算;没有信息指导价的,以市场价作为主材价套算;如果信息指导价和成本加成价差异达±30%以上,则采用成本加成价;按本项方式编制产值时,需提供《产值单价来源表》,对信息指导价、市场价/采购价、产值主材价进行对比,见表3-16。

表 3-16 产值单价来源表

项目名称	日期	类型	主材名称	规格	信息指导价	市场价/采购价	系数	市场加成价	差异率	产值主材价
					A	B	C	$D=BC$	$E=abc$ $[(A-D)/D]$	$(E>30\%,D,A)$
		绿化								
		土建								

注:1. 有招标清单的参照清单(该表不需要填写)。

2. 合同约定参考当地信息指导价,则采用信息指导价。

3. 没有信息指导价的,按照市场价或采购价加成:绿化按照采购询价均值×1.2,土建按照采购询价均值×1.05。

4. 信息指导价和市场加成价差异达±30%,则采用市场加成价。

EPC项目在取得甲方审定的工程量清单后,要及时按照工程量清单内容对已编制的产值成本表进行相应调整,后续严格按照工程量清单内容编制。

合同外施工部分,除EPC项目直接修改图纸外,其余的应当在3个月内取得设计变更单、甲方联系单或者签证,严禁跨年。取得上述资料后,需及时修改预算产值和预算成本,并按规定归集产值和成本。

月度项目施工产值上报资料:

① 报成本核算中心,包括工程产值成本表、产值成本分析表;

② 报项目第三方,包括完成工程量确认单、A4.1工程计量报审表、工程量计算书、A4.3工程款支付申请表、工程造价计算书、工程款支付证书等。

上报的变更项目施工产值资料包括:A9工程变更单、工程量计算书、工程造价计算书和相关投标报价、市场信息价、相关项目报价。

相应依据资料应单独建立签证变更台账,并整理归档至资料员处存档,待工程完工后交由工程管理中心集中至公司存档。

将《月度项目施工产值成本表》《产值成本分析表》每月28日前上报公司成本核算中心进行审核,变更项目施工产值在变更依据确认后24 h内上报公司成本核算中心和项目第三方进行审核。

月度项目施工工作量需每月编制当月的《完成工程量确认单》,每半年对工程完成内容编制《工程计量报审表》(详见表3-17)。以上文件由项目预算员协助项目经理在当月加盖第三方印章后取回审批件,作为第三方佐证产值数据,交公司成本核算中心存档。

表 3-17　工程计量报审表

工程名称：　　　　　　　　　　　　　　　　　　　编号：B-2.0

致：(业主单位)
　　(监理单位)
　　兹申报　　　　年　　月　　日至　　　　年　　月　　日完成的合格工程量，请予核查。
　　类别：1. 合同内工程量
　　　　　2. 变更工程量
　　　　　3. 累计完成金额
　　附件：
1. 计算书和说明共　　页。
　　……

承包单位项目经理部(章)：　　　　　　　

项目经理：　　　　　　　　日期：　　　　　

项目监理机构签收人姓名及签收时间		承包单位签收人姓名及签收时间	

专业监理工程师审查意见：

　　专业监理工程师：　　　　　　　　　　　　　　　　　　　　　日期：　　　　　

业主工程师审核意见：

　　　　　　　业主单位(章)：　　　　　　　　　业主工程师：　　　　日期：　　　　　

注：此表仅作为承包单位内部财务核算资料，不作为工程结算的依据，不具有任何与工程结算相关的法律效力。

江苏省建设厅监制

2. 编制的重点要求

初始预算产值(合同报价)的工程量及综合单价按商务标报价清单编制。预算成本也按合同内清单，按成本价输入，只计取人、材(主要为主材)、机。

(1)编制月度施工成本是根据项目施工的实际各项施工成本情况及相关定额，计算出对应分部分项工程量清单的人工费、机械费、材料费(主要为主材)、分包费等直接成本费用。

(2)上报计算的产值，除大型道路工程外，应当以分部分项作为最小标，不得分层上报。

(3)编制预算成本时，养护费、其他费用应单独立项计入月度施工成本表内(养护费一般按苗木采购成本的12%计算，高寒地和盐碱地特殊考虑除外)。

(4)编制产值中没有投标工程量清单报价的项目，按类似工程综合单价(已经确定的)编制。没有类似工程的，按当地信息指导价作为主材价套算。

(5)合同外施工部分，除 EPC 项目直接修改图纸外，其余的应当在 3 个月内取得设计变更单、甲方联系单或者签证，严禁跨年。取得上述资料后，需及时修改预算产值和预算成本，并按规定归集产值和成本。

每月上报完产值后必须完成一份成本分析，具体分析内容为：预算人工(机械)费定额与实际结算的差异原因(每3个月按实际发生的内容调整一次预算人工),材料产值成本量与实际到货量差异分析。

3. 每月上报资料时间节点及内容要求

月度项目施工产值成本表、产值成本分析表,每月25日前上报公司成本核算部成本核算中心进行审核。

(1) 每月产值成本表编制前,必须对照入库系统明细,检查材料、人工、机械是否全部入库。

(2) 产值成本表内数据必须严格匹配,差异合理分析。

4. 成本分析管理

B2表月度成本财务分析前由项目核算员于每月28日前完成(统计工作为在建项目截至当月20日完成工作量),项目施工过程中实际发生的人工、材料、机械及各类分包依据完成工作量对应定额消耗、收料单汇总表及材料收发存明细表,做出成本合理性分析,填写《工程项目预算成本实施对照表》。

(1) 每月28日前(统计工作为在建项目截至当月20日完成工作量),项目会计根据实际发生的材料、人工确认单据编制B2实际表。

(2) 每月28日之前,项目部会计人员将根据工程项目累计完成施工产值编制《产值明细表》和B2预算表、B2表月度成本财务分析,提交项目经理、区域公司总经理审核后,上报成本核算中心审核岗,成本核算中心在接到文件后2~3日内完成审核。

审核要点:

① 现场实际材料采购价及采购量合理性。

② 现场实际发生管理费用合理性。

③ 现场实际完成工程量及综合单价的准确性。

④ 项目B2表实际毛利率与B1表毛利率差异分析合理性。

(三)项目成本归集

材料成本的归集:每月23日前,材料员将当月送货单原件(见表3-18)、经项目经理签字确认的入库单(见表3-19)提交项目会计,项目会计将收到的单据作为当月工程成本的暂估入账依据。收到发票时,项目会计或财务中心材料会计根据材料结算单(见表3-20)的复印件、与之比对的入库明细表,并按实际结算金额编制凭证,提交财务经理审核。月末,财务中心材料主管会计对材料采购管理系统进行月末处理和结账工作。

表 3-18　送货单样本

送货单

合同编号:

收货单位(公章):　　　　　　　　　　　　时间:　　　年　　月　　日

收货项目:　　　　　　　　　　　　　　电话:

序号	材料名称	规格型号	单位	数量	单价	开票税率	备注

开票类型　专票□　普票□　苗木免税☑

发货人:　　　　　　　　　　　　　　收货人:

表 3-19　入库单样本

采购入库单

入库单号：_____　　　入库日期：_____　　　仓　　库：_____
入库类别：_____　　　部　　门：_____　　　供货单位：_____
项目公司：_____　　　税　　率：_____　　　备　　注：_____

序号	存货编码	存货名称	规格型号	单位	项目大类	项目编码	项目名称	数量	税率	含税单价	单价	金额	税额	价税合计
1														
2														
3														

表 3-20　材料结算单样本

材料采购结算清单（____月____日至____月____日）

供应商名称：　　　　　　　　　　　　　项目名称：

序号	入库单号	时间	名称	规格	单位	数量	价格	合计	合同编号	备注
1										
2										
3										

合计金额（大写）：

_____

制表人（收料员）：　　　　　　　　　　　　　　　　　年　　月　　日

_____

供货单位负责人：　　　　　　　　　　　　　　　　　年　　月　　日

_____

项目材料员：　　　　　　　　　　　　　　　　　　　年　　月　　日

_____

项目经理：　　　　　　　　　　　　　　　　　　　　年　　月　　日

_____

成本核算中心：　　　　　　　　　　　　　　　　　　年　　月　　日

_____

资源采购中心：　　　　　　　　　　　　　　　　　　年　　月　　日

_____

　　外包工程成本的归集：每月实际结算外包劳务费、租赁机械费和分包工程款时，区域公司核算员填写《分包单位月度产值估算表》(见表 3-21、表 3-22)分别提交成本核算中心和资源采购中心审核工作量和单价。区域公司会计根据审核后的《分包单位月度产值估算表》编制成本凭证，分别计入各项目辅助账，提交给财务中心经理审核。

表 3-21 劳务分包单位月度产值估算(结算)表

年月份:20××年×月

工程名称：　　　　　　　　　　　　　　　　　分包单位：

序号	项目(定额)编号	项目名称	计量单位	工程数量	单价	合计	备注
1							
2							
3	本月结算小计						
4	上月累计结算小计						
5	本月累计结算合计						

编制说明：

1. 本结算单以项目合同编号：＿＿＿＿＿＿＿合同及月度实际施工内容为依据,本分包合同金额＿＿＿＿＿＿＿元,本结算单另附文件包括＿＿＿＿＿＿＿。

2. 该产值估算表以签订合同为依据,每月编制,作为劳务或分包月度估算使用。

分包单位负责人：	日　　期：	年　　月　　日
项目预算员：	日　　期：	年　　月　　日
项目经理：	日　　期：	年　　月　　日
区域管理公司经理：	日　　期：	年　　月　　日
成本核算中心：	日　　期：	年　　月　　日
资源采购中心：	日　　期：	年　　月　　日

表 3-22 园林绿化专项分包单位月度产值估算(结算)表

年月份:20××年×月

工程名称：　　　　　　　　　　　　　　　　　分包单位：

序号	项目(定额)编号	项目名称	计量单位	工程数量	单价	合计	备注
1							
2							
3	本月结算小计						
4	上月累计结算小计						
5	本月累计结算合计						

编制说明：

1. 本结算单以项目合同编号：＿＿＿＿＿＿＿合同及月度实际施工内容为依据,本分包合同金额＿＿＿＿＿＿＿元,本结算单另附文件包括＿＿＿＿＿＿＿。

2. 该产值估算表以签订合同为依据,每月编制,作为劳务或分包月度估算使用。

分包单位负责人：	日　　期：	年　　月　　日
项目预算员：	日　　期：	年　　月　　日
项目经理：	日　　期：	年　　月　　日
区域管理公司经理：	日　　期：	年　　月　　日
成本核算中心：	日　　期：	年　　月　　日
资源采购中心：	日　　期：	年　　月　　日

其他日常费用的归集:区域公司根据费用报销流程,持已经审批签字的《费用报销审批单》(见表3-23)到区域公司财务部门办理费用报销手续。区域公司财务人员根据审批单上填写的项目名称、费用明细等信息,分别计入各项目辅助账,提交财务中心经理审核。

表 3-23　费用报销审批单

报销部门:　　　　　　年　　月　　日填　　　　　　单据及附件共　　页

用途	金额/元	备注	
		部门审核	
合计			
金额(大写)			

领导审批:　　　　　　　　报销人:　　　　　　　　领款人:

(四) 在建项目月度成本汇总表(B2 表)编制

工程项目各项成本归集入账后,结合项目财务分析报告,在月末由项目部编制各工程项目的成本 B2 表。

1. B2 表编制方法

项目会计依据当月成本资料(手续符合公司规定),录入工程施工科目,按照成本类别,归集到如下成本子目录科目。

(1)材料费:施工过程中所产生的(除苗木)以外的所有材料,包括主材和辅助性零星材料。

(2)苗木费:项目绿化所采购的乔木、灌木、草本植物、藤本植物等。

(3)人工费:项目签订的供应商不具备建筑劳务资质,不能开具建筑安装业发票的劳务班组产生的当月人工费,要求人工结算单必须经过核算中心审核确认。

(4)机械费:依据项目部上报的核算中心已审核通过的当月机械结算单(台班或租赁),对应正确的供应商,录入机械成本。另外,包含项目部为机械使用产生的油料费用。

(5)低耗:在施工中采购的辅助性工具、专用工具、周转材料(模板、支架、电缆、配电箱、紧固件、安全用具等)及其他低耗品。

(6)工程成本:主要归集施工分包成本,包括专业分包和劳务分包。

(7)其他:项目在施工过程中产生的其他费用,如施工现场水电费、措施费、现场标化费、检测费等。

(8)管理费:间接成本是为施工准备、组织和管理生产所发生的费用支出,包括通信、办公、差旅、餐费、福利费、汽车、招待、低耗、咨询、会务、税费等。

2. B2 表构成

在建项目成本月度汇总表(B2.0 表)由各成本类型构成,依据供应商的成本结算金额和付款数据以及发票暂估金额汇总,可分为 B2.1(人工费用月度汇总表)、B2.2(土建材料费用月度汇总表)、B2.3(苗木费用月度汇总表)、B2.4(机械费用月度汇总表)、B2.5(其他费用月度汇总表)、B2.6(分包费用月度汇总表)(见表 3-24~表 3-30)。

表 3-24　项目成本月度汇总表（　　月份）

工程名称：　　　　　　　　　　　　　　　　　　　　　　　　　　　　　　　编号：B2.0

序号	费用名称	预算总成本/元	结算成本金额/元	已付款/元	未付款/元	其中暂估/元	附表
一	直接费						
一）	人工费						B2.1
二）	材料费						
1	土建材料费用						B2.2
2	苗木材料费用						B2.3
三）	机械费						B2.4
二	管理费						
一）	管理人员工资						
二）	招待费						
三）	通信费						
四）	交通费						
五）	办公费						
六）	工地餐费						
七）	其他						
三	其他费用						B2.5
四	分包费用						B2.6
	合计						

编制说明：

填报人：　　　　　　　　　　　　　　　　　　日　期：　　年　　月　　日

项目负责人：　　　　　　　　　　　　　　　　日　期：　　年　　月　　日

项目经理：　　　　　　　　　　　　　　　　　日　期：　　年　　月　　日

表 3-25 项目成本人工费用月度汇总表(月份)

工程名称：编号：B2.1

序号	班组名称	工种	结算金额/元	已付款/元	未付款/元	其中暂估/元	备注
	合计						

编制说明：

填报人： 日 期： 年 月 日

项目负责人： 日 期： 年 月 日

项目经理： 日 期： 年 月 日

表 3-26 项目成本土建材料费用月度汇总表(月份)

工程名称：编号：B2.2

序号	供应商	材料名称	规格及型号	单位	数量	单价/元	结算金额/元	已付款/元	未付款/元	其中暂估/元	备注
	合计										

编制说明：

填报人： 日 期： 年 月 日

项目负责人： 日 期： 年 月 日

项目经理： 日 期： 年 月 日

表 3-27 项目成本苗木费用月度汇总表(月份)

工程名称：   编号:B2.3

序号	供应商	材料名称	规格及型号	单位	数量	单价/元	结算金额/元	已付款/元	未付款/元	其中暂估/元	备注
	合计										

编制说明：

填报人：   日 期：   年   月   日

项目负责人：   日 期：   年   月   日

项目经理：   日 期：   年   月   日

表 3-28 项目成本机械费用月度汇总表(月份)

工程名称：   编号:B2.4

序号	机械供应商	机械名称	结算金额/元	已付款/元	未付款/元	其中暂估/元	备注
	合计						

编制说明：

填报人：   日 期：   年   月   日

项目负责人：   日 期：   年   月   日

项目经理：   日 期：   年   月   日

表 3-29 项目成本其他费用月度汇总表（ 月份）

工程名称： 编号:B2.5

序号	项目名称	结算金额/元	已付款/元	未付款/元	其中暂估/元	备注
	合计					

编制说明：

填报人： 日 期： 年 月 日

项目负责人： 日 期： 年 月 日

项目经理： 日 期： 年 月 日

表 3-30 项目成本分包费用月度汇总表（ 月份）

工程名称： 编号:B2.6

序号	分包商单位名称	分包内容	结算金额/元	已付款/元	未付款/元	其中暂估/元	备注
	合计						

编制说明：

填报人： 日 期： 年 月 日

项目负责人： 日 期： 年 月 日

项目经理： 日 期： 年 月 日

3. 在建项目财务分析

为配合项目现场管理,及时掌握项目成本的变动情况,做好项目目标成本、预算成本和施工项目实际成本的比较分析工作,要求在月末完成项目财务分析和项目现场材料收发存分析报告。

项目财务分析案例模板:

××××项目×月财务分析

一、项目概况

××××项目合同金额 1 406 万元,项目预测总成本 1 167 万元,预测项目实施利润水平13.65%,项目预测毛利水平 18.43%。公司项目目标管理规定上缴利润水平15%。合同施工内容:××××道路绿化工程。

合同工期 180 天,于 20×× 年 6 月开工,应该于 20×× 年 12 月完工。由于施工场地未全部出来,预计会延长半年时间,计划 20×× 年 6 月完工,预计剩余工期 6 个月。

××××工程项目合同付款条件:1. 经过审核后,每月按照完成分部分项工程量(扣除甲供材、甲方分包)60%进行支付;2. 完成全部工程量并通过验收时支付至合同总价(扣除甲供材、甲方分包)的 80%以内;3. 工程竣工结算经甲方公司及审计局确认完成且完成财务决算并向发包人提交全额发票后付至决算总价的 95%;4. 5%保修金待保修期满后,经复验合格付清尾款(无息)。保修期为 2 年,本工程双方约定承包人向发包人支付工程质量保修金金额为70.30 万元,质量保修金银行利率为零。

项目概况一览表如下:

项　　　目	金　　额
合同收入	1 406 万元
合同成本	1 214 万元
预计项目实施利润	13.65%
预计毛利率	18.43%
预计工期	12 个月
养护期	2 年
预计养护成本	15 万元
预计资金预算(不含养护期)	1 199 万元
其中:人	248 万元
材	802 万元
机	21 万元
项目目标管理利润	210 万元

二、工程进度和现状

目前工程实际情况描述,现场人材机进场状况描述:目前施工现场的情况是,已经完成×

×××的工作量,剩余的××××等场地出来才能施工;进场劳务班组共有 6 个,土建包工班组 3 个(××、××和××劳务),土建点工班组 1 个(××劳务),绿化班组 2 个(分包××和××),2 个土建包工班组(××和××)8月份已经退场,项目部目前在继续施工的劳务班组是××劳务土建包工班组和养护工;进场的机械有挖机、叉车、吊车、铲车、农用车、洒水车等,目前在施工的机械班组有 5 个(××、××、××、××、××)。

截至本月末,上月经成本核算中心审核确认完成产值 500 万元,本月实际完成产值 __344__ 万元,其中合同外变更资料齐全的产值 __124__ 万元,变更签证资料不齐全的产值 __0__ 万元,实际完工进度 __60%__ 。剩余产值 __562__ 万元,计划未来 __6__ 个月完成,计划进度及资金概算见项目资金预算计划表 Z1-1 表。

表 Z1-1　项目资金预算计划表　　　　　　　　　　　单位:万元

项　　目	金　　额
上月实际完成产值	500
本月实际完成产值	344
本月累计实际完成产值	844
其中:合同外变更资料齐全产值	124
合同外变更资料不全产值	0
本月计划完成产值	50

三、项目成本投入情况和项目现金流情况

项目已经完成结算的成本投入 __615__ 万元,其中人工费 __140__ 万元,材料费 __374__ 万元,机械费用 __56__ 万元,项目管理费用 __17__ 万元,项目管理人员工资 __28__ 万元。目前项目回款 __226__ 万元,已经缴纳税金 __7.6__ 万元。项目累计付款 __145__ 万元。按照付款合同规定的付款条件,本月应支付的合同款 __350__ 万元,本月上报支付计划 __350__ 万元,其中项目部支付计划 __130__ 万元,材料部支付计划 __220__ 万元。

详情见附表:

单位:万元

项目收款	金　额	未回笼原因		
应回笼工程款	506	连同 1 月份产值上报甲方,待甲方审核,春节前一次支付		
实际已回笼工程款	226			
项目付款	预算支付金额	累计付现金额		次月计划付现金额
工程付现成本	1 214	165		370
其中:人	248	40		90
材	802	61		220
机	21	12		40
独立费	28			

续表

项目收款	金　额	未回笼原因	
措施费	12		
税金	47	7.6	10.4
项目直接费用	41	44.5	9
招待费	16	6.8	2
差旅费	1.2	6	1
办公费	3.4	3.7	2
管理人员工资	20	28	4

四、预算成本和实际成本的对比情况

项目预算成本　557　万元,财务账面已经结算成本　586　万元,差异　29　万元,产生差异的主要原因为:花岗岩贴面浪费。

详情见附表:

单位:万元

成本项目	预算成本	实际成本	差异金额	差异原因
人	140	140	0	
材	345	374	29	花岗岩残料有盘存
机	56	56	0	
分包工程				
税金	7.6	7.6	0	
项目直接费用	44.5	44.5	0	
招待费	6.8	6.8	0	
差旅费	6	6	0	
办公费	3.7	3.7	0	
管理人员工资	28	28	0	

(一) 材料成本分析如下:

月末现场材料盘点情况如材料收发存明细表所示:

上月材料累计进场　259　万元,实际材料累计耗用量　259　万元;本月材料进场　115　万元,实际材料用量　86　万元;截至本月末材料累计进场　374　万元,实际材料累计耗用量　345　万元,材料累计进场和消耗核对情况如下:

单位:万元

分项工程	实际现场收料 A	产值对应耗用料 B	期末盘量 C	差异(A－B－C)
苗木	146.57	138.61		7.96

续表

分项工程	实际现场收料 A	产值对应耗用料 B	期末盘量 C	差异(A−B−C)
花岗岩	75.77	59.72		16.05
面包砖、标准砖	41.73	47.67		−5.94
商品混凝土	41.38	47.27		−5.89
水泥	13.4	8.7		4.7
黄砂	13.74	5.83		7.91
碎石	12.92	23.85		−10.93
不锈钢井盖	11.7	0		11.7
注水围挡 2 m×1 m	3.50	4.56		−1.06
零星材料	7.19	4.16		3.03
合计	369.06	340.37		28.69

产生材料差异的主要原因：

差异苗木名称	单位	产值确认数量	料单归集数量	单价/元	差异金额合计/元	备注
麦冬	m²	2 000	0	5	10 000	料单未开
桂花 H3.5 m,P3 m	株		36	750	−27 000	产值未统计
桂花 H2.3 m	株		20	500	−10 000	产值未统计
香樟胸径 18 cm	株		8	1 600	−12 800	产值未统计
紫薇胸径 5 cm	株	21		130	2 730	料单未开
朴树 φ20 cm	株		1	2 400	−2 400	产值未统计
混播黑麦草	株	8 000	7 160	5	4 032	扣除了供应商供应数量
红叶石楠球 P150 cm	株		8	150	−1 200	产值未统计
红叶石楠球	株		58	70	−4 060	产值未统计
红花继木球 P120 cm	株		20	200	−4 000	产值未统计
红花继木球 P150 cm	株		21	330	−6 930	产值未统计
海桐 H1.5 m	株		12	180	−2 160	产值未统计
垂丝海棠 D6 cm	株	15	20	420	−2 100	产值未统计
海桐冠幅 35~40 cm	元	3 206	20 074		−16 868	种植密度统计误差导致差异
海桐球	株		50	90	−4 500	产值未统计
金叶女贞	株		3 200	0	−960	产值未统计
合计					−78 216	

（二）机械台班分析

机械台班按照合同金额应结算___56___万元；实际现场累计结算机械费___56___万元。

（三）人工费分析

项目核定景观施工人工费___100___万元，现场绿化工___12___万元，按照公司规定产值7%控制，节约___6___万元（绿化产值257万元），主要原因为：现场苗木栽植较规则，苗木规格较小，施工简单，场地平整均以挖机为主，现场材料堆放合理，不存在大面积倒运工作。

（四）项目管理费用的分析

项目预算管理费用___40.6___万元，到本月末实际发生项目管理费用为___44.5___万元，超预算___3.9___万元，主要是因为交通费超预算4.8万元，管理人员工资超预算8万元，办公费超预算0.3万元。

项目部成员___5___人，月人力资源成本___4___万元（包括其中工资、社保、公积金、通信补贴、交通补贴）。

（五）项目资金成本

项目按合同应回笼未回笼工程款___74___万元，按照公司资金管理办法，应计资金成本___0.74___万元；项目累计付现成本___145___万元，公司垫付工程成本___0___万元，应计资金成本___0___万元（月息1%）。

五、实际毛利与合同毛利差异分析

××××工程产值累计844万元，依据产值确认的成本557万元，累计归集的存货586万元，目前实际毛利258万元，实际毛利率为30%，与合同毛利率18.43%确认账面利润156万元相比，高出利润102万元，差异主要原因在以下几个方面：

（一）现场栽种的苗木存在变更，主要是投标时的榉树改栽为朴树，如下表所示：

	榉树（合同）	朴树（实际）
产值	133株×1100元/株=14.63万元	133株×3500元/株=46.55万元
成本	133株×2900元/株=38.57万元	6株×4400元/株+97株×4200元/株+12株×2300元/株+18株×2400元/株=50.46万元
毛利	14.63−38.57=−23.94万元	46.55−50.46=−3.91万元

实际毛利比合同毛利高−3.91−（−23.94）=20.03万元。

（二）现场栽种的苗木"胸径8～10 cm的红枫"、"胸径7～8 cm的美人梅"，单价在预算与实际中存在较大的差异，如下表所示：

	胸径8～10 cm的红枫（合同）	胸径8～10 cm的红枫（实际）
产值	18株×1800元/株=3.24万元	18株×1800元/株=3.24万元
成本	17株×1800元/株=3.06万元	17株×480元/株=0.82万元
毛利	3.24−3.06=0.18万元	3.24−0.82=2.42万元

实际毛利比合同毛利高出2.42−0.18=2.24万元；该苗木总数虽然影响不大，但栽植每株苗木会获利1800−480=1320元，当栽植的数量很多时，总体毛利水平将会有很大的提高。

	胸径 7~8 cm 的美人梅（合同）	胸径 7~8 cm 的美人梅（实际）
产值	34 株×285 元/株＝0.97 万元	34 株×285 元/株＝0.97 万元
成本	34 株×285 元/株＝0.97 万元	34 株×550 元/株＝1.87 万元
毛利	0.97－0.97＝0 元	0.99－1.87＝－0.90 万元

实际毛利比合同毛利低 0.88 万元；该苗木成本价高出产值单价的 1 倍，在合同成本中的数量是 15 株，实际栽植的是 34 株，实际栽植数量高于合同中数量，这样就导致了毛利减少，所以项目部在后期应控制该苗木的栽植。

（三）景观铺装部分存在变更，目前施工大约完成××路的 2/3、××路的全部，如下表所示：

	景观部分（合同）	景观部分（实际）
产值	415 万×2/3＋183 万＝460 万元	236 万＋127 万＝363 万元
成本	(208 万＋194 万×208/505)×2/3＋(99 万＋194 万×99/505)＝329 万元	227 万＋100 万＝327 万元
毛利率	1－329/460＝28.47%	1－327/363＝9.92%

实际毛利率比合同毛利率高 9.92%－28.47%＝－18.55%，景观部分的实际产值 363 万元，所以实际毛利比合同毛利低 363 万×18.55%＝67 万元；主要是由于人工费偏高所致，人工费占产值比 100/363＝27.55%。

（四）合同外变更资料齐全的产值 124 万元，长沟景观工程挖土方及外运 1.2 万 m³，对应产值 88 万元，合计产值为 212 万元，实际施工成本约为 80 万元，导致此部分实际毛利比合同毛利高出 136 万元。主要因为：

1. 现场长沟及其他区域大面积垃圾以垃圾外运计量，经与建设单位、监理及跟踪审计协商，确定综合单价为 78 元/m³，实际施工时，此部分内容以现场倒运及平整为主，相应发生费用主要为机械费，约为 25 万元，已计入机械台班 56 万元内，相应甲方确认产值 118 万元。

2. 所有签证以有利于我方形式签证，如现场工程量小，按定额套取相应费用低的我方以点工、机械台班的签证形式上报监理确认，相应点工及机械台班保证我方的利润为前提，相应土方回填及苗木栽植以签证相应工程数量，按合同内清单或市场价格进行协商计价。此部分对应利润率为 42%左右。

（五）在预算成本 B1 表中含有养护费用，而在归集的存货成本中不含养护费用，依据完工进度来确认应分摊的养护费用 844/1 406×15＝9 万元，故实际毛利比合同毛利高出 9 万元。

六、存在问题及改进建议

七、需要公司协调和解决的事项

项目核算员签字：
项目会计签字：
项目经理签字：

（五）完工项目成本汇总表（B3 表）编制及审核要求

1. B3 表编制

项目竣工验收结束后，一定时间内要求项目会计编制 B3 表。B3 表是对项目经营成果的总结，对项目施工过程中各种直接成本的归集。B3 表关门后，施工期成本不再计入。B3 表为施工期成本和养护期成本归集起到分界线作用，对养护期间成本形成约束控制。B3 表关门后，随后发生的成本以养护期间成本计入。

2. B3 表编制要求及内容

项目完工前夕，项目会计需提前为完整归集施工成本、正确编制 B3 表做好充分准备，提醒项目部及时完成结算和各类费用报销工作，尤其是在后期采购材料价格确认流程没有完成的情况下应督促材料员尽快协调解决。B3 表的完成是对项目经营成果的总结，项目会计需充分重视，积极配合项目经理，高质量完成阶段性成本核算汇总工作。

按照公司内控制度，项目完工需编制切实可行的养护方案和养护计划，财务会计依据经工程管理中心和成本核算中心审批过的养护计划，计入工程施工养护费科目。对于贷方预付养护款科目，供应商统一使用"养护"名称。当月完成编制后，将项目经理签字确认的 B3 表及时上报成本核算中心及财务中心处。

每月度项目养护所发生的各项成本，贷方红字冲抵预付养护款。B3 表同样根据财务账面变动，调整编制月度 B3 表。该表结算成本金额保持不变，但已付、未付及暂估各列每月需及时更新，完工项目养护成本汇总表须更新填列。注意 B3 表头各项汇总数据必须与财务账套数据保持一致。

3. 内部结算编制时间

竣工图纸必须在项目完工 2 周内完成，并经过项目预算员、项目经理审核确认。项目预算员依据经审定的竣工图纸及其他有效签证文件，在以下规定时间内完成公司内部成本结算即 B3 表编制并与业主结算确认：

（1）1 000 万元以下工程：B3 表在 5 天内完成；15 天内完成结算书，并于提交甲方后 45 天内完成结算确认。

（2）1 000 万元（含）至 2 000 万元的工程：B3 表在 10 天内完成；在 20 天内完成结算书，并于提交甲方后 45～60 天内完成结算确认。

（3）2 000 万元（含）至 3 000 万元的工程：B3 表在 15 天内完成；在 30 天内完成结算书，并于提交甲方后 60～90 天内完成结算确认。

（4）3 000 万元（含）以上工程：B3 表在 20 天内完成；在 45 天内完成结算书，并于提交甲方后 90～120 天内完成结算确认。

4. B3 表审核流程及审核要点

（1）工程完工后 30 天内，项目部核算员配合项目会计编制 B3 表，并提交项目经理、项目管理公司总经理审批。

（2）产值成本部在收到 B3 表 2 日内完成审核，并依次提交成本核算中心经理、财务中心主管领导、财务总监审核，总经理审批。

（3）项目完工撤场后，应及时进行完工项目分析，完善项目结算单及材料单等资料，杜绝出现项目完工后项目成本归集不全的情况。成本核算中心审核岗审核 B3 表时，一般项目按项目绿化苗木成本的 12％计提养护费。高原、高海拔等特殊区域经分析后合理计提养护费用,计提的养护费经审核后由项目部报工程管理中心,养护方案中明确养护重点及养护人工、材料耗用等明细。

B3 表审核完成后,此后项目养护及补苗等发生的费用均应计入对应项目养护成本。B3 表统计的详细归集成本为项目施工成本(另外还包括了项目预估的养护等费用)。

5. **注意事项**

(1) B3 表编制前,项目经理牵头梳理各供应商结算单,不要出现漏项或者忘记结算的供应商,在 B3 表关门后一律不准再入成本。

(2) 养护期间所有成本计入养护费,不得再以施工成本计入。

6. **甩项验收**

对于有甩项验收的项目,项目部及时编制甩项验收前的供应商和班组总结算单并按照时间节点组织甩项验收 B3 表关门。关门之后又发生的成本不得结算,除非是新增加的工作内容。

7. **项目完工成本 B3 表施工成本归集齐全承诺书**

项目完工成本 B3 表施工成本归集齐全承诺书

项目于　　　　　年　　月　　日完工,项目完工成本 B3 编制、审核完成,对应归集施工总成本金额为　　　　　元(为不含税金额,不含养护费预留金额)。作为项目责任人,本人作以下承诺:

(1) 已按公司要求认真梳理本项目施工成本,并召集相应施工员、材料员、核算员、项目会计等人员进行施工成本检查。

(2) 项目 B3 关门前已对所有项目施工成本[具体包括人工费、材料费(含土建、苗木、零星材料等)、机械费、管理费、专业分包费等]的结算统计齐全并入账,不存在施工成本争议、遗漏及未入账的情况。

(3) 项目完工成本 B3 后,如有施工成本争议、遗漏及未入账成本情况发生,均由本人承担相应责任。

承诺人:(签字)

日　　期:

(六) 采购环节中税务风险及应对措施

1. **采购发票增值税抵扣管理**

增值税进项抵扣可以按成本类别划分,有些成本费用受工程项目所在地域位置影响,无法充分选择供应商,无法充分抵扣进项税额,有些成本费用虽真实发生却不符合抵扣条件,因此做好进项税额抵扣管理十分重要。根据成本费用类别,工程项目可以抵扣的进项税额划分为人工费、材料费、机械使用费、分包费、其他直接费、间接费用等类别。

(1) 资源采购的增值税抵扣

① 人工费

人工费有两类:劳务分包、劳务派遣。

　　a. 劳务分包:增值税税率 9%,征收率 3%。

　　b. 劳务派遣:增值税税率 6%,征收率 5%、3%。

　　公司应该选择具有专业建筑资质、建筑劳务资质及劳务派遣资质的单位签订劳务合同,未取消劳务资质的地区禁止与没有相关资质的个人签订劳务分包合同。建筑企业(施工总承包企业和专业承包企业)的简易计税项目取得劳务分包增值税发票可以用于差额扣除,以其取得的全部价款及价外费用扣除支付的分包款后的余额作为销售额缴纳增值税;一般计税项目取得劳务分包增值税专用发票可以用于抵扣进项税额。注意,建筑企业适用简易计税或选择适用简易计税的工程项目取得劳务派遣发票无法用于差额预缴和差额扣除。

　　② 材料费

　　公司的材料采购成本一般包含购买价款、相关税费、折入材料单价的运输费用以及其他可归属于采购成本的费用。具体各类材料类别的税率如下:

　　a. 钢材、水泥、商品混凝土:增值税税率 13%,征收率 3%;如果属于自产且原料为水泥的商品混凝土可以选择简易征收 3%,沥青商品混凝土的税率为 13%。

　　b. 油料化工品:增值税税率 13%,征收率 3%。

　　c. 其他大部分材料:增值税税率 13%,征收率 3%。

　　如果材料采购涉及"材料费+运费"的情况,一定要注意"一票制"和"两票制"的区别。"一票制"即供应商以材料价款和运杂费合计金额,向企业提供一张货物销售发票,税率统一为 13%;"两票制"即依据供应商材料价款和运杂费向企业分别提供货物销售和运输服务两张发票,税率分别为货物 13%和运费 9%。在合同中应该明确材料单价或者合同总价是否包含了运输费、装卸费、保险费等费用。

　　③ 周转材料

　　公司的周转材料主要包含包装物及低值易耗品、合同履约成本中可多次使用的材料、钢模板、木模板、竹胶板、脚手架、扣件、支架等其他周转材料。此类非实体材料有企业自行采购的,也有向外租赁的,无论是采购还是租赁,基本可以取得增值税税率为 13%的货物销售、经营租赁发票。

　　具体各类周转材料的税率如下:

　　a. 自购周转材料:增值税税率 13%,征收率 3%。

　　b. 外租周转材料:增值税税率 13%,征收率 3%。

　　c. 为取得周转材料所发生的运费:增值税税率 9%,征收率 3%。

　　④ 苗木材料

　　公司既有可能取得在票面税率栏标明"免税"的苗木等农产品增值税免税普通发票,也有可能取得在票面标明税率为 9%或征收率为 3%的增值税发票。根据《财政部国家税务总局关于农民专业合作社有关税收政策的通知》(财税〔2008〕81 号)的有关规定,对农民专业合作社销售本社成员生产的农业产品,视同农业生产者销售自产农产品免征增值税。公司取得上述销售方开具的增值税免税普通发票,或其他销售方开具的票面税率栏标明了增值税税率为 9%、征收率为 3%的增值税专用发票,应当凭发票勾选确认抵扣或计算抵扣进项税额(见表 3-31)。

　　公司在取得苗木发票时,哪些发票可以用于进项税额抵扣,如何进行抵扣? 根据财政部、国家税务总局等部门发布的相关文件归纳如下:

　　a. 公司取得增值税一般纳税人开具的增值税专用发票、海关进口专用缴款书,以其注明的增值税额为进项税额进行抵扣。

b. 公司取得增值税小规模纳税人开具的标明税率为3％的增值税普通发票不可以抵扣，取得其开具的税率为3％的增值税专用发票，按照发票中注明的金额与9％的扣除率计算抵扣进项税额。

c. 公司取得农业生产者（可以是企业也可以是自然人）销售的自产农产品适用免增值税政策开具的增值税免税普通发票，按照销售发票或者收购发票上注明的买价与9％的扣除率计算抵扣进项税额。

d. 农业生产者包含一般纳税人和小规模纳税人。小规模纳税人销售自产农产品适用免征增值税政策而开具的增值税免税普通发票，可以计算抵扣进项税额；销售非自产农产品按3％征收率开具增值税普通发票，不可以抵扣进项税额。

表 3-31　按照取得的苗木发票类型抵扣方法

取得发票的类型	如何抵扣
9％专用发票	按票面税额勾选确认抵扣
9％普通发票	不能抵扣
自产农产品免税普票	按票面买价乘9％计算抵扣
批发零售环节免税普票	不能抵扣
3％专用发票	按票面金额乘9％计算抵扣
3％普通发票	不能抵扣
免税农产品的收购发票	按票面买价乘9％计算抵扣
海关进口专用缴款书	按缴款书注明税额抵扣

⑤ 临时设施

公司的临时设施主要包括：办公室、作业棚、材料库、配套建筑设施、项目部或工区驻地、商品混凝土拌和站、制梁场、铺轨基地、钢筋加工厂、模板加工厂等；给排水管线、供电管线、供热管线；临时铁路专用线、轻便铁路、临时道路；临时用地、临时电力设施等。

按照不同的采购合同税率如下：

a. 如果按照材料销售签订合同：增值税税率13％，征收率3％。

b. 分别签订购销合同与劳务分包合同的：销售货物13％，安装9％；征收率3％。

⑥ 机械费

公司的机械费一般指租用的施工机械（如吊车、挖掘机、装载机、塔吊、电梯、运输车辆等），包含设备进出场费、燃料费、修理费等。

按照不同的采购合同税率如下：

a. 签订租赁合同时应包含租赁机械的名称、型号、租赁价格、租赁起止时间、出租方名称、收款账号等信息，不管是经营性租赁还是融资性租赁，增值税税率统一为13％。

b. 如果出租方在出租机械设备时同时配备操作人员，则按照"建筑服务"开具9％的增值税发票。

⑦ 专业分包

建筑总承包方将所承包的专业工程分包给具有专业资质的其他建筑企业，主要形式体现为包工包料,总承包对分包工程实施管理。专业分包包括地基基础工程、起重设备安装工程、预拌商品混凝土、消防设施、桥梁工程、隧道工程、钢结构工程、机电安装工程、建筑幕墙工程、城市及道路照明工程、公路路基工程、公路交通工程、水利水电机电安装工程、航道工程、港口与海岸工程、机场场道功能工程、铁路电气化工程、输变电工程、防腐工程、保温工程、防水工程等特种工程在内的专业分包。进项抵扣税率:增值税税率9%,征收率3%。

特殊情况:销售钢结构等自产货物并提供安装服务,应该分别开具增值税税率为13%的货物销售发票和增值税税率为9%的建筑服务发票。

支付给专业分包的价款在计算预缴增值税时可以从总承包价款中扣除。异地施工的一般计税项目可以扣除支付的分包款后预缴增值税;简易计税项目可以扣除支付的分包款后缴纳增值税。

⑧ 差旅费

a. 生产经营中发生的住宿费用可以抵扣销项税额,增值税税率6%,征收率3%;建筑企业应该关注住宿费的发生时间是否集中在节假日,如春节、五一、国庆等,消费的酒店是否集中在景点、旅游区。如果是在节假日和景区内发生的住宿费,则有个人消费的嫌疑。如果是为客户提供的住宿费用,应当计入业务招待费中,不允许抵扣销项税额。

b. 旅客运输服务,取得注明旅客身份信息的航空运输电子客票行程单、铁路车票以及公路、水路等其他客票可以计算抵扣。

增值税一般纳税人购进国内旅客运输服务取得增值税电子专用发票的,进项税额为发票上注明的税额。

取得注明旅客身份信息的铁路车票的,按照下列公式计算进项税额:

$$火车票进项税额 = 票面金额 \div (1 + 9\%) \times 9\%$$

只有注明旅客姓名和身份证号(旅客信息)的汽车票才可以计算抵扣,长途客运手撕票没有旅客信息的不可以抵扣。按照下列公式计算进项税额:

$$汽车票抵扣金额 = 票面金额 \div (1 + 3\%) \times 3\%$$

取得注明旅客身份信息的航空运输电子客票行程单的,按照下列公式计算进项税额:

$$航空旅客运输进项税额 = (票价 + 燃油附加) \div (1 + 9\%) \times 9\%$$

注意:民航发展基金不作为计算进项税额的基数。

出差途中发生的租车费用,取得增值税专用发票允许抵扣;如果驾驶公车出差,发生的油料费、修理费取得增值税专用发票也允许抵扣。

非员工或员工家属的旅客运输不可抵扣;业务招待费性质的旅客运输不可抵扣;员工福利性质的旅客运输服务不可抵扣;没有员工的旅客运输信息服务发票不可抵扣(网约车平台开具电子普票除外,可要求经办人提供行程单)。

c. 餐饮服务,餐饮费无论是业务招待、差旅途中发生的还是召开会议期间、培训期间发生的,可以相应计入业务招待费、差旅费、会议费、培训费,但是均不允许抵扣增值税,即便取得餐饮服务增值税专用发票也不允许抵扣进项税额。

差旅途中的住宿费即使不按期结算,也不用担心"三流一致"问题,个人在出差时可以垫付住宿费,使用合规发票报销即可。

结合公司的福利制度,财务稽核人员重点审核是否存在报销返乡探亲路费、优秀员工旅游奖励等福利项目。如果是员工探亲路费和住宿费应计入福利费,即使取得增值税专用发票也不允许抵扣进项税额;同时,应该按照福利费的限额扣除规定,按照实际支付的工资薪金总额的 14% 在企业所得税前扣除,超过 14% 部分不允许结转下期扣除。

⑨ 办公费

办公费指购买文具纸张等办公用品与电脑、传真机、复印机相关耗材(如墨盒、存储介质、配件、复印纸)等发生的费用。

进项抵扣税率:增值税税率 13%,征收率 3%。

需要注意的是,如果购买的办公用品或支付的其他办公费用专门用于简易计税项目、免税项目、集体福利或个人消费时,不允许抵扣进项税额。

⑩ 通信费

公司在日常经营中使用各种通信工具发生的话费及服务费、电话初装费、网络费等,如办公电话费、IP 电话费、会议电视费、传真费等,包含办公电话费、传真收发费、网络使用费、邮寄费。

公司可以尝试与通信公司、快递公司签订服务协议,争取优惠价格,定期(按月)统一开具增值税发票后进行结算,尽可能地取得增值税专用发票。公司向股东或员工支付住宅电话补贴、移动话费补贴等福利性费用,取得的增值税专用发票不得抵扣进项税额。

⑪ 车辆维修费

公司名下的公务车辆,发生的修理费包括购买车辆配件、车辆装饰、车辆保养维护及大修理等费用。

公司可以尝试与维修厂家签订协议,实行定点维修;并与中石油、中石化、其他加油站等签订定点加油协议、办理加油卡充值,定期进行结算。确保充分取得增值税进项发票,应抵尽抵。此外,过路、过桥、停车费也有相应的抵扣政策。

⑫ 租赁费

租赁费包括房屋租赁费、设备租赁费、植物租赁费等,可按照租赁内容对税率进行分类(见表 3-32)。

表 3-32 租赁费税率

租赁内容	服务类别	适用税率或征收率
房屋产地租赁	不动产租赁	9%、5%
汽车租赁	有形动产租赁	13%、3%
建筑机械设备	经营租赁、建筑服务(湿租)	13%、9%、3%
其他租赁(电脑、打印机等办公设备租赁)	有形动产租赁	13%、3%

在采购比价合适的情况下,尽可能选择增值税一般纳税人。

在中标签订合同可以明确时销售方必须约定提供增值税专用发票,增值税小规模纳税人无法自行开具增值税专用发票的应该去税务机关代开。

⑬ 水、电、气暖、燃煤费

公司的办公楼、食堂、宿舍如果集中在一栋楼中,支付的水、电、气暖、燃煤费属于职工福利部分,应该与地方供电、供水、供气等部门沟通,协商分别开具办公楼、食堂等所用水电气的增值税发票,不允许抵扣进项税额的部分可以要求销售方提供增值税普通发票。如果全部开具了增值税专用发票,不允许抵扣的进项税额应当作进项税额转出(见表 3-33)。

工程项目取得水、电费增值税专用发票可以直接用于抵扣进项税额,如果涉及建设方转售水电费的,都要取得合规的转售电费发票。

表 3-33　水、电、气暖、燃煤费税率

业务类别	适用税率或征收率	简易征收的条件
电力供应	13%、3%	县级及县级以下小型水力发电单位生产的电力,且供应商采用简易征收,税率为3%
水资源供应	13%、3%	自产的自来水或供应商为一般纳税人的自来水公司销售自来水采用简易征收,物业公司转售自来水厂的自来水,征收率为3%
燃气供应	13%、3%	小规模纳税人

⑭ 会务费

各类会议期间费用支出,包括会议场地租赁费、会议设施租赁费用、会议布置费用、其他相关费用。

选择外包给酒店、会务服务公司等单位统一筹办的,应取得会务费增值税专用发票。不只是场地租赁费、设备租赁费可以计入会议费,在开会期间发生的餐饮费、住宿费也可计入会议费。但是餐饮费用不可抵扣进项税额。

除此以外要注意会议类别,如果是属于职工福利性质的会议,取得的增值税专用发票不允许抵扣税额。

⑮ 修理费

修理费包括自有或租赁房屋的维修费、办公设备的维修费、自有机械设备修理费及外包维修费等(见表 3-34)。

表 3-34　不同维修内容适用税率

维修内容	服务类别	适用税率或征收率
房屋及附属设施维修	建筑服务修缮	9%、3%
办公设备维修	修理修配劳务	13%、3%
自有机械设备维修	修理修配劳务	13%、3%

⑯ 广告宣传费

表 3-35　广告宣传费适用税率

广告宣传类别	服务类别	适用税率或征收率
印刷费	加工劳务	13%、3%
印刷品	销售货物	13%、3%
广告宣传设计费	设计服务	6%、3%
广告制作代理费	代理服务	6%、3%
展览活动	会展服务	6%、3%
条幅、展示牌制作	销售货物	13%、3%

⑰ 技术咨询、服务、转让费和中介服务费

使用非专利技术所支付的费用,包括技术咨询、技术服务、技术培训、技术转让过程中发生的有关开支。

中介服务费,指聘请各类中介机构费用。例如,会计师事务所审计中介审计评估费:查账、验资审计、资产评估、高新认证审计等发生的费用。

咨询费,指企业向有关咨询机构进行技术经营管理咨询所支付的费用,包括聘请法律顾问、技术顾问的费用。

进项税率:增值税税率 6%,征收率 3%。

⑱ 劳动保护费

工作服、手套、消毒剂、清凉解暑降温用品,因工作需要为职工配备的防尘口罩、防噪声耳塞,安全帽、安全带、安全防护网、密目网、绝缘手套、绝缘鞋、彩条旗、安全网、钢丝绳、工具式防护栏、电箱、空气断路器、灭火器材、临时供电配隔离开关、交流接触器、漏电保护器、标准电缆、防爆防火器材等。

进项抵扣税率:增值税税率 13%,征收率 3%。

公司应该区分劳动保护费与职工福利费。劳动保护支出应符合以下条件:用品具有劳动保护性质,因工作需要而发生;用品提供或配备的对象为本企业任职或者受雇的员工;数量上能满足工作需要即可,并且以实物形式发生。认定为劳动保护费的重要条件是合理且必要,单价(费用)和数量上必须合理,客观上属于施工生产中所必需的防护物品。

⑲ 培训费

企业发生的各类与生产经营相关的培训费用,包括但不限于企业购买图书发生的费用,企业人员参加的岗位培训、任职培训、专门业务培训、初任培训发生的费用。

进项抵扣税率:增值税税率 6%,征收率 3%。

(2) 不允许抵扣进项税额的情形

① 用于简易计税方法计税项目、免征增值税项目、集体福利或者个人消费的购进货物、服务、无形资产、不动产和金融商品对应的进项税额,其中涉及的固定资产、无形资产和不动产,仅指专用于上述项目的固定资产、无形资产和不动产。

a. 食堂费用,包括工程项目部食堂所用的厨具、餐具、水、电、煤气等费用。项目部食堂所有费用都属于职工福利性质。

b. 集体福利,包括员工宿舍配套用品、水、电、气、物业费,所有费用都属于职工福利性质。企业为员工购买补充医疗保险、补充工伤保险,符合标准的应当属于职工福利。

c. 各类补贴,以员工个人名义开具的通信费发票,个人的移动话费补贴,电话费补贴,员工报销的电话费发票,即使取得增值税专用发票也不得抵扣。

② 非正常损失项目对应的进项税额。包括非正常损失的存货、服务、劳务。霉烂变质的存货、管理不善丢失的资产、因违法违规被拆除的不动产取得的进项不得抵扣。

③ 购进并直接用于消费的餐饮服务、居民日常服务和娱乐服务对应的进项税额。

a. 业务招待,包括餐费、食品、烟、酒、茶和礼品等。

b. 居民日常服务,是指主要为满足居民个人及其家庭日常生活需求提供的服务,包括市容市政管理、家政、婚庆、养老、殡葬、照料和护理、救助救济、美容美发、按摩、桑拿、氧吧、足疗、沐浴、洗染、摄影扩印等服务。

c. 娱乐服务,歌厅、舞厅、酒吧、台球、高尔夫球、保龄球、游艺(包括射击、狩猎、跑马、游戏机、蹦极、卡丁车、热气球、动力伞、射箭、飞镖)。

④ 购进贷款服务对应的利息支出、汇兑损益、与贷款直接相关的投融资顾问和咨询等费用进项税额。

⑤ 法律规定的其他进项税额。

a. 工会费用,包括工会组织的活动过程中发生的费用。

b. 行政事业性收费,包括排污费、污水处理费、河道清理费、防洪费等。

c. 不能取得合法的增值税扣税凭证的项目。

d. 财政部和国家税务总局规定的其他不可抵扣情形。

2. 采购发票合规性的管理

(1) 采购发票基础信息审核

① 发票基础信息审核

a. 首先应该审核购买方的相关信息,购买方名称必须是全称、无错字,出现漏写、错写后手动涂改加盖任何印章都无效。购买方纳税人识别号填写正确,多写、少写、错写均不合规,还要审核加盖的发票专用章上的纳税人识别号是否与销售方信息栏中的纳税人识别号一致。购买方的其余购买信息,如果开具的是增值税专用发票必须填写完整、正确;如果开具的是增值税普通发票则没有强制要求全部填写,一旦填写必须准确。

b. 审核发票专用章盖得是否合规,应该在规定区域盖章(发票右下方"销售方章")。有些开票人习惯在发票空白处加盖发票专用章,应该禁止该行为。

《中华人民共和国发票管理办法》(中华人民共和国国务院令第 587 号)第二十二条规定,发票上只可以盖发票专用章,其余印章一律不行。

c. 增值税专用发票的开票人和复核人必须填写,可以为同一个人。

② 发票种类审核

a. 票据种类

目前允许企业所得税前扣除的票据主要有:增值税发票、税务通用机打发票、定额发票(含门票)、财政部监制的非税收入统一票据、财政部监制的专用票据、军队通用收费票据、航空行程单、火车票、汽车票、轮船票等。增值税发票分为两种:增值税专用发票和增值税普通发票。发票类型有纸质发票和电子发票。

b. 审核标准

增值税专用发票不能压线、错格,不仅是密码区,全部打印区内容都不能压线、错格;所有信息填写完整、准确;增值税专用发票也应当查询真伪,勾选确认只是抵扣的程序,不代表发票一定合规。

增值税普通发票的审核标准参照专票,根据实际情况可以适当降低标准。对于压线、错格以及购买方信息的完整性可以低于增值税专用发票的标准,但是关于发票法定的开具内容与专票的标准一致,必须按照实际业务填开。

通用手工发票,严格按照机打发票标准填写,发票内容和金额必须在同一行;手填发票最好在对方验旧后再支付。部分地区已经取消手写发票,要注意当地税务机关文件。

税务通用机打发票,必须严防套票和走逃失联发票。最好当月取得发票,次月再支付款项。如果必须在当月支付,必须做好发票真伪查询,同时应留存查询结果。

通用定额发票、通用机打卷式发票,包含地铁充值发票、门票、停车票、部分地区的餐费发票,严防"套票"和假票。

其他票据,机票、火车票、汽车票、非税财政收据必须注意结合业务审核,例如差旅费用审批报告等。

③ 发票基础涉税风险审核

a. 销售货物的发票必须有具体的规格、型号、数量、单价(确实没有规格型号的除外)。发票上的规格型号、数量、单价必须与实际采购数量一致。

b. 审核适用税目和税率是否正确,与实际业务是否相符。

c. 发票内容必须根据实际业务开具。内容较多的可以汇总开票(汇总票的在发票的货物与劳务栏显示:详见销货清单),根据具体明细在税控系统中开具清单。

④ 特定业务的发票备注栏审核

a. 建筑服务发票,应在增值税发票的备注栏注明建筑服务发生地(市、区)名称及工程名称。不论是增值税专用发票还是普通发票都必须备注。不仅建筑总承包、专业分包、劳务分包开具的建筑服务发票需要备注相关内容,只要属于建筑服务,开具的编码简称为"建筑服务"的增值税发票都必须按规定备注。

b. 不动产销售发票,应在发票"货物或应税劳务、服务名称"栏填写不动产名称及房屋产权证书号码(无房屋产权证书的可不填写),"单位"栏填写面积单位,备注栏注明不动产的详细地址。

c. 不动产租赁发票,应在备注栏注明不动产的详细地址。

d. 货物运输发票,应在备注栏中注明运输的起止地点、车种车号以及货物内容。

e. 车船税发票,如果是保险机构作为车船税扣缴义务人,在代收车船税并开具增值税发票时,应在增值税发票备注栏中注明代收车船税税款信息。具体包括:保险单号、税款所属期、代收车船税金额、滞纳金金额、金额合计等。

注:取得全电发票时,按照实际业务开展情况,可向开票人提出特定业务需求,开票人将按规定填写在发票备注栏等栏次的信息填写在特定内容栏次。

⑤ 进项发票"四流"一致的审核

公司的各级业务人员在办理采购货物、服务、无形资产和不动产时应主动向销售方索取增值税抵扣凭证,取得的抵扣凭证应当合法合规,保证合同流向、货物流向、资金流向和发票流向一致。虽然没有任何正式官方文件强调必须"四流一致"才能够抵扣进项税额,但是如果出现"四流不一"又没有合理的理由,可能存在一定的涉税风险。因此,公司应该坚持"先取得发票,后付款"的管理原则,以免造成款项已经支付,最终因各种因素无法取得相应凭证无法抵扣进项税额、无法在企业所得税前扣除,给企业带来经济损失。

⑥ 发票丢失处理

建筑企业应要求全员对增值税发票视同现金妥善保管。如因保管不当发票丢失,必须及时通知财务中心税务管理部门,及时按规定程序处理。

a. 丢失进项发票的抵扣联和发票联

根据《国家税务总局关于增值税发票综合服务平台等事项的公告》(国家总局公告 2020 年第 1 号)的有关规定:纳税人同时丢失已开具增值税专票或机动车销售统一发票的发票联和抵扣联,可凭加盖销售方发票专用章的相应发票记账联复印件,作为增值税进项税额的抵扣凭证、退税凭证或记账凭证。

已开具增值税专用发票或机动车销售统一发票的抵扣联,可凭相应发票的发票联复印件,作为增值税进项税额的抵扣凭证或退税纳税人丢失已开具增值税专用发票或机动车销售统一发票的发票联,可凭相应发票的抵扣联复印件作为记账凭证。

b. 丢失发票不再需要登报

根据国家税务总局令第 48 号《国家税务总局关于公布取消一批税务证明项以及废止和修改部分规章规范性文件的决定》取消的税务证明事项目录(共计 25 项),其中明确了发票丢失不再需要登报声明。

(2)采购发票取得的时限

公司应在支出发生时取得符合规定的税前扣除凭证,但在实务中有先暂估成本费用、滞后取得相应发票的情况。根据《国家税务总局关于发布〈企业所得税税前扣除凭证管理办法〉的公告》(国家税务总局公告 2018 年第 28 号)的有关规定,对于当年发生的支出,企业应在当年度企业所得税法规定的汇算清缴期结束前取得符合规定的税前扣除凭证。

① 汇算清缴前取得发票

公司发生的与收入相关的支出,在支出时未取得相应扣除凭证的(包括发票在内,不限于发票),但能够补开、换开符合规定的发票、其他外部凭证的,相应支出可以税前扣除。

如果销售方因注销、撤销、依法被吊销营业执照、被税务机关认定为非正常户等特殊原因无法补开、换开符合规定的发票、其他外部凭证的,可凭以下资料证实支出真实性后,其支出允许税前扣除:

a. 必备资料 无法补开、换开发票、其他外部凭证原因的证明资料(包括工商注销、机构撤销、列入非正常经营户、破产公告等证明资料);相关业务活动的合同或者协议;采用非现金方式支付的付款凭证。

b. 辅助资料 货物运输的证明资料;货物入库、出库内部凭证;企业会计核算记录以及其他资料。

未能补开、换开符合规定的发票、其他外部凭证并且未能凭相关资料证实支出真实性的,相应支出不得在发生年度税前扣除。

② 汇算清缴期结束后取得发票

如果由于一些特殊情况,如合同纠纷、民事诉讼等,公司在规定的期限内未能取得符合规定的发票、其他外部凭证或者取得不合规发票、不合规其他外部凭证,公司没有进行税前扣除的,待以后年度取得符合规定的发票、其他外部凭证后,相应支出可以追补至该支出发生年度扣除,追补扣除年限不得超过 5 年。

(3)采购环节中税务风险及应对措施(表 3-36)

表 3-36　采购环节中税务风险及应对措施

采购环节	税务风险	应对措施	接受虚开发票处罚
供应商入库	本身没有公司,挂靠在其他公司名下,会存在一系列的风险。例如:虚开发票、挂靠人与被挂靠单位产生纠纷难以取得发票、农民工工资发放出现问题等	选择正规供应商	虚开增值税专用发票是指有为他人虚开、为自己虚开、让他人为自己虚开、介绍他人虚开增值税专用发票行为之一的 利用虚开的专用发票进行偷税、骗税,构成犯罪的,税务机关依法进行追缴税款等行政处理,并移送司法机关追究刑事责任 虚开方:最低处 3 年以下有期徒刑或者拘役,并处 2 万元以上 20 万元以下罚金。给国家利益造成特别重大损失,最高处无期徒刑或者死刑,并处没收财产(特别重大损失:造成国家税款损失 50 万元以上并且在侦查终结前仍无法追回的) 受票方:税务机关追缴税款,处以偷税数额 5 倍以下的罚款;进项税金大于销项税金的,还应当调减其留抵的进项税额
采购合同签订	1. 合同金额没有价税分离,没有约定增值税税率,遇到国家税务政策发生变化,有可能会给企业带来损失 2. 合同中未注明"供应商公司注销前,需开清相应发票",导致企业所得税不能税前扣除这部分成本	1. 签订合同时,应坚持"调税不调价"的原则,保持不含税价不变,对增值税额和增值税率及含税合同总价做出相应调整 2. 合同签订时,应写明供应商不得不注销公司的,应提前通知我方,并开清相应发票提供给我方	
结算发票	1. 签订合同材料设备明细与实际供应内容不符合,供应商按照签订合同明细开票,涉嫌虚开发票 2. 供应商履约过程中突然注销,无法开具相关发票。我单位应杜绝没有任何实际业务往来的第三方开具的相应发票,否则涉嫌接受虚开发票。供应商的债权可以转让,但不等同于可以换一家公司开票	1. 必须按照实际供应内容开票 2.《企业所得税扣除凭证管理办法》规定企业在补开、换开发票及其他外部凭证过程中,因对方注销、撤销、依法被吊销营业执照、被税务机关认定为非正常户等特殊原因无法补开、换开发票及其他外部凭证的,可凭以下资料证实支出真实性后,其支出允许税前扣除:(一)无法补开、换开发票及其他外部凭证原因的证明资料(包括工商注销、机构撤销、列入非正常经营户、破产公告等证明资料);(二)相关业务活动的合同或者协议;(三)采用非现金方式支付的付款凭证;(四)货物运输的证明资料;(五)货物入库、出库内部凭证;(六)企业会计核算记录以及其他资料。前款第一项至第三项为必备资料 3. 所有报销票据都要求经手人签字并注明日期,严格执行;报销票据还需要填写报销单,需要主管领导签字审批才能报销	
付款	付款前未取得发票,可能最终得不到发票,企业所得税不能税前扣除成本	付款前必须取得相应发票	

(七) 工程项目月度资金计划

1. 工程项目月度资金计划的组成

工程项目月度资金计划由工程付款计划和工程回款计划组成。区域公司在申报工程项目资金计划时(见表 3-37),要综合考虑当月回款计划、在建项目进度计划、预付款情况及特殊支付安排,做好统筹规划;既要实现公司在建项目付现率考核指标,也要做好供应商的充分沟通。

（1）工程项目回款计划

工程项目的回款计划（见表3-38）是按照工程项目的回款条件统计应收未收工程款，并依据项目的实际情况制定工程项目的月度回款目标，以月度回款目标作为本月支付的重要资金来源。

（2）工程项目付款计划

工程项目的付款计划（见表3-39）由在建项目支付计划、养护项目支付计划和完工项目支付计划组成，分别解决工程项目在不同时期的供应商付款问题。

① 在建项目支付计划

a. 实际成本和付现率计算的付款计划　依据在建工程上月实际发生不同类型的成本和对应的成本付现率计算。本月计划未用完部分，滚动到下月继续使用，在年度内累计，每个月滚动计算。不同的成本付现率不同，具体如下：钢筋、混凝土、电缆按照80%的成本付现率计算，苗木按照20%的成本付现率计算，石材按照20%的成本付现率计算，人工费按照40%的成本付现率计算，其他类按照40%的成本付现率计算。

b. 预付款支付计划　本月采购的资源需要预付款的，区域公司需列明支付清单，提交公司有关部门审核，核定后按清单支付，专款专用。付款后对应的成本应及时归集，本月支付的资金需从下个月批复的资金计划中扣回。

c. 其他支付计划　其他因特殊原因（协议支付、诉讼等）在本月需要刚性支付的资金，核定后按需支付，区域公司需列明清单提交公司有关部门核定。

② 养护项目支付计划

工程管理中心结合养护工程的施工方案、资源进场计划，对区域公司提交的完工项目养护工程付款计划进行审批。

③ 完工项目支付计划

在端午节、中秋节以及春节进行考虑，与完工项目的回款相关联。

2. 工程项目月度资金计划时间节点要求

每月3日前，区域公司组织项目经理、财务、核算、采购人员完成当月回款计划及在建项目支付计划、养护项目支付计划编制；

每月6日前，公司部门审核区域公司编制的资金计划，并将审核发现的问题反馈给区域公司各岗位人员；

每月8日前，区域公司将定稿的在建项目资金计划提交到财务中心，将定稿的养护项目资金计划提交到工程管理中心；

每月10日前，财务中心将汇总的资金计划报公司管理层审批，讨论通过后进行批复。

表3-37　工程月度资金申请汇总表

区域公司名称：　　　　　　　　　　　　　　　　　　　　　　　　　　　　　　单位：万元

项目编号	工程名称	本月计划回款	申请支付金额						收支差	次月计划回款	未来3月计划回款	备注
			材料	机械	人工	分包工程	日常开支	合计				
	合计											

表 3-38　工程月度资金回款计划汇总表

区域公司名称：　　　　　　　　　　　　　　　　　　　　　　　　　　　单位:万元

项目编号	工程名称	业主单位	项目基本情况					合同规定回款条件	本年计划回款	本年实际回款	上月计划回款	上月实际回款	计划回款金额		
			合同收入	累计产值	累计回款	累计开票	完工进度						本月计划回款	次月计划回款	未来3月计划回款
		合计													

表 3-39　工程月度资源采购支付明细表

区域公司名称：　　　　　　　　　　　　　　　　　　　　　　　　　　　单位:万元

项目编号	项目名称	供应商编号	拟付款单位	材料名称	累计结算金额	按合同应结算比例	已支付金额	应支付金额	本月计划资金需求	备注（支付条件）	类别
合计											

（八）工程项目收支制度及流程

1. 工程项目资金回笼

（1）工程项目回款责任

项目经理对满足合同收款条件的工程款的催收负责,区域公司负责督促催收工作,财务中心负责收款合同的跟踪和监督管理。

一方面,对超出合同回款期限应收未收的工程款,公司视同工程项目部占用资金按照内部考核管理办法计算资金占用成本;另一方面,为保证项目正常实施,在应回款额度内公司垫付的各项项目成本视同工程项目部占用资金,按照1%的月息计算资金占用成本。项目资金占用成本结合项目绩效考核办法于项目考核兑现中扣除。

（2）工程项目回款账目核对

区域公司财务人员定期与客户进行对账。工程项目未完工时,核对开票与回款情况;工程项目竣工结算以后,及时与客户核对应收账款余额。

区域公司财务人员对存在应收未收工程款的项目填写《项目应收未收工程款确认通知单》（见表 3-40）,提交区域管理公司总经理,由其安排人员与客户进行应收账款确认和回收工程款。

表 3-40 项目应收未收工程款确认通知单(_____月份)

项目名称		项目负责人	
竣工验收时间		审计报告金额	
合同价		累计确认产值	
合同回款条件			
按合同回款条件计算应收工程款			
累计回款		应收未收工程款	
发出部门(签字盖章)		财务中心	

(3)工程项目回款开票要求

开具增值税发票,由业务经办人填写开票申请单并经部门领导签字,把签好的申请单(见表 3-41)和要开票项目的合同通过纸质(或电子档)传递给公司税务会计开票(如果需要开具外经证要在开票申请单上注明),税务会计把开好的发票通过邮寄或其他方式传递给业务经办人,并造册登记发票信息及经办人姓名,由业务经办人把发票交给甲方。当月开具的发票,如果工程地址不在公司注册地的,由区域公司财务人员负责在当月到项目所在地税务局,把需要预缴的税款全部缴清,财务中心税务会计配合区域公司财务人员提供预缴税款所需资料。

表 3-41 开票申请单

日期:

开票信息	单位名称					
	税号					
	地址、电话					
	开户行及账号					
发票类型	货物或应税劳务名称	开票金额(含税)	税率	工程名称(合同上名称)	工程名称(用友系统中名称)	工程地址(合同上地址)	备注

注意1. 需要开外经证的在备注中说明。

2. 外地项目当月开的发票要在当月预缴税款,预缴税款需要提供的资料要提前沟通清楚。

领导签字: 经办人:

2. 工程项目资金支付

(1)采购供应商支付管理

工程项目的施工需要采购各种资源,在支付环节上必须满足以下条件,才能办理供应商货款的支付:

① 按照公司内部控制流程的规定,经逐级审批后签订的材料采购合同、劳务分包、机械租赁以及专业分包工程合同。

② 按照公司内部控制流程的规定,经逐级审批的材料结算单、工程结算审批表。

③ 当月批复的资金用款计划中有列项或有计划外资金审批报告。

④ 要素填写齐全的合同支付审批单,各级审批人员审批手续齐全。

⑤ 要求供应商提供合规的发票,发票金额至少与支付金额相等。

(2)备用金支付管理

① 备用金额度管理

公司个人备用金借款余额不超过 5 万元,单一区域公司备用金总额度控制在 10 万元以内,年末无特殊情况应清账归还。账面未报销备用金余额超出限额的,不得再申请备用金。

② 备用金支出范围

备用金支出范围原则上仅限于管理费和零星材料采购,不得垫付运费、支付税金。

a. 管理费包括:办公费用、招待费用、差旅费用、福利费用、咨询费用、修理费用及其他计入管理费的零星支出。原则上本部各部门管理费支出不超出年度预算,区域公司各项目日常管理费用不能超过 B1 表规定的额度。对于因特殊原因需要用项目备用金支付特殊事项(不在预算成本范围内)的,须将实际情况上报区域管理公司、财务总监、总经理和董事长,经逐级审批同意方能支付。

b. 零星材料包括:单项零星材料采购总金额不超过 1 000 元的材料;虽是主要材料,但在工程中采购总金额不超过 1 000 元的材料。符合上述条件之一的材料,在询价确认后,可以用备用金自行购买,并及时办理符合公司规定的报销流程,严禁将主要材料化整为零分批购买。

③ 备用金监督管理

a. 本部备用金由财务中心负责归口管理。

b. 区域公司备用金由区域公司财务经理负责总额管控,并监督备用金的合规支出。

c. 由出纳及其他人员保管的备用金要做好每日备用金流水日记账工作,各归口管理人员要定期检查、盘点。

d. 财务中心定期对区域公司备用金管理进行检查。

e. 审计部定期对公司范围内的备用金管理进行督察。

④ 特殊事项处理

a. 超过 1 000 元的零星采购,该类支付不得列支备用金报销,可简化手续从公司(或区域公司)结算银行账户办理支付。经办人将取得的收款供应商发票交由项目会计登记入账,在月底前传递到区域公司财务经理审核;否则,财务中心可报请暂停经办人工资发放,并停止执行简化流程。

b. 材料运费由供应商承担并支付,不得从区域公司备用金中进行垫付。支付运费应从区域公司结算银行账户办理,手续从简处理。

c. 工程发票预缴税金,应从公司结算银行账户支付。遇有特殊原因需用备用金支付的,须将实际情况上报财务中心及分管高管,经逐级审批同意后方可支付。

(3)工程项目资金支付流程

① 供应商支付流程

a. 材料、设备、劳务、分包采购合同支付流程(20 万元以上)按照图 3-9 执行。

图 3-9 采购合同支付审批流程

b. 超过1000元零星采购支付流程按照图3-10执行。

图3-10　零星采购支付审批流程

支付申请上传附件必须包含：采购金额、采购供应商名称、供应商开户行及账号。

c. 材料运费支付流程按照图3-11执行。

图3-11　材料运费支付审批流程

支付申请上传附件必须包含：运费金额、供应商名称、采购合同或价格确认表、供应商开户行及账号。

② 备用金支付流程

a. 备用金（5万元以上）申请流程按照图3-12执行。

图3-12　备用金（5万元以上）支付审批流程

b. 备用金报销冲账必须按照规定的费用报销流程履行签批手续，报销的票据必须满足《增值税发票管理暂行办法》等的规定。票据名称、填制日期、出具单位的发票专用章、业务内容等都要明晰、真实，业务事项的数量、单价、金额必须相符。票据内容均不得随意涂改。

第四章 项目竣工验收、结算审计

第一节 竣工验收

一、内部验收

工程项目施工完毕后,区域公司要及时组织相关部门进行项目内部验收。根据国家或地区主管部门规定的竣工标准、施工图和设计要求,对竣工项目进行全面检查,并出具书面的内部验收报告。对不符合要求的部位和项目要限定整改时间,出现盈亏的要查明原因,分清责任,对有关责任人进行处理。整改完毕后必须进行再验收,完全合格后才能正式申请外部验收。

(一)工程内部验收的条件

(1)工地现场已完成设计和合同约定的所有工作内容,项目部自检合格。

(2)有完整的竣工资料:竣工图纸、施工合同及完成的工程量清单、工程管理资料、施工过程资料。

(二)验收主要内容

园林建设工程中的竣工检查主要有以下几个方面的内容:

(1)对园林建设用地内进行全面检查,包括有无剩余的建筑材料、有无尚未竣工的工程、有无残留渣土等。

(2)对场区内外邻接道路进行全面检查,包括道路有无损伤或被污染、道路上有无剩余的建筑材料或渣土等。

(3)临时设施工程,包括和设计图纸对照,确认现场已无残存物件,确认已无残留草皮、树根,向电力局、电话局、给排水公司等有关单位提交解除合同的申请。

(4)整地工程,包括挖方、填方及残土处理作业,种植土改良作业;对照设计图纸、工期照片、施工说明书,检查有无异常。

(5)管理设施工程,包括雨水检查井、雨水进水口、污水检查井等设施,与设计图纸对照有无异常,金属构件施工有无异常,管口施工有无异常,进水门底部施工有无异常及进水口是否有垃圾积存;电气设备和设计图纸对照有无异常,线路供电电压是否符合当地供电标准,通电后运行设备是否正常,灯柱、电杆安装是否符合规程,有关部门认证的金属构件有无异常,各用电开关应能正常工作;供水设备和设计图纸对照有无异常,通水试验有无异常,供水设备应正常工作;挡土墙作业和设计图纸对照有无异常,试验材料有无损伤;砌法有无异常,接缝应符合规定,纵横接缝的外观质量有无异常。

（6）服务、运动、游乐、休闲（棚架、长凳等）等设施工程，与设计图纸对照有无异常。

（7）园路是否平整，曲线是否圆滑，铺装面材料是否色泽一致，有无空鼓情况等。

（8）绿化工程（主要检查高、中树栽植作业，灌木栽植，移植工程，地被植物栽植等）对照设计图纸，是否按要求施工，检查植株数有无出入。重点检查支撑是否牢靠，外观是否美观，有无枯死的植株，栽植地周围的整体状况是否良好，草坪的种植是否符合规定，草坪和其他植物或设施的结合是否美观。

（三）工程内部验收流程和要求

1. 申请内验

项目经理部完成全部工作内容后，填写《工程竣工验收报告》（见表4-1），提交区域公司审查，区域公司审核认定是否具备验收条件。

2. 内部验收

区域公司根据项目经理部申请，组织公司工程管理中心、资源采购中心、成本核算中心、质量库相关专家成员形成验收小组。各小组成员分别根据合同、竣工图纸等对工程各部位进行逐一检查，并形成检查记录（见表4-2～表4-4）。

验收小组对于检查中存在的问题出具限期整改报告，要求项目部根据内容进行整改。项目部整改完成经项目内部验收合格后，出具工程内部验收合格证书，验收参加人员签字确认。由项目经理部提出复验申请，验收小组按规定时间对工程进行复检。

3. 参加内验各单位、部门职责

（1）区域公司职责

① 隐蔽工程内部验收前，由项目部组织，通过三检管理：首先班组自行检查合格，报由项目部检查核实，经项目部质检人员、技术总工检查确认后，最终经区域公司验收确认。

② 区域公司进行隐蔽工程验收未合格，不得进行下一道工序的作业。验收合格是指针对检查存在的问题都得以改善完成，区域公司对整改的成果进行确认。

③ 对于重点关注项目或者工序，区域公司根据公司相关要求及国家规范，对其控制点、检查点进行全检，以提高产品质量。

④ 以上验收合格后，由区域公司组织各职能部门进行内部验收。

（2）各部门职责

工程管理中心：

① 负责验收现场施工质量是否已满足合同以及图纸约定要求；同时根据已完工程量清单及竣工图对现场工程量进行核实，竣工资料与实物是否一致。

② 对于有违反合同约定施工的，将不予通过，需要整改完毕后再进行复验直至合格。

③ 负责检查竣工资料与工程进展是否同步、真实、完整。

④ 在《工程竣工验收汇总表》（见表4-5）上签署验收意见。

成本核算中心：

① 验收前，首先核对项目提供的竣工图及已完工工程量清单项内容，是否与"施工图纸、工程合同约定的工程范围以及工程量清单"所列的项目一致。

② 施工现场，核对验收现场完成工程量清单项内容（数量抽查）是否与"施工图纸、工程合同约定的工程范围以及工程量清单以及竣工图"一致，核实签证工程内容的真实性、合法性。

③ 在《工程质量竣工验收记录表》上签署意见。

资源采购中心：

① 验收前，核对现场已完成工程内容是否和"施工图纸、工程合同约定的工程范围以及工程量清单"所列的材料名称、数量、规格型号等一致。

② 督促项目经理部及时清理、统计各种剩余材料、设备等剩余物资的品种、规格、数量等，并及时上报资源采购中心。对项目经理部上报的剩余物资进行核实，并与区域公司完善相关手续，按公司相关规定统一调配处理。

设计院：

① 验收前，核对施工图、设计变更与竣工图的一致性。

② 施工现场，验收现场工程完成情况是否与"施工图纸、变更单、竣工图"一致。

③ 在《工程质量竣工验收记录表》上签署意见。

表 4-1　金埔园林工程竣工验收报告

工程名称					
区域公司		项目负责人		开工日期	
		项目技术负责人		完工日期	
工程概况					
合同价		万元	绿化面积		m²

本次竣工验收工程概况描述：

项目负责人：

日　期：　　年　　月　　日

表 4-2　金埔园林工程项目观感质量检查记录

工程名称				质量评价		
区域公司						
序号	项　目		检查部位（区域）	好	一般	差
1	绿化工程	绿地的平整度及造型				
2		生长势				
3		植株形态				
4		定位、朝向				
5		植物配置				
6		外观效果				

续表 4-2

工程名称			
区域公司			

序号	项目		检查部位(区域)	质量评价		
				好	一般	差
1	园林附属工程	园路:表观洁净				
2		色泽一致				
3		图案清晰				
4		平整度				
5		曲线圆滑				
6		假山、叠石:色泽相近				
7		纹理统一				
8		形态自然完整				
9		水景水池:颜色、纹理质感协调统一				
10		设施安装:防锈处理、色泽鲜明、不起皱皮及疙瘩				
观感质量综合评价						
检查结论	项目负责人: 年 月 日		工程管理中心: 年 月 日			

注:质量评价为差的项目,应进行返修。

表 4-3 金埔园林工程资料验收核查记录

工程名称				
区域公司			资料员	

序号	项目	资料名称	核查意见
1	管理资料	工程概况	
2		工程项目施工管理人员名单	
3		施工组织设计及施工方案	
4		施工技术交底记录	
5		开工报告	
6		竣工报告	

续表 4-3

工程名称					
区域公司				资料员	
序号	项目	资　料　名　称		核查意见	
1	质量控制资料	图纸会审、设计变更、洽商记录			
2		工程定位测量及放线记录			
3		原材料出厂证明文件			
4		施工试验报告及见证检测报告			
5		隐蔽验收记录（钢筋、砌体等）			
6		施工日志			
1	质量验收资料	检验批是否按照规定表格进行报验			
2		隐蔽验收是否漏报验			
3		混凝土浇筑时，是否报验浇筑报审表与配合比单			
4		材料进场报验时，是否附有质保资料			
5		报验的资料监理是否已签字盖章			
6		现场资料是否有序完整地进行存档			
1	竣工验收	竣工验收证明			
2		施工总结			
3		竣工图			
4		竣工资料	资料汇总		
5			分项工程汇总		
6			分部（子分部）汇总		

项目负责人：　　　　　　　　　　　　　　　　工程管理中心：

　　　　　　　　　年　月　日　　　　　　　　　　　　　年　月　日

表 4-4　金埔园林工程项目植物成活率统计记录

工程名称				区域公司		
序号	植物类型	种植数量	成活率	抽查结果	核（抽）查人	
1	常绿乔木					
2	常绿灌木					
3	绿篱					
4	落叶乔木					
5	落叶灌木					

续表 4-4

工程名称			区域公司		
序号	植物类型	种植数量	成活率	抽查结果	核(抽)查人
6	色块(带)				
7	花卉				
8	藤本植物				
9	水湿生植物				
10	竹子				
11	草坪				
12	地被				
13					

结论:

项目负责人:　　　　　　　　　　　　　　　　工程管理中心:
　　年　月　日　　　　　　　　　　　　　　　　　年　月　日

表 4-5　金埔园林工程竣工验收汇总表

工程名称					
区域公司		项目负责人		开工日期	
		项目技术负责人		完工日期	
序号	项目		验收结论		
1	资料				
2	观感质量				
3	植物成活率				
4	综合验收结论				
参加验收单位		参加验收人员		项目负责人	工程管理中心
		年　月　日		年　月　日	年　月　日

二、外部验收

外部验收是指建设工程项目竣工后开发建设单位会同设计、监理及工程质量监督部门,对该项目是否符合规划设计要求及质量标准进行全面检验。

工程通过外部验收并取得竣工验收证明,是工程养护期开始计算的依据,同时也是财务各项成本归结的依据。若项目迟迟不能验收,则工程款无法及时回笼,养护期也将无限期延长,导致工程无法移交,项目的养护成本增加。

(一)工程项目竣工验收应具备的基本条件

(1)工程正式竣工验收必须具备如下条件:

① 施工单位承建的工程内容已按合同要求全部完成;土建工程及附属的给排水、采暖通风、电气及消防工程已安装完毕;室外的各种管线已施工完毕,且具备正常使用条件。

② 施工单位占用的场地已按要求全部清理、维修完毕。

③ 工程的初验收已完成,初验收中提出的整改内容已按规定全部整改完成,并达到合格要求。

④ 工程竣工验收所需的全部资料已按规定整理、汇总完毕。

(2)对于合同规定的某些需要行业验收的工程和需要政府有关专项验收主管部门验收的工程,必须经行业主管部门和政府专项验收主管部门验收合格后,方可报正式竣工验收。

(3)已完工程符合上述基本条件,但实际上有少数非主要设备及某些特殊材料短期内不能解决,或工程虽未按设计规定内容全部建成,但对投产、使用影响不大,经建设单位同意也可报正式验收。

(二)工程项目验收所依据的文件及验收的内容

(1)工程项目招、投标文件及后续业主的有效需求变更。

(2)批准的设计文件、施工图纸及施工说明。

(3)双方签订项目承包合同。

(4)设计变更通知书。

(5)国家/行业的相关施工验收规范及质量验收标准,设备厂家的功能、性能标准。

(6)核查项目合同约定范围的工程内容是否全部完成,是否能满足业主需求,有无漏项,增减的内容变更手续是否齐全。

(7)按照项目预算、施工设计及国家相关标准规范、业主需求,核查项目设计、设备器材采购、安装施工、装置调试等各项工作实际完成情况的优劣,测试装置功能、性能是否达到预期效果。

(三)竣工验收质量标准

(1)建设工程质量应符合相关专业验收规范的规定。

(2)应符合工程勘察、设计文件的要求。

(3)参加工程施工质量验收的各方人员应具备规定的资格。

(4)工程质量验收应在施工单位自行检查评定的基础上进行。

(5)隐蔽工程在隐蔽前应由施工单位通知有关单位进行验收,并形成验收文件。

(6)涉及结构安全的试块、试件以及有关材料,应按有关规定进行见证取样检测。

（7）检验批的质量应按主控项目和一般项目验收。

（8）涉及结构安全和使用功能的重要分部工程应进行抽样检测。

（9）承担见证取样检测及有关结构安全检测的单位应具备相应资质。

（10）工程观感质量应由验收人员通过现场检查，并应共同确认。

（四）工程竣工验收

工程竣工验收一般分为阶段验收、初验收和正式验收。

1. 阶段验收

（1）阶段验收是指对按合同规定的进度款支付条件的符合性的验收。

（2）阶段验收由项目建设主管部门与监理单位共同审查后，提交验收办批准，并作为进度款支付的依据。

（3）阶段验收不代表对任何质量方面的最终认可。

2. 初验收

（1）建设项目完工后，为了顺利通过工程正式验收，项目建设主管部门与监理单位负责组织施工单位做工程竣工初验收，并审查由施工单位编写的《工程竣工验收总说明》和《工程竣工验收申请报告书》。

（2）工程初验收的程序如下：

① 检查拟验收工程是否按合同要求完成了全部施工内容，施工单位是否做到工完场清。

② 检验拟验收工程是否达到设计要求及施工合同规定的质量标准，各项设施运行是否正常、是否达到规定的质量标准。对没有达到规定质量要求的工程，填写《整改通知单》，提交施工单位整改。

③ 检查主要工程部位的隐蔽工程验收记录，必要时可抽查已隐蔽的工程部位。

④ 检查施工单位编制的竣工档案是否符合合同要求或相关行业标准要求。

⑤ 检查监理单位的监理档案及监理工作总结。

（3）经过初验收和对竣工档案的检查，项目建设主管部门填写《工程初验收情况报告表》和《工程决（结）算意见》，并附 3 套完整的竣工档案资料（包括电子光盘 1 份），向验收办提出正式验收申请。

3. 正式验收

验收办接到正式验收申请后，根据工程特性和初验收情况，确定项目验收组成员名单和正式验收时间，并于工程正式验收前 3 日，向参加正式验收的相关单位和人员发出《正式验收通知》。

工程正式验收程序如下：

（1）由验收办组织验收会议，会议内容如下：

① 施工单位代表介绍工程施工情况、自检情况及合同执行情况，出示竣工资料（竣工图及各项原始资料和记录）。

② 监理工程师介绍工程实施过程中的监理情况，做监理工作总结，发表竣工验收意见。

③ 项目建设主管部门做工程管理总结，提出竣工验收意见。

（2）项目验收组成员对已竣工的工程进行现场检查，同时检查竣工资料内容是否完整、准确。

（3）项目验收组成员提出工程现场检查中发现的问题,对施工单位提出限期整改意见。

（4）整改完成后,工程验收通过,出具竣工验收合格证明书,由建设、监理、设计盖章确认。

4. 工程竣工验收备案

我国实行建设工程竣工验收备案制度。新建、扩建和改建的各类房屋建筑工程和市政基础设施工程的竣工验收,均应按《建设工程质量管理条例》的规定进行备案,流程见图4-1。建设单位应自建设工程竣工验收合格之日起 15 日内将建设工程竣工验收报告和规划、公安消防、环保等部门出具的认可文件或准许使用文件,报建设行政主管部门或者其他相关部门备案。

备案部门在收到备案文件资料后的 15 日内对文件资料进行审查,符合要求的工程,验收备案表上需加盖"竣工验收备案专用章",并将一份交回建设单位存档。

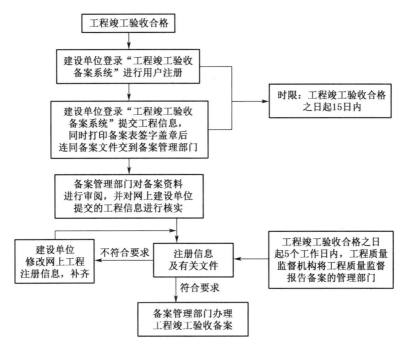

图 4-1　工程竣工验收备案流程

建设单位办理工程竣工验收备案,应当提交工程竣工验收备案表和工程竣工验收报告。

三、工程资料管理

（一）工程资料管理的意义

工程资料是单位工程施工全过程的原始资料,是反映工程内在质量的凭证。随着单位工程施工的持续开展会形成种类繁多的项目文件资料,如施工前期的筹划资料、施工过程的记录、竣工验收资料等,这些资料全面反映了整个工程建设的详细情况,它们对工程质量的评定、工程竣工后的收尾工作以及对新建工程的准备等都具有重要的利用价值。

（二）工程资料管理的内容

工程资料管理的内容包括:工程准备阶段、工程施工阶段、工程竣工验收阶段、工程移交阶段的资料管理。

1．工程准备阶段资料管理

（1）招投标文件：施工招投标文件、施工合同及中标通知书。

项目立项后，市场中心负责将加盖公章的纸质版招标文件原件及投标文件纸质版原件或电子版（包含技术标与商务标两部分）、工程中标通知书、合同等资料移交工程管理中心存档，工程管理中心接收资料后在《工程信息一览表》《工程资料存档明细表》中将项目情况及资料情况进行登记，并将中标通知书及合同原件扫描存档，同时将合同扫描件发给区域公司、各中心部门。

（2）开工审批文件：建设工程规划许可证、建设工程施工许可证。

开工审批文件的形成主体是建设单位，区域公司应做好电子档文件存档，并在取得后发送给工程管理中心存档。

（3）勘察设计文件：施工图设计文件审查通知书及审查报告、地勘报告。

勘察设计文件的形成主体是勘察设计单位，区域公司应做好电子档文件存档，并在取得后发送给工程管理中心存档。

2．工程施工阶段资料管理

（1）施工准备资料编制

项目部进场施工前相关资料需由监理单位审核同意后才能进场施工。施工进场前应具备的资料包括：工程开工报告、图纸会审、工程概况、总包单位资质与项目部人员报审、施工组织设计及（专项）施工方案、施工进度计划、机械及设备报审、施工人员三级安全教育、安全技术交底等。

工程资料应由项目资料员负责完成编制工作，整理并向监理单位报审，待资料完成后（相关单位签字、盖章完成）由资料员统一负责保管并整理归档。

相关资料如下：

① 施工技术文件：施工组织设计及（专项）施工方案、工程测量定位测量、放线验收记录、图纸会审记录、技术交底记录、设计交底记录、设计变更通知单、技术核定单。

施工组织设计及（专项）施工方案、施工进度计划：项目开工前或项目进场后7天内完成编制并报审监理单位，进场施工后30天内应完成所有签字、盖章手续（4份以上），正本（原件）由项目部留存，其余交建设、监理单位各留存1份。

② 施工管理文件：工程概况、项目管理人员名单及岗位证书、特种作业人员证书、开工报告、施工进度计划。

开工报告：项目开工前或项目进场后3天内完成编制并报审监理单位，进场施工后15天内应完成所有签字、盖章手续，正本（原件）由项目部留存。

工程概况、总包单位资质与项目部人员报审：项目开工前完成编制，项目部进场后报审监理单位，进场施工后7天内应完成所有签字、盖章手续，正本（原件）由项目部留存。

③ 安全资料：施工人员三级安全教育、安全技术交底、机械及设备报审等。

施工人员三级安全教育、安全技术交底：施工人员进场后3天内完成三级安全教育及安全技术交底工作，未完成三级安全教育及安全技术交底的施工人员严禁进场施工。

机械及设备报审：如测量仪器（水平仪、全站仪等）、施工机具（装载机、挖掘机等）应在设备进场时将设备的相关参数（机具设备型号、检测合格报告等）报送监理单位审核，审核同意后才能进场使用，应在机具设备进场后立即报审。

（2）施工过程资料编制

项目施工后各工序、材料、人员应按相关规范要求进行记录并报送监理单位审核同意后才能开展下一工序的施工。施工阶段应编制完成的资料包括：质量验收资料（各工序检验批验收记录）、相关施工记录、材料进场资料、材料复检资料、工程经济类资料、施工日志等。

施工阶段的资料应由项目资料员负责完成编制工作，整理并向监理单位报审，待资料完成后（相关单位签字、盖章）由资料员统一负责保管及归档。

资料如下：

① 施工质量验收文件：各工序检验及验收记录、隐蔽工程验收记录等。

质量验收资料应根据设计施工图纸和现场实际情况按国家规范划分的分部分项项目进行编制，施工工序完成时应及时编制相关质量验收资料并报审监理单位进行验收，验收合格后资料应及时跟踪完成（相关单位签字、盖章）。正本（原件）由项目部留存并交监理单位留存1份。

② 施工记录文件：地基验槽记录、给水管道压力试验记录、排水管道通水试验记录等。

根据国家相关规范，各工序施工完成后应进行相关施工检测以保证质量、安全。如地基工程（地基验槽记录、地基钎探记录等）、给排水工程（给水管道压力试验记录、排水管道通水试验记录等）、防水工程（蓄水试验记录、防水效果试验记录等）、电气工程（设备单机试运行记录、接地电阻试验记录等），具体内容可参照相关质量验收规范。

③ 施工物资出厂质量证明及进场检测文件：材料进场报审、复检等。

材料进场报审：材料进场时应随即编制《材料进场报审表》《材料进场清单》（附材料相关质量资料，如：合格证、检验报告）并报审监理单位，监理单位审核同意后才能进场使用。资料正本（原件）由项目部留存并交监理单位留存1份。

材料复检资料：根据国家标准及相关规范，相应进场材料应及时送检测中心复检（如：混凝土、钢筋、给排水管等），复检检测合格后复检报告由项目部留存并交监理单位留存1份。

④ 施工管理文件：工程联系单、项目台账、施工日志等。

项目台账：每月28日前各区域按公司规范要求编制完成《工程资料台账》《项目部章使用登记表》《施工日志领用移交登记表》并报送工程管理中心。

施工日志：每日工作完成后施工员应记录当日施工情况（如当日工作区域、施工班组及人数、完成工作量、质量检查及技术交底情况、材料进场情况等）。区域公司按照工程名称统一至工程管理中心领取施工日志并办理相关领用手续。工程完工后1个月内，区域公司按照施工日志领用数量将所有施工日志移交工程管理中心存档。

（3）完工阶段资料编制

① 施工验收文件：园林绿化单位（子单位）工程质量竣工验收记录、园林绿化单位（子单位）工程质量控制资料核查记录、园林绿化单位（子单位）工程观感质量检查记录、园林绿化单位（子单位）工程植物成活覆盖率统计记录等。

施工验收文件应在项目完工后，由资料员填写完整后上报监理单位审批。园林绿化单位（子单位）工程质量竣工验收记录根据要求应加盖建设、监理、施工、勘察设计单位公章。

② 竣工验收资料：设计单位工程评价意见报告、监理单位工程质量评估报告、施工单位工程竣工报告、园林绿化单位（子单位）工程质量竣工验收报告、工程总结等。

设计单位工程评价意见、监理单位工程质量评估报告的形成主体是设计单位、监理单位，资料员应做好收集归档。

3. 工程竣工验收阶段资料管理

（1）竣工资料

工程竣工资料应包括：工程施工管理文件、工程施工技术文件、工程进度造价文件、施工物资出厂质量证明及进场检测文件、施工记录文件、施工试验记录及检测文件、工程施工质量验收资料、工程施工验收文件、竣工图、施工图、竣工验收与备案文件、竣工决算文件、工程声像文件。其中施工日志无需装订，竣工图、施工图应折叠成 A4 纸，工程声像文件刻入光盘或 U 盘中，竣工决算文件可单独组卷。

资料员负责按照各省资料汇总要求将竣工资料组卷装订成册，不得移交零散未装订的竣工资料；区域公司提交的竣工资料必须与移交建设单位的竣工资料版本保持一致；工程竣工资料由区域公司资料员负责在工程竣工验收之后，大工程（合同价 5 000 万元以上）自竣工验收 2 个月之内装订形成竣工资料移交工程管理中心存档，小工程（合同价 5 000 万元以下）自竣工验收 1 个月以内装订形成竣工资料移交工程管理中心存档。

（2）竣工验收证明

竣工验收证明必须加盖各参建单位公章，不得私盖项目部章，尤其是涉及工程备案的项目；竣工验收证明必须写清本工程开工时间、完工时间、竣工验收时间，由项目经理在项目竣工后 15 天内办理竣工验收证明，一旦办理完成立即将竣工验收证明原件移交给工程管理中心存档，要求：

① 开工时间：必须与开工报告上的时间一致。

② 完工时间：即完成所有工程量的时间。

③ 竣工验收时间：工程竣工验收合格之日为竣工日期。

④ 应注明绿化面积、硬质铺装面积大小。

⑤ 办理竣工验收证明盖章前，应提交电子档文件到工程管理中心，审核通过后方能办理盖章。

（3）竣工图

① 竣工图必须按照规范要求绘制，与工程实际相符合，并能完整、准确、规范地反映项目竣工验收时的真实情况。

② 所有竣工图均为蓝图加盖竣工图章（盖在图表上方空白处或折叠后外翻图标上方），竣工图章的内容填写应齐全、清楚，不得代签。

③ 竣工图应按《技术制图复制图的折叠方法》（GB/T 10609.3—1989），统一折叠成 A4 图幅（210 mm×297 mm）装订成卷。

④ 区域公司提交工程管理中心的竣工图必须与移交建设单位审计部的竣工图保持一致。

⑤ 区域公司负责移交一份原件蓝图至工程管理中心存档：大工程（合同价 5 000 万元以上）自竣工验收 2 个月之内装订形成竣工图移交工程管理中心存档，小工程（合同价 5 000 万元以下）自竣工验收 1 个月以内装订形成竣工图移交工程管理中心存档。

⑥ 区域公司负责将施工图、竣工图刻成电子光盘移交工程管理中心存档。

（4）施工日志

施工日志的主要作用：

① 确保日后能够对工程进行有效的追溯（好记性不如烂笔头）。

② 为日后可能出现的工程补救和加强措施提供参考依据。

③ 为工程变更提供依据。

④ 为下道工序提供依据。

⑤ 能够在写施工日志中积累丰富的经验。

区域公司按照工程名称统一至工程管理中心领取施工日志并办理相关领用手续，严禁项目私自购买施工日志；工程（合同价 5 000 万元以上）自竣工验收 2 个月以内，小工程（合同价 5 000 万元以下）自竣工验收 1 个月以内，区域公司按照施工日志领用数量将所有施工日志移交工程管理中心存档。

施工日志的领用：工程中标后，由各项目资料员统一至工程管理中心领取施工日志，并按照要求填写《施工日志领用单》。项目部所有施工员统一至资料员处领取施工日志，资料员做好施工日志日常领用手续。每本写完后，施工员必须将写完的施工日志移交给资料员存档，之后方可领取下一本施工日志。

施工日志的填写：施工日志填写分两个阶段，施工阶段时间为工程开始至工程竣工，养护阶段时间为工程竣工至养护期结束移交。施工阶段的施工日志由项目所有施工员逐日进行填写，养护期阶段的施工日志由养护人员进行填写，不得隔日、跳日或断日填写。

填写内容要求：

① 每页均要填写现场负责人、记录人、日期、天气情况（含阴、雨、晴、风力、温度及潮汐情况等）等内容，同地区、同一项目基本信息必须填写一致。

② 生产情况记录：详细记录施工期间工程部位的施工方法、劳动力布置、机械配置、施工操作、施工进度、停工及原因（停工期间重要事件应记录）等情况，填写要点：a. 当日施工区域；b. 当日主要施工内容；c. 当日施工人数、所属班组；d. 当日施工区域机械使用情况；e. 当日施工完成情况，即完成工作量；f. 停工及原因。

③ 技术质量安全工作记录：详细记录项目自检记录、施工技术交底、安全技术交底、安全活动、隐患及整改措施、工序检查、隐蔽工程检查验收情况及检查验收结论等情况；不得在此栏内填写"无"或空白不填，必须按照填写要求结合现场实际情况进行填写。内容填写要点：

技术活动记录：a. 测量放样；b. 材料取样送检；c. 技术交底；d. 设计变更。

质量活动记录：a. 工序检查；b. 隐蔽验收；c. 工序验收；d. 质量问题。

安全活动记录：a. 安全检查；b. 安全交底。

④ 材料构配件进场记录：详细记录材料、构配件的进场时间、数量、质量情况，有无合格证，各种原材料、半成品取样送检的时间、数量，试块的制作时间、制作人、试验结果及其所用部位，如原材料进场记录、混凝土试块编号等。内容填写要点：a. 材料（设备）的名称；b. 材料（设备）的规格；c. 材料（设备）的品种；d. 材料（设备）的数量；e. 材料（设备）的质量。

⑤ 若当天现场无相应的施工记录，则在相应的空白栏内填写"无"，不允许空白不填。例如：当天没有材料进场，则需在材料进场空白内直接填写"无"。

施工日志在填写过程中应注意一些细节：

a. 书写时一定要字迹工整、清晰，最好用仿宋体或正楷字书写。

b. 当日的主要施工内容一定要与施工部位相对应。

c. 养护记录要详细，应包括养护部位、养护方法、养护次数、养护人员、养护结果等。

d. 焊接记录也要详细记录，应包括焊接部位、焊接方式（电弧焊、电渣压力焊、搭接双面焊、搭接单面焊等）、焊接电流、焊条（剂）牌号及规格、焊接人员、焊接数量、检查结果、检查人员等。

e. 其他检查记录一定要具体详细，不能泛泛而谈。检查记录记得很详细还可代替施工记录。

f. 停水、停电一定要记录清楚起止时间，停水、停电时正在进行什么工作，是否造成损失。

（5）结算资料

① 包括签证单、联系单、指令单、技术核定单、材料价格确认单、工程结算书、工程量计算书等。

② 按照建设单位审计要求将结算资料装订成册，不得移交零散未装订的结算资料。

③ 工程结算审计后 1 个月内，成本核算中心负责移交一份原件至工程管理中心存档。

（6）审计报告

工程取得审计报告后 15 天内，成本核算中心负责移交一份原件至工程管理中心存档。

4．工程移交阶段资料管理

工程移交后 7 天内，区域公司负责移交一份项目移交证明原件至工程管理中心存档。

在接收各阶段工程资料时，工程管理中心将按照资料接收情况填写《资料接收单》（见表 4-6），一式两份，双方各执一份留存，由移交人、接收人签字并加盖部门章后生效，《资料接收单》将作为资料的唯一凭证依据。

表 4-6　资料接收单

编号：

日期	工程名称	资料内容	份数	转交人	接收人	备注

注：若对以上接收清单有疑问，请及时联系工程管理中心，否则以此作为唯一资料接收凭证。

（三）工程资料编制质量要求及组卷方法

1．编制质量要求

（1）工程档案资料必须真实地反映工程实际情况，具有永久和长期保存价值的文件材料必须完整、准确、系统，责任者的签章手续必须齐全。

（2）工程档案资料必须使用原件；如有特殊原因不能使用原件的，应在复印件或抄件上加盖公章并注明原件存放处。

（3）工程档案资料的签字必须使用档案规定用笔。工程资料宜采用打印的形式并手工签字。

（4）工程档案资料的编制和填写应适应档案缩微管理和计算机输入的要求，凡采用施工蓝图改绘竣工图的，必须使用新蓝图并反差明显，修改后的竣工图必须图面整洁，文字材料字迹工整、清楚。

（5）工程档案资料的缩微制品，必须按国家缩微标准进行制作，主要技术指标（解像力、密度、海波残留量等）要符合国家标准，保证质量，以适应长期安全保管。

（6）工程档案资料的照片（含底片）及声像档案，要求图像清晰，声音清楚，内容准确。

2．组卷一般要求

组卷前要详细检查建设单位文件、工程监理文件、工程施工文件和竣工图，按要求收集齐全、完整。达不到质量要求的文字材料和图纸一律重做。

（1）组卷的基本原则

① 建设项目按单位工程组卷。

② 工程档案资料应按建设单位文件、工程监理文件、施工文件和竣工图分别进行组卷,施工文件、竣工图还应按专业分别进行组卷,以便于保管和利用。

③ 工程档案资料应根据保存单位和专业工程分类进行组卷。

④ 卷内资料排列顺序要依据资料内容构成而定,一般顺序为:封面、目录、文件部分、备考表、封底,组成的案卷力求美观、整齐。

⑤ 卷内资料若有多种资料时,同类资料按日期顺序排序,不同资料之间的排列顺序应按资料分类排列。

(2) 组卷的具体要求

工程建设各参与单位的档案资料文件可根据数量的多少组成1卷或多卷,如建设单位的建设项目报批卷、用地拆迁卷、地质勘探卷、工程竣工总结卷、工程照片卷、录音录像卷等。工程监理单位和施工单位同样根据档案资料数量的多少组成1卷或多卷,可以参照各地方城建档案馆专业工程分类编码参考表的类别进行组卷。原则上,文字材料和图纸材料不能混装在一个装具内;如文件材料较少需装在一个装具内,文字材料和图纸材料必须装订。工程档案资料应按单项工程编制总目录卷和总目录卷汇总表。

(3) 案卷页号的编写

编写页号以独立卷为单位。在案卷内文件材料排列顺序确定后,均以有书写内容的页面编写页号。用打号机或钢笔依次逐张标注页号,采用黑色、蓝色油墨或墨水。工程档案资料以及折叠后图纸页号应按城建档案馆的要求统一编写位置。

(4) 案卷汇总

案卷封面、案卷脊背、工程档案卷内目录、卷内备考表的编制、填写方法应按照地方城建档案部门的具体填写说明执行。

(四) 工程项目档案资料验收与移交

1. 档案资料的验收

工程档案资料由建设单位进行验收,属于向地方城建档案部门报送工程档案资料的建设工程项目,还应会同地方城建档案部门共同验收。国家、省市重点建设项目或一些特大型、大型建设项目的预验收和验收会,应由地方城建档案部门参加验收。

为确保工程档案资料的质量,各编制单位、工程监理单位、建设单位、地方城建档案部门、档案行政管理部门等要严格对其进行检查、验收。编制单位、制图人、审核人、技术负责人必须签字或盖章。对不符合技术要求的,一律退回编制单位改正、补齐,问题严重者可令其重做。不符合要求者,不能交工验收。凡报送的工程档案资料,如验收不合格将其退回建设单位,由建设单位责成责任者重新进行编制,待达到要求后重新报送。地方城建档案部门负责工程档案资料的最后验收,并对编制报送工程档案资料进行业务指导、督促和检查。

2. 档案资料的移交

应在工程竣工验收前将工程档案资料按合同或协议规定的时间、套数移交给建设单位,办理移交手续。

竣工验收通过后3个月内,建设单位将汇总的全部工程档案资料移交地方城建档案部门。如遇特殊情况,需要推迟报送日期,必须在规定报送时间内向地方城建档案部门申请延期报送并申明延期报送原因,经同意后办理延期报送手续。

（五）工程资料管理的办法

工程资料是施工质量情况的真实反映、真实记录，因此要求各资料必须与施工同步，及时收集整理。要指定专人负责管理工程资料，负责对工程资料逐项跟踪收集，并及时做好分部分项质量评定等各种原始记录，使资料的整理与工程形象进度同步，杜绝工程收尾阶段再补做资料现象的发生，要确保工程技术资料的真实性和准确性。

（1）真实性是做好工程技术资料的灵魂。不真实的资料会把工作人员引入误区，工程一旦出现质量问题，不真实的资料不仅不能作为技术资料使用，反而会造成工程技术资料混乱，以致误判，同时也不能为提高工程质量等级提供事实依据，因此要求资料的整理必须实事求是、客观准确。

（2）准确性是做好工程技术资料的核心。分部分项划分要准确，数据计算要准确，不可随意填写。所用资料表格要统一、规范，文字说明要规范，表格不可出现涂改现象。各工程的质量评定应规范化，符合质量检验评定标准的要求。

（3）确保工程技术资料的完整性。不完整的技术资料将会导致片面性，不能系统、全面地了解工程的质量情况。不仅资料内容要完整，而且所涉及的数据要有据可循，现场原始资料要完整。一份完整的施工资料不仅要有施工技术资料，还要有相应的实验资料和质量证明材料，确保资料的完整性。除此之外，施工日志、测量资料也同样重要，也是质量评定表中数据的重要依据。

（4）职责分明，签认齐全。资料上要有各方责任主体会签并盖章齐全。

（5）做好技术资料的整理保管工作。由于现场的技术资料分散在很多人手中，因此要求资料员把资料收集回来进行统一的分类整理。同时，做好施工过程中各种影像资料的收集归档工作，如施工过程中隐蔽验收电子版照片、各种验收照片、检验检测照片等。资料保管要求有专门的资料柜，同时要有防潮、防虫、防高温措施。

（6）有爱岗敬业、勇于奉献的精神。资料员要尽职尽责，认真做好每项资料的收集与整理工作，勤于到现场实际查看工程进度情况，勤于了解质检、安全、材料方面的事宜；勤于及时地通过三方见证、报验、送检；勤于及时填写各种隐蔽工程资料并及时找相关方签证；勤于到现场落实工程施工情况，力求做到资料与施工同步，真实记录施工全过程。

（六）离职人员的资料交接管理

人员离职时，必须做好资料接收人与离职人员之间的资料交接。资料接收人必须对离职人员的工作详细了解后，根据其岗位职责确定交接资料清单。交接记录一式三份，签字后生效，一份交接人留存、一份接收人留存、一份移交工程管理中心。

四、建养交接

（一）建养交接的重要性

植物养护是园林工程区别于其他工程所独有的工作，在园林绿化工程中，植物种植工作完成以后，接下来就要对植物进行养护管理。养护是根据不同绿化植物的生长需要和某些特定要求，及时对植物采取如施肥、灌水、中耕除草、修剪、防治病虫害等技术措施，以确保其能够正常生长。所以，人们形容植物的种养关系是"三分种植，七分养护"，这说明绿化养护在园林绿化施工过程中占有重要地位，它是园林绿化施工项目顺利完成、实现工程项目质量、成本目标的关键。

为提高公司养护管理的整体水平,实现养护专业化管理,各区域公司均成立了养护部。项目部在完成施工任务并进行验收后,其养护工作交由区域公司养护部进行,这就需要区域公司项目经理部与养护部进行工程的建养交接。

经过对部分养护项目的成本超支、苗木补植、无法移交等问题进行调查分析后发现,往往由于在项目建养交接上存在疏忽,导致施工期问题遗留至养护期,引起养护项目失控。为避免后期纠纷与扯皮,建养交接显得尤其重要。

(二) 交接原则

(1)园林绿化工程的施工及竣工验收后的养护均由区域公司总负责,接受工程管理中心的监管。

(2)工程施工过程由项目部负责,竣工验收合格后移交给养护部负责。

(三) 交接条件

工程项目已按施工图完成合同约定的各项建设内容,质量符合合同规定,符合《园林绿化工程施工及验收规范》,经相关部门验收合格并取得验收证明。

(四) 交接程序

(1)项目正式竣工验收前1个月内,区域公司组织进行内部验收时,需同时进行建养交接工作,并指派养护经理参与。交接过程中养护经理应充分了解该项目的养护内容、绿化土建占比、施工难点及要求、是否有未完成的施工内容、移交养护时的死苗量及相应补苗成本等,以便在养护B3表关门时对专项费用进行预留以及准确编制养护B1表。

(2)项目正式竣工验收时应同时办理养护交接手续,项目经理和养护经理共同参与项目现场苗木清点,完成《养护苗木统计清单》(见表4-7),确保现场苗木清点准确无误,留有现场照片。

(3)双方对交接内容确认后签字报工程管理中心备案。

表 4-7　养护苗木统计清单

项目名称:_____

序号	名称	规格/cm				单位	栽植总量	死亡数量	长势很弱	死苗比例	采购单价/元	其他
		胸径	地径	高度	冠幅							
1												
2												
3												
4												
5												

竣工验收日期	年　月　日	合同规定养护期	年	合同规定养护标准	级
施工移交负责人签字		养护接管负责人签字		接管时间	年　月　日

第二节　结算审计

一、竣工结算编制前准备工作

工程竣工结算是指项目或单项工程完成并达到验收标准,取得竣工验收合格签证后,施工企业与建设单位(业主)之间办理的工程竣工结算。

单项工程竣工验收后,由施工企业及时整理技术资料,主要包括竣工图和编制竣工结算以及施工合同、补充协议、设计变更洽商等资料,送建设单位审查,经发、承包双方达成一致意见后办理结算。但属于中央和地方财政投资的园林工程的结算,需经财政主管部门委托的造价中介机构或造价管理部门审查,有的工程还需经过审计部门审计。

(一)工程竣工结算编制依据

(1)工程施工合同及中标通知书。

(2)招投标文件,控制价清单。

(3)设计图纸、设计修改通知单、技术核定单、核价单。

(4)工程变更签证单。

(5)分阶段的工程审价审定单。

(6)施工图纸、竣工图纸。

(7)工程成本账单。

工程竣工结算的编制是一项政策性较强,反映技术经济综合能力的工作,既要做到正确地反映工人创造的工程价值,又要正确地贯彻执行国家有关部门的各项规定,因此,编制工程竣工结算必须提供工程结算送审资料。

(二)工程竣工结算编制资料清单

结算送审资料分为必要资料和附加资料两大类。必要资料不可缺少,缺少一份将对审计结果带来实质性的影响;附加资料或可缺少,但当结算出现争议且原必要资料不足以还原事实时,附加资料可作为佐证。

1. 必要资料

① 立项批复文件(立项、报监)。

② 招标文件及过程性谈判纪要:包括招标图纸、招标文件所附合同条款和技术规范、投标须知、招标补遗、招标答疑纪要、工程量清单及清单说明等整套招标文件及其附件。招标文件应整理装订成册(招标工程量清单、控制价、审核报告及编辑说明:应附有清单计价明细及单价分析表或工程报价单等纸质版本及电子版,纸质版本应有建设单位及编制单位等有关单位的签字、盖章)。

③ 中标通知书、合同评审表、合同及补充协议:本合同协议书、中标通知书、投标书及其附件,本合同专用条款、通用条款、标准、规范及有关技术文件、施工图纸、工程量清单、工程报价单或预算书(应附有单价分析表或工程报价单的电子版)。

④ 图纸会审记录:要求按图纸会审的时间先后整理装订成册,图纸会审记录需有各参加单位会审人员的签字。

⑤ 工程竣工图纸:提供符合国家有关规范的竣工图纸,要求有监理单位相关人员签字以及建设单位、施工单位与监理单位盖章确认。

⑥ 工期及经济类签证、索赔文件:工程设计变更,要求分专业按时间先后整理,装订成册。设计变更要求有设计人员的签字及设计单位盖章,同时要求有监理单位、建设单位和施工单位盖章确认,与竣工图相对应。工程签证要求根据签证单的时间先后整理装订成册,每一页要求有统一的编号,现场签证单上应有工程数量的计算过程和简图。对照施工合同工期,查看是否存在延误工期,是否有延误工期责任界定及补充说明,是否有监理单位、建设单位和施工单位相关人员签字和单位盖章确认。

⑦ 合同约定作为价款调整的依据性文件:如政策性文件、造价信息文件等;EPC项目,信息价缺项的需市场询价的询价成果文件等。

⑧ 已完工程施工界面确认单:尤其注意类似如拆除工程、苗木移植、修缮工程等一旦完工后无法鉴别工程量的,即使图纸中有备注工程量,也需现场确认工程量。

⑨ 经济类处罚单及已缴纳凭证。

⑩ 水电费缴纳凭证。

⑪ 直接影响结算价款的会议纪要、联系单、监理通知单:指工程质量、安全、技术、经济等现场协调会的会议纪要等,要求根据会议纪要的时间先后整理装订成册,然后在每一页的下方统一编号。会议纪要要求有参加会议各方代表签字。

⑫ 施工组织设计及各专项施工方案:要求提供经建设单位和监理单位批准的施工组织设计。

⑬ 工程地质勘察报告及水文资料:应有地质勘察单位及提供水文资料的单位签字盖章确认。

⑭ 工程开工、竣工验收报告:要求有建设单位盖章及相关单位确认。

⑮ 原始数据记录文件:如土方开挖前后超平记录、绿化地形回填土前后原始地貌测绘、管道基础开挖深度超平记录等。

⑯ 工程结算书:按工程施工合同规定编制的工程结算书,应有建设单位、施工单位的盖章确认;工程结算书要有编制说明,并提供电子版结算书,以便做审核对比表。

⑰ 工程量计算书:工程量计算书应由工程量汇总表和详细的工程量计算式组成,工程量应有详细的计算表达式和计算依据索引,尽量提供电子版竣工图和采用有计量软件工程量计算稿件(电子版)。

⑱ 监理工程师通知或建设单位施工指令:要求根据监理工程师通知或建设单位施工指令的时间先后整理装订成册,然后在每一页的下方统一编号。监理工程师通知或建设单位施工指令要求有监理单位和建设单位相关人员签字和单位盖章确认。

⑲ 其他结算资料:甲供设备及材料证明、材料进场报验单、隐蔽工程验收单、工程质量验收评定证书、监理合同、监理报告、材料检验报告、产品质量合格证、施工日志、非常用标准图集和定额、单价分析表、应由施工单位承担而由建设单位支付的费用证明。

2. 附件材料

① 与结算关联的会议纪要、各类联系单、监理通知单。

② 工程进度款支付明细;工程款发票、付款时间节点等。

③ 能反映施工过程尤其是隐蔽工序的各类影像和照片文件。

④ 工序报验单及隐蔽验收记录。

⑤ 材料进场报验单及相关合格证、检测报告等。

⑥ 采购合同、对应发票及付款凭证等。

结算书编制是在工程竣工验收合格的基础上进行，编制前务必收集齐全结算编制相关文件，并按照甲方要求份数打印上报，避免在审计过程中因资料不全而导致审计时间无限延长，因后期再补资料难上加难。

（三）竣工结算编制时间

竣工图纸必须在项目完工 2 周内完成，并经过项目预算员、项目经理审核确认。项目预算员依据经审定的竣工图纸及其他有效签证文件，在以下规定时间内完成公司内部成本结算（B3 表）、竣工项目结算书的编制以及与业主结算确认工作：

（1）1 000 万元以下工程：B3 表在 5 天内完成；在 15 天内完成结算书；并于提交甲方后 45 天内完成结算确认。

（2）1 000 万元（含）～2 000 万元的工程：B3 表在 10 天内完成；在 20 天内完成结算书；并于提交甲方后 45～60 天内完成结算确认。

（3）2 000 万元（含）～3 000 万元的工程：B3 表在 15 天内完成；在 30 天内完成结算书；并于提交甲方后 60～90 天内完成结算确认。

（4）3 000 万元（含）以上工程：B3 表在 20 天内完成；在 45 天内完成结算书；并于提交甲方后 90～120 天内完成结算确认。

（四）工程竣工结算审批流程

各区域项目部在工程完工后，在内控制度规定的时间内收集相关竣工资料，及时完成竣工结算文件的编制，进行工程竣工结算审批。审批流程要求如下：

竣工结算项目部有外协介入的，由外协单位人员编制结算书报区域核算总监、项目经理审核，自查自审无误后上报成本核算中心审核，项目部根据审核意见进行调整结算。项目结算书由区域核算总监、项目经理、区域公司总经理、成本核算中心经理、分管领导、总经理审批。

未经公司成本核算中心审核，擅自报送甲方导致结算书被退回、结算漏报等严重问题，由各项目管理公司承担相关责任和后果。上报结算文件整体资料原件需留成本核算中心存档 1 份。

二、结算书编制方法及审批要求

（一）整理检查结算基础资料

项目部核算员在编制结算书前要深入理解工程合同。工程合同是结算审计的重要依据之一，编制人员应全面熟悉并理解合同中包含的内容，特别是针对合同约定的哪些项目可以调整，合同价款要熟记于心，应详细了解施工合同内有关结算书编制和上报要求的文字部分。

如某个项目关于结算部分的条款：

（1）工程养护期 2 年，自工程竣工初验合格之日起计算。

（2）工程在建设期、养护期、回购期均不计息。发包人超过约定的支付时间不支付工程款，承包人可向发包人发出要求付款的通知。发包人收到承包人通知后仍不能按要求付款，即按中国人民银行同期贷款利率的双倍计算滞纳金。

（3）承包人须于工程竣工验收合格后 1 个月内上报工程决算审计。发包人应在 60 个工作日内完成审计，否则，工程价款以承包人申报的决算价为准。

（4）最终工程价款的确认：以××市×县审计机关审定的工程决算价为准，并按审计总价 6％的比例下浮。

（5）结算依据：依据 2007 年版《江苏省仿古建筑与园林工程定额》。如此定额没有，可以套用《江苏省市政工程计价表》《江苏省安装工程计价表》、2004 年版《江苏省建筑与装饰工程计价表》、2009 年版江苏省建设工程费用定额、徐州市建筑工程定额管理站及徐州市相关规定。

（6）绿化造价以苗价为基础计算工程造价，其中苗木单价参照当期《××工程建设及造价信息》发布的材料价格。

（7）《××工程建设及造价信息》未发布的材料价格由双方按市场价协商确定。

（二）根据竣工图纸及相关资料计算工程量

1. 土方工程量计算

（1）绿地平整及地形改造

① ±30 cm 以内的挖土方按照场地平整计算，单位为 m²，绿地平整面积一般情况下为竣工图中所有模纹和地被面积之和。

② 地形改造分别按照 2 m、3 m、4 m、5 m 高差，单位以 m³ 计算。

（2）土建部分土方

① 挖土方、基坑、槽沟按图示垫层外皮的宽乘长乘挖土深度，以 m³ 计算，并乘以放坡系数。

② 河道、池塘挖淤泥及其超运距运输均按淤泥挖掘体积，以 m³ 计算。

③ 路基挖土按垫层外皮尺寸面积乘以深度，以 m³ 计算。

④ 回填土应扣除设计地坪以下埋入的基础垫层及基础所占体积，以 m³ 计算。

⑤ 余土或亏土是施工现场全部土方平衡后的余土或亏土，以 m³ 计算。

当然，园林工程遇到的最多的土方就是大型土石方开挖和回填工作。在进场施工前，三方（监理、甲方和施工单位）测量一个原始地面标高；施工完毕，三方（监理、甲方和施工单位）测量完成面标高；由原始地面标高和完成面标高，通过方格网法或三角网法等测出土方回填和开挖的土方量（见表 4-8），以此作为最终结算依据。

2. 园林土建项目计算

（1）园路及地面工程

① 垫层按设计图示尺寸，以 m² 计算。园路垫层宽度：带路牙者，按路面宽度加 20 cm 计算；无路牙者，按路面宽度加 10 cm 计算；蹬道带山石挡土墙者，按蹬道宽度加 120 cm 计算；蹬道无山石挡土墙者，按蹬道宽度加 40 cm 计算。

② 路面（不含蹬道）和地面，按设计图示尺寸，以 m² 计算；坡道路面带踏步者，其踏步部分应予扣除，并另按台阶相应定额计算。

③ 路牙，按单侧长度以延长米计算。

④ 混凝土或砖石台阶，按设计图示尺寸以 m² 计算。

⑤ 台阶和坡道的踏步面层，按设计图示水平投影面积以 m² 计算。

⑥ 拌石或片石蹬道，按设计图示水平投影面积以 m² 计算。

表 4-8 方格网算土石方量表

面积:	386 400.00	m²
填方量:	246 846.06	m³
挖方量:	734 881.65	m³

方格编号	方格网边长 A	B	设计标高 第一点	第二点	第三点	第四点	自然标高 第一点	第二点	第三点	第四点	施工高度 第一点	第二点	第三点	第四点	方格内平均高度	面积 m²	挖方体积 m³	填方体积 m³
A一	20	20	40.8	41.05	40.8	40.7	39.76	39.76	39.77	39.76	-1.04	-1.29	-1.03	-0.94	1.08	400	0	430
A二	20	20	41.05	41.1	40.7	41.1	39.76	39.77	39.76	39.78	-1.29	-1.33	-0.94	-1.32	1.22	400	0	488
A三	20	20	41.1	41.12	41.1	41.17	39.77	39.96	39.78	39.89	-1.33	-1.16	-1.32	-1.28	1.27	400	0	509
A四	20	20	41.12	41.15	41.17	41.18	39.96	39.95	39.89	39.96	-1.16	-1.2	-1.28	-1.22	1.22	400	0	486
A五	20	20	41.15	41.15	41.18	40.95	39.95	40.01	39.96	40.05	-1.2	-1.14	-1.22	-1.22	1.12	400	0	446
A六	20	20	41.15	41.18	40.95	41.7	40.01	40.06	40.05	40.08	-1.14	-1.12	-0.9	-0.9	1.2	400	0	478
A七	20	20	41.18	41.18	41.7	41.95	40.06	40.05	40.08	40.09	-1.12	-1.13	-1.62	-1.62	1.43	400	0	573
A八	20	20	41.18	41.18	41.95	42.15	40.05	39.98	40.09	39.99	-1.13	-1.2	-1.86	-2.16	1.59	400	0	635

（2）砖石工程

① 砖石基础不分厚度和深度，按设计图示尺寸以 m^2 计算，应扣除混凝土梁柱所占体积。大放脚交接重叠部分和预留孔洞均不扣除。

② 砖砌挡土墙、沟渠、驳岸、毛石砌墙和护坡等砖石砌体，均按设计图示尺寸的实砌体以面计算。沟渠或驳岸的砖砌基础部分，应并入沟渠或驳岸体积内计算。

③ 角边砖柱的砖柱基础应合并在柱身工程量内，按设计图示尺寸以 m^3 计算。

④ 围墙基础和突出墙面的砖踩部分的工程量，应并入围墙内按设计图示尺寸以 m^3 计算，遇有混凝土或布瓦花饰时应将花饰部分扣除。

⑤ 勾缝按 m^2 计算。

（3）水池、花架及小品工程

① 水池池底、池壁、花架梁、柱、花池、花盆、花坛、门窗框以及其他小品制作或砌筑，均按设计尺寸以 m^3 计算。

② 预制混凝土小品的安装，按其体积以 m^3 计算。

③ 砌体加固钢筋，按设计图示用量，以 t 计算。

④ 模板安装和拆除，按模板接触面以 m^2 计算。

（4）假山工程叠山、人造独立峰、零星点布、驳岸等假山工程量，一律按设计图示尺寸以 t 或者座计算

3. 园林绿化苗木计量

（1）苗木预算价值，应根据设计要求的品种、规格、数量（包括规定栽植损耗量）分别列项以株、m、m^2 计算。

（2）栽植苗木按不同土壤类别分别计算：

① 乔木，按不同胸径以株计算。

② 灌木，按不同株高以株计算。

③ 土球苗木，按不同的土球规格以株计算。

④ 木箱苗木，按不同的箱体规格以株计算。

⑤ 绿篱，按单行或双行不同篱高以延长米计算。

⑥ 攀缘植物，按不同生长年限以株计算。

⑦ 草坪、地被和花卉分别以 m^2 计算。

⑧ 色带，按不同高度以 m^2 计算。

⑨ 丛生竹，按不同的土球规格以株计算。

一般情况下，在结算编制前，项目部会派多人到现场点苗，将栽植的乔灌木、地被工程量统计出来，然后绘制竣工图。项目核算员可直接按竣工图里的苗木表编制结算。

（三）清单编制及定额套价

凡在投标范围内的，按照投标清单套价；不在投标清单范围内的，投标内有类似清单报价的参照类似清单报价；无类似清单报价的重新组价，组价参照合同条款有关结算依据部分。材料价格有信息价的，按施工期间信息价结算；无信息价的参照市场价结算；既没有信息价又没有市场价的，按照采购价格上调一定系数上报结算。特殊材料在施工过程中要及时通过核价单双方定价，结算时按照核价单价格直接进行结算。

结算编制完成后进行结算汇总,汇总时注意措施项目中单价措施项目是否漏项,总价措施项目和规费、税金等取费的合理性,按照各省的取费标准进行调整。

(四)编制结算需注意的问题

1. 了解项目合同竣工结算方式

(1)"固定总价"合同结算方式

此类合同的结算价以固定总价为依据,如果施工期间的施工任务没有增减则按照合同价执行,如果有增减则需要做出调整。结算价分为合同价与变更增减调整部分。

① 合同价

经过建设单位、园林施工企业、招投标主管部门对标底和投标报价进行综合评定后确定的中标价,以固定总价的合同形式确定的标价。

② 变更增减调整

是指因合同以外增加的施工任务而发生的结算增加部分。结算时其单价的计算方法按照合同的规定执行;如合同中无明确规定,则可按照当地的定额执行。如合同内的施工任务减少,则按照合同价执行,或者按照调价条款调增清单子目的单价计算。

(2)"固定单价"合同结算方式

① 按照合同单价结算

此结算方式一般适用于大型园林工程,以投标时的单价作为结算依据,工程量则按照实际发生的施工工程量结算。

② 变更增减调整

投标价中没有的子目,结算价按照合同规定或按照定额执行。工程量减少过多,达到调价条款规定的,结算单价按照调价后的执行。

(3)"成本+酬金"合同结算方式

此方式一般是业主提供所有建设施工所需要的材料、设备、构配件等,施工单位按照合同规定的酬金计算酬金部分。

2. 高度重视资料的一致性

报竣工结算的资料要齐全,条理要清楚。结算书编制要与竣工资料(如竣工图与各种变更)对应起来。编制时,按施工图整体编制一个结算书,然后把相关变更及索赔事项按顺序单独另编一个"变更结算"。

3. 编制结算书做到认真、细致、不漏项

结算资料报甲方后,甲方会安排审价。审价工作由甲方自行完成或委托第三方审计公司进行,对于施工单位来说差别不大。审计公司或甲方拿到结算资料后,首先会对资料做一个基本判断。如果资料齐全,直接进入下一步;如果资料不全,则会要求补充。因此,施工单位在编制结算书时需做到细致,谨防漏项。

4. 及时收集相关手续

在施工过程中,项目经理全权负责资料的完整性,及时办理符合合同条款的各项变更手续。由于参建工程的各方面人员变动、岗位调整、部门整合等原因,基本不可能等到工程结束后,原设计、监理、业主等单位的负责人员仍旧在原岗位等待施工方前来办理相关手续。如确实无法及时办理,则应收集相关会议纪要、影像资料、部分人员签认单等材料,作为结算时可争取的依据,特别是涉及金额变动较大的项目、不符合合同调整条款的项目、业主要求增加的工作内容一定要慎重对待。遇到类似情况,首先应口头提出办理变更手续的要求,紧接着将变更申请单提交相关单位要求予以确认。如得不到确切的回复,应该在相关施工会议中提出疑问或向上级部门反映,不可盲目开展施工,以免结算时由于缺乏相关证明资料而无法追回相应费用。

5. 竣工结算编制完成的检查

项目核算员或外协人员在结算书编制完成后先自行检查,检查无误后,将结算书及相关资料提交区域核算总监和项目经理审核,审核无误后递交成本核算中心经理审核。

审核结算资料,首先审核结算书相关资料是否齐全,缺少的资料一律等项目部补齐后再上报结算。检查结算书编制要从以下方面进行:

(1)检查清单工程量和定额工程量是否匹配。

(2)结算清单综合单价和投标综合单价是否一致。

(3)清单特征描述的主材规格型号是否与定额套用里的主材规格型号一致。

(4)各种取费是否与投标吻合,非投标项目是否与各省费用定额取费标准一致。

如仿古建筑及园林绿化工程管理费和利润取费标准表,见表4-9。

表4-9　仿古建筑及园林绿化工程管理费和利润取费标准表

序号	项目名称	计算基础	企业管理费率/%			利润率/%
			一类工程	二类工程	三类工程	
1	仿古建筑工程	人工费+除税施工机具使用费	48	43	38	12
2	园林绿化工程	人工费	29	24	19	14
3	大型土石方工程	人工费+除税施工机具使用费	7	4		

如仿古建筑及园林绿化工程类别划分表,见表4-10。

表4-10　仿古建筑及园林绿化工程类别划分表

序号	类别项目(单位)			一类	二类	三类
一	楼阁	单层	屋面形式	重檐或斗拱		
	庙宇		建筑面积/m²	≥500	≥150	<150
	厅堂		屋面形式	重檐或斗拱		
	廊	多层	建筑面积/m²	≥800	≥300	<300
二	古塔(高度/m)			≥25	<25	
三	牌楼			有斗拱		无斗拱
四	城墙(高度/m)			≥10	≥8	<8
五	牌科墙门、砖细照墙			有斗拱		

续表 4-10

序号	类别项目（单位）		一类	二类	三类
六	亭		重檐亭	其他亭、水榭	
			海棠亭		
七	古戏台		有斗拱	无斗拱	
八	船舫		船舫		
九	桥		≥三孔拱桥	≥单孔拱桥	平桥
十	园林工程	公园广场	≥20 000	≥10 000	<10 000
		庭院	≥2 000	≥1 000	<1 000
		屋顶	占地面积/m² ≥500	≥300	<300
		道路及其他	≥8 000	≥4 000	<4 000

　　总价措施项目中除了安全文明施工中的基本费、临时设施费为不可竞争费，可按照费用定额标准计取外，其他每一项的计取都需要双方签字盖章证明，这需要项目部在施工期间争取。

　　如安全文明施工措施费取费标准表，见表 4-11。

表 4-11　安全文明施工措施费取费标准表

序号	工程名称		计费基础	基本费率/%	省级标化增加费/%
一	建筑工程	建筑工程		3.1	0.7
		单独构件吊装		1.6	
		打预制桩/制作兼打桩		1.5/1.8	0.3/0.4
二	单独装饰工程			1.7	0.4
三	安装工程			1.5	0.3
四	市政工程	通用项目、道路、排水工程	分部分项工程费＋单价措施项目费－除税工程设备费	1.5	0.4
		桥涵、隧道、水工构筑物		2.2	0.5
		给水、燃气与集中供热		1.2	0.3
		路灯及交通设施工程		1.2	0.3
五	仿古建筑工程			2.7	0.5
六	园林绿化工程			1.0	
七	修缮工程			1.5	
八	城市轨道交通工程	土建工程		1.9	0.4
		轨道工程		1.3	0.2
		安装工程		1.4	0.3
九	大型土石方工程			1.5	

如措施项目费取费标准表,见表 4-12。

表 4-12　措施项目费取费标准表

项目	计算基础	各专业工程费率/%						城市轨道交通	
		建筑工程	单独装饰	安装工程	市政工程	修缮土建 (修缮安装)	仿古 (园林)	土建 轨道	安装
临时设施	分部分项工程 费＋单价措施 项目费－工程 设备费	1~2.3	0.3~1.3	0.6~1.6	1.1~2.2	1.1~2.1 (0.6~1.6)	1.6~2.7 (0.3~0.8)	0.5~1.6	
赶工措施		0.5~2.1	0.5~2.2	0.5~2.1	0.5~2.2	0.5~2.1	0.5~2.1	0.4~1.3	
按质论价		1~3.1	1.1~3.2	1.1~3.2	0.9~2.7	1.1~2.1	1.1~2.7	0.5~1.3	

注:本表中除临时设施、赶工措施、按质论价费率有调整外,其他费率不变。上述审核通过后,结算书返回项目部按照甲方要求的份数打印上报结算。

三、工程结算审计工作流程

(一)充分了解项目结算文件

"充分"为两层含义:一是项目结算资料齐全;二是对上报的所有资料要熟悉。

结算时所有用到的图纸、资料、计算底稿等都要备齐,忌讳对账时丢三落四,耽误时间且容易使审计人员反感。对准备好的资料要了如指掌,通常一人经手编制的结算在短时间内不会太生疏,但多人合作编制的结算由其中一个人出面对接或经手人上报很长时间后才核对,就要花大量时间熟悉以往资料,不应仓促进行审计核对。应先熟悉结算资料、厘清思路后再向审计人员清晰流畅地表达自己的编制思路,从而引导审计人员跟着编制时的思路走,掌握审计工作的主动权。

事前要掌握结算中的薄弱点。所谓薄弱点是指那些容易产生争议并且对自己不利的问题。针对薄弱点做好相应的"补强"措施,还要有一定的预判,针对可能出现的最有利和最不利的结果制定相应的结算审计策略。与审计人员接触时,要注意守时、着装、谈吐等基本礼仪,给审计人员一个好印象。在审计过程中遇到需拍板决定的重大问题不应轻易表态,尽量留有回旋余地。

(二)审计核对

正式进入审计阶段后需要施工单位结算人员对接审计。审计内容包括合同工程量核对、变更工程量核对、套价核对、单价调整情况核对、措施费核对以及规费、税金核对等。

1. 合同工程量核对

审计人员按有关设计文件、图纸、竣工资料计算合同工程量。工程量清单计价方式基本上均按照图纸标注的尺寸计算工程实体工程量(即净用量),不考虑合理的施工损耗。审计人员对工程量的计算进行审查,重点关注是否存在工程量与工程实际不符、重复计算工程量、工程量计算错误、错项和漏项等问题。

由于一个工程项目的分部分项工程数量众多,审计人员在审计中可以采用对比分析法、抽查法、利用经验数据判断等多种方法。用得比较多的是抽查法,如绿化模纹面积抽查,审计人员会抽查一部分工程量与上报量对比,然后整体的工程量按照抽查的百分比下浮。

图 4-2 是某工程竣工图,1、2、3、4、5 地块模纹是现场审计抽查的部位,此地位于工程北岸,紧挨着主道。抽查时审计人员从北岸模纹地块开始,用 GPS 工具定点抽查了这几块部位的面积,几乎都与竣工图相符,最终整体模纹面积没有扣减。

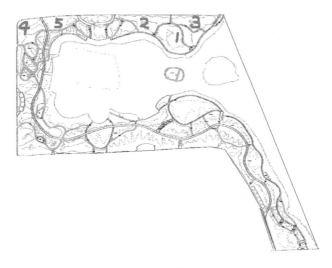

图 4-2 工程竣工图

土建铺装基层部分,审计人员一般情况下会用钻芯取样来核实现场基层是否按照图纸施工,见图 4-3。如果未达到标准厚度,结算中按取芯厚度扣除基层厚度。

图 4-3 园路基层钻芯取样

2. 变更工程量核对

审计人员以施工合同为基础,审查因设计变更增减的工程量。其中材料价差以设备、材料核价单为准,对工程(设计变更)联系单及工程签证单按合同约定条款进行审核、认定;对于不符合合同条款约定及不符合现场签证制度规定或签字手续不全的签证单,审计过程中不予计算。

对于变更的工程量,要有充分的证据证明变更工程量的合理性,这需要项目部在施工过程中注重变更资料的收集,如现场签证、设计变更文件。如果文字部分不足以说明现场情况,需要现场照片进一步佐证,这需要项目部施工人员在施工过程中及时保留现场施工照片直至工程审计结束。

3. 套价核对

对于合同内相同的清单报价部分，审计人员按投标报价清单来套价，施工单位结算对接人员要逐个核对清单单价是否与报价一致。对于报价不一致的清单，要随时记录下来通知对方更改，保证与投标报价一致。对于变更工程量报价部分，逐项比对清单；对于报价不同的地方，分析清单定额部分，利用专业知识和现场照片等相关资料说服审计人员，一步一步地减少审计异议内容，直至异议降到审计人员可接受的范围。其他内容根据合同规定的有关结算条款和有关定额、取费标准商定结算。

变更估价原则：除专用合同条款另有约定外，变更估价按照本款约定处理。

（1）已标价工程量清单或预算书有相同项目的，按照相同项目单价认定。

（2）已标价工程量清单或预算书中无相同项目，但有类似项目的，参照类似项目的单价认定。

（3）变更导致实际完成的变更工程量与已标价工程量清单或预算书中列明的该项目工程量的变化幅度超过15%的，或已标价工程量清单或预算书中无相同项目及类似项目单价的，按照合理的成本与利润构成的原则，由合同当事人按照商定或确定条款确定变更工作的单价。

4. 单价调整情况

（1）材料差价的调整：建设工程费用中材料费所占比重最大，大多在30%以上，因此要重点检查结算文件的材料价格和施工过程中信息价的价差。如施工过程中材料价格大幅上涨且合同约定可以调价，应按相关文件对材料价格进行调整。同时，还应注意检查材料消耗量是否正确。

如某个工程材料调差条款如下：

其他价格调整方式：当工程施工期间主要建筑材料（指上述约定可调价的材料，下同）价格上涨或下降幅度在"约定的风险幅度"以内的，其差价由承包人承担或受益，超过"约定的风险幅度"的部分由发包人承担或受益，约定的风险幅度为±8%。

主要建筑材料价差的取定：应以工程所在地造价管理部门发布的材料指导价格为基准（缺指导价的材料以双方确认的市场信息价为准），差价为施工期同类材料加权平均指导价格与合同工程基准期当月的材料指导价格的差额。

从以上某个工程材料调差条款可知，调差约定风险幅度为±8%，在此风险幅度内，不予调整价差，超过此风险幅度的给予调差，调差表格一般如表4-13所示。

表4-13　项目材料信息价施工期平均值调价汇总表

序号	材料类别	单位	参照地	平均指导价/元	招标控制价/元	调差5%	调差合价/元	工程量	调增合计/元
1	钢筋 φ10 以内	t	×县	4 013.67	3 709.40	3 894.87	118.80	1.04	123.65
2	钢筋 φ10 以上	t	×县	3 986.32	3 803.42	3 993.59		0.57	0.00
3	商品混凝土 C20（泵送）	m³	×县	492.05	383.80	402.99	89.06	3 534.70	314 794.49
4	商品混凝土 C25（泵送）	m³	×县	451.75	403.21	423.37	28.38	3.86	109.51

续表 4-13

序号	材料类别	单位	参照地	平均指导价/元	招标控制价/元	调差 5%	调差合价/元	工程量	调增合计/元
5	商品混凝土 C30(泵送)	m³	×县	514.07	417.78	438.67	75.41	305.38	23 027.77
6	商品混凝土 C30,P6(非泵送)	m³	×县	504.07	407.78	428.17	75.91	4.52	342.99
7	中(粗)砂	t	×县	144.15	140.78	147.82		1 049.86	0.00
8	水泥 32.5 级	kg	×县	0.38	0.32	0.34	0.05	386 436.12	18 399.04

要检查上报结算材料价格调差范围和调差方法是否与有关主管部门下发的调差文件、招标文件及合同相符。如根据合同约定,地材按施工期的市场信息价进行调差,但是在实际施工过程中,因为业主要赶工期,而当地的材料供应不足,故部分片石需从外地购买,经火车运至现场,增加了高额运费;又如由于黄沙价格需采用当地指导价,大大高于市场信息价。结算初期,审计人员针对此类项目一律不予认可,但有充分证据,如业主及各方盖章签字的会议纪要、政策调整文件等,审计过程中部分可获取审计人员认可。

(2)部分工程施工工期较长,横跨人工工日价格调整的多个阶段,这就需要在施工期间做好各人工费调整价格区域内工程量的计量资料,找业主、监理确认后才可在结算文件中调整计算人工费,作为最终结算审计的依据。

江苏省定额人工费用调整文件汇总见表 4-14。

表 4-14　江苏省定额人工费用调整文件汇总

单位:元/工日

工种	调整文号	苏建价 2010J494 号	苏建价 2011J812 号	苏建函价 2013J111 号	苏建函价 2013J549 号	苏建函价 2014J102 号
	调整时间	2010 年 11 月 1 日	2012 年 2 月 1 日	2013 年 3 月 1 日	2013 年 9 月 1 日	2014 年 3 月 1 日
建筑工程一类工		56	70	79	82	85
建筑工程二类工		53	67	76	79	82
建筑工程三类工		50	63	71	74	77
安装、市政工程一类工		56	63	71	74	77
安装、市政工程二类工		53	60	68	71	74
安装、市政工程三类工		50	56	63	66	69
单独装饰工程		61～78	70～90	79～102	82～106	85～110
修缮工程		53	63	71	74	77
包工不包料工程		70	88	99	103	107
包工不包料单独装饰工程		78～96	90～110	102～124	106～129	110～134

续表 4-14

工种	调整文号	苏建价 2010J494 号	苏建价 2011J812 号	苏建函价 2013J111 号	苏建函价 2013J549 号	苏建函价 2014J102 号
	调整时间	2010 年 11 月 1 日	2012 年 2 月 1 日	2013 年 3 月 1 日	2013 年 9 月 1 日	2014 年 3 月 1 日
包工不包料安装市政工程		70	79	89	93	97
包工不包料修缮加固工程		70	83	94	98	102
点工		58	73	82	85	88
点工装饰工程		67	77	87	90	94
机械台班中工日单价		53	67	76	79	82

如××项目施工工程横跨 2013 年 3 月至 2014 年 3 月,在此期间正好 2013 年 9 月 1 日依据江苏省人工费调价文件进行人工费调整,那么结算人员应及时找甲方和监理确认这两段时期的工程量,以此作为调价依据。

5. 措施费核对

审计人员要核实措施费的计算基础、适用范围。措施项目是相对工程实体的分部分项工程项目而言,是对实际施工中必须发生的施工准备和施工过程。

除了安全文明施工费中基本费是不可竞争费用,按照国家定额规定计取外,其他各项总价措施费用的计取都是需要相关资料证明的。审计过程中取得此部分费用,需要在施工中注重收集相关资料并获得业主和监理的签字盖章。

考评费的计取,一般在单项工程及建筑工程主体封顶或完成建安工程量约 70% 时由安全监督站完成日常考评工作,施工单位提出现场考评申请(表 4-15),送交考评小组,由考评小组组织人员进行集中考评。考评结果(表 4-16)由考评人员签字后交施工单位。未经考评的工程项目不计取现场考评费。盖章齐全的《现场安全文明施工措施费申请表》和《现场安全文明施工措施费测定表》作为最终结算依据。

6. 规费、税金核对

规费为社保费、住房公积金等不可竞争费,各个省份及区域取费有差别,部分地级市还需要遵照地方规定,向地方审计局或造价咨询机构了解相应的取费计算规则,按照地方规定提前做好相关准备,为后期结算审计的顺利进行打好基础。

项目税金计取:2016 年 5 月 1 日国家出台了营改增的计税方法。凡是 2016 年 5 月 1 日之前开工的工程,采用营业税计税,在此之后开工的工程采用增值税计税。而有的工程施工横跨 2016 年 5 月 1 日前后阶段的,这种工程如果有进度款,在 2016 年 5 月 1 日之前开票的按照营业税计取,需统计在此之前的所有开票金额,用审计总金额扣减此项金额所得结果作为增加税点金额的计取依据。

表 4-15　现场安全文明施工措施费申请表

工程名称	
工程地点	

工程类别(请在相应类别前的□内打钩√)

□建筑工程(土建工程)　　　□构件吊装　　　　　□桩基工程

□机械施工大型土石方工程　□单独装饰工程　　　□安装工程

□古建工程　　　　　　　　□园林绿化工程　　　□市政工程

工程合同价/万元		建筑面积/m²	
开工日期		计划竣工日期	
建设单位		项目负责人及联系电话	
监理单位		项目总监及联系电话	
施工单位		项目经理及联系电话	

申　请

根据《江苏省建设工程现场安全文明施工措施费计价管理办法》规定,现申请对现场进行考评。

单位(盖章)　　年　月　日

监理单位意见	
	盖章：　　年　月　日
建设单位意见	
	盖章：　　年　月　日

表 4-16 现场安全文明施工措施费测定表

工程名称				
工程地点				
现场考评 情况及考评费率	考评时间： 年 月 日			现场考评 最终得分
	考评单位	考评人	考评得分	平均得分	
	造价办				
	安监站				
	监理或业主				
	重新考评时间： 年 月 日			
	考评单位	考评人	考评得分	平均得分	
	造价办				
	安监站				
	监理或业主				
	县安监站 综合评价	□好(100%) □一般(90%)		□较好(95%) □差(85%)	
	□被区级(含区级)以上建设行政主管部门或有关部门通报批评			
	□发生重大质量、安全及设备事故			
	规定费率 /%		实得费率 /%	
基本费费率/%		奖励费费率 /%		总费率/%	
安监站意见	盖 章 年 月 日			
造价处意见	盖 章 年 月 日			

7. 工期条款核对

比如某工程关于工期延误的合同条款如下：7.5.2 因承包人原因导致工期延误。

因承包人原因造成工期延误，逾期竣工违约金的计算方法为：每推迟 1 天，承包人向发包人按合同总价款万分之五/天支付违约金。违约金由发包人从履约保证金中扣除，履约保证金不足扣除时，从工程款中优先扣除，工期延误超过 30 天，发包人有权解除合同。

从以上工期延误的合同条款得知，工程逾期竣工要支付违约金。如果项目因甲方的原因导致工期延误，在施工期间要及时找甲方完善工期延误情况说明手续，以此作为最终审计是否扣款的支撑依据。

8. 争议点核对

对于在审计期间出现的争议问题，如果双方一时无法达成一致意见，施工单位审计对接人员应首先分析争议金额、争议原因、可以争取到的途径，并通过公司内部高层领导商定应对措施。项目经理与业主办理相关手续，争取与审计达成一致意见，通过各种渠道解决争议问题。

9. 了解规范性文件

研究当地计价文件、结算方式、审计审减等规范性文件。

第五章　养护移交

第一节　养护管理

园林绿化工程养护管理在园林绿化工程中起着举足轻重的作用,它是一种持续性、长效性的工作,有较高的技术要求。园林绿化养护的好坏,直接影响工程项目的施工质量。通过养护使植物健康生长,才能真正达到设计者的创作意图,起到锦上添花的作用。如果养护失控、失管,植物势必生长不良,企业就会因工程质量不合格而进行补植、赔付,这样就增加了企业成本。因此,我们要提高对园林绿化施工过程中养护工作的重要性和必要性的认识,加强养护管理工作,把工作落到实处。

一、养护目标责任签订

（一）签订目的
（1）通过明确养护责任、目标方向,提高区域公司养护部管理人员的积极性。

（2）为项目养护管理的效果评定以及奖罚兑现提供标准,进一步明确养护经理及养护部成员的责任、权利。

（二）签订的依据
（1）项目的合同文件。

（2）公司的养护管理制度。

（3）项目总的施工目标责任书。

（4）养护预估成本控制标准与办法。

（三）签订对象
区域公司总经理、养护部养护经理。

（四）签订的内容
养护目标责任签订的内容主要包括养护工程概况及目标(如项目养护地点、养护面积、养护期限、养护等级(养护标准)和养护管理费用)、区域公司和养护部的职责内容、养护奖励与处罚措施。

（五）签订流程
1. 养护目标责任书模板制定

工程管理中心根据养护管理制度及要求,制定单项工程项目养护目标责任书模板,经各区域公司及相关职能部门意见征询后定稿发布。

2. 养护目标利润的确定

区域公司根据项目总的目标责任书利润要求、养护预估成本控制标准与办法及养护费的计提标准,确定项目的养护目标利润。

3. 养护目标责任书的签订

由区域公司总经理和养护部经理,根据确定好的养护目标责任书条款进行签订,签订完成后提交一份原件至工程管理中心存档、备案。

二、养护方案编制

养护方案是以养护项目为对象编制的,用以指导项目养护过程的技术、经济和管理的综合性文件。根据养护工程的特点和要求,以先进的、科学的养护方法与组织手段保证养护任务根据质量要求按时完成。

1. 编制时间

取得验收证明后 7 天内。

2. 编制人员

养护经理。

3. 养护方案的内容

(1) 工程基本情况。包括项目名称、地点、项目负责人、养护负责人、养护起始日、养护截止日等工程养护基本情况。

(2) 养护基本内容。包括绿化总面积、乔灌木、地被数量、面积等概况及园路、广场、木平台等构筑物概况。

(3) 养护重难点部位分析。项目养护负责人应根据养护工程的实际情况填写该工程养护中可能会遇到的各类难点、重点,并提出相应的解决办法。

(4) 技术及组织措施。养护工程的人员配备及采取的主要技术措施。

(5) 经费预算。该工程养护预计发生的各项费用,包括养护人工费、机械费、农药费等。

4. 养护方案的编制要求

(1) 养护方案编写要分项进行,做到全面、具体、切实可行,可以直接指导养护工作的实施。

(2) 项目的主要特征、重难点和解决方法等关键信息需结合项目实际情况编写。

(3) 要做到人、财、物"三落实",配备一定的专业技术人员,养护所需的化肥、农药等材料充足,工具、机械设备到位。

(4) 严把质量关,做到计划、安排、检查"三结合",查漏补缺,杜绝质量事故的发生。

(5) 随时掌握气候变化情况,遇到新问题、新情况应及时研究,调整计划,采取必要措施。

5. 养护方案的编审流程

(1) 由养护经理根据养护项目的主要内容及养护方案编制要求组织编制项目养护方案(表 5-1)。

(2) 区域公司对养护方案进行审核,符合要求后报工程管理中心。

(3) 工程管理中心组织专家对养护方案进行审核,同时提供相关标准、规范等文件支持。

表 5-1 项目养护方案

项目名称		项目负责人		所属区域公司		
		养护负责人				
项目地点		养护施工单位		施工负责人		
工程合同价	万元	合同规定养护年限	年	养护起始日		年 月 日
工程预审价	万元			养护截止日		年 月 日
绿化部分概况	乔木	株	构筑物部分概况	楼梯		
	花灌木及球类	株		铺装及压顶		
	小苗面积	m²		水池		
	草地面积	m²		玻璃钢坐凳		
				路牙		
养护重难点部位分析						
技术及组织措施						
经费预算/万元	人工费用		肥料费用		农药费用	
	机械费用		材料费用		其他费用	
	水车费					
	合计					

方案编制人: 　　　项目部审核意见: 　　　工程管理中心意见:

三、养护 B1 表编制

（一）编制依据

养护 B1 表的编制需要依据项目 B3 表、项目养护合同、项目养护方案、养护目标责任规定的目标利润要求以及《养护预估成本控制标准与办法》。

（二）养护 B1 表的作用

项目养护 B1 表是工程项目养护成本的预测框架性文件,是项目养护过程中成本控制的依据。

（三）养护 B1 表编制时间

取得验收证明后 7～14 天。

（四）养护 B1 表编制人员

养护经理。

（五）养护 B1 表编制内容

养护 B1 表内容主要是常规养护费用，包括养护人工费、养护机械费、养护辅助材料费等，直接费以及招待费、业务费、通信费、交通费、办公费等管理费。此外，还包含预计补苗费用、现场保洁专项费用、特殊养护专项费用、其他专项支出等，以及其他相关费用。

（六）养护 B1 表编审流程

（1）养护经理组织相关人员，依据《养护预估成本控制标准与办法》以及此项目的具体特征编制养护 B1 表。

（2）工程管理中心、成本核算中心对区域公司编制的养护 B1 表进行审核，对存在的问题督促区域公司按照公司限期整改并重新上报。

（3）B1 表的定稿、确定。

四、养护资金计划上报

（一）养护资金计划编制的依据

养护资金计划编制主要依据项目的养护方案、项目养护 B1 表、养护项目当月养护成本与累计养护成本以及养护成本付现率。

（二）养护资金计划的审批流程

（1）养护经理应于每月 20 日之前编制并发起下月项目养护资金计划，并经区域公司审核后报工程管理中心。养护资金计划主要包含项目的养护期，养护 B1 表预算总金额，上月度养护费的已入账金额、应付款金额、已付款金额、累计剩余应付以及本月度的劳务、材料、机械的实际金额。

（2）工程管理中心对各项数据进行初审无误后报财务中心。

（3）财务中心将汇总的资金计划报公司管理层审批，讨论通过后进行批复。

五、养护分包合同签订

（一）养护分包合同签订的依据

养护分包合同签订主要依据养护目标责任书、项目的养护方案、项目养护 B1 表。

（二）养护分包合同签订的流程

1. 养护分包采购价格确认（同施工）

养护经理对养护项目所需的人工、机械及材料等工作内容进行梳理，参照公司内部定价制定符合项目情况的价格表并发起流程。

2. 养护分包合同的签订

养护经理参照公司内部合同格式与养护班组就合同相关条款进行商谈，确定合同内容；上传合同签订流程、跟踪和督促 OA 流程进展，签订养护分包合同。

（三）养护分包合同签订的要求

（1）严格控制和审核各分包合同金额，各分项合同费用与总费用均不得超出养护 B1 表与养护目标责任书中确定的额度。

（2）合同签订须在价格确认流程完成后进行。合同签订的各项基础信息、付款方式、质量要求等必须符合养护管理制度及内控管理要求。

六、养护苗木补植

（一）苗木补植流程

（1）养护经理需对苗木死亡情况进行统计并形成台账。

（2）养护经理对苗木死亡原因进行分析并编制苗木补植计划,经区域公司审核确认。

（3）工程管理中心对苗木死亡量及原因审核是否合理,对应的补植金额是否在 B1 表范围内。

（4）苗木补植计划流程审批通过后方可进行苗木采购以及补植工作。

（二）苗木补植要求

（1）严禁不上报苗木补植计划而私自补植死亡苗木。

（2）补植苗木所产生的苗木费不得超过 B1 表中相应额度。

（3）苗木补植费作为专项费用在养护 B1 表中确定,补苗金额必须专款专用。无论补苗金额是否盈余,不得用作常规养护费用。

七、养护质量、安全控制与检查

（一）养护质量控制

1. 制定养护标准

一级养护质量标准:

（1）绿化充分,植物配置合理,达到黄土不露天,苗木成活率 98% 以上。

（2）园林植物达到以下标准:

① 生长势良好。生长超过该树种该规格的平均生长量(平均生长量待以后调查确定)。

② 叶子健壮。叶色正常,叶大而肥厚,在正常条件下不黄叶、不焦叶、不卷叶、不落叶,叶上无虫尿、虫网、灰尘;被啃咬的叶片最严重的每株在 3% 以下。

③ 枝、干健壮。无明显枯枝、死枝,枝条粗壮,过冬前新梢木质化;无蛀干害虫的活卵活虫;介壳虫最严重处主枝干上 100 cm² 1 头活虫以下,较细的枝条每尺长的一段上在 3 头活虫以下;株数都在 2% 以下;树冠完整,分枝点合适,主侧枝分布匀称且数量适宜、内膛不乱、通风透光。

④ 按一级技术措施要求认真进行养护。

⑤ 草坪覆盖率应基本达到 100%;草坪内杂草控制在 3% 以内;生长茂盛,颜色正常,不枯黄;每年修剪暖地型 6 次以上,冷地型 6 次以上;无病虫害。

（3）行道树和绿地内无死树,树木修剪合理,树形美观,能及时很好地解决树木与电线、建筑物、交通等之间的矛盾。

（4）绿化生产垃圾(如树枝、树叶等)重点地区路段能做到随产随清,其他地区和路段做到日产日清;绿地整洁,无砖石瓦块、筐和塑料袋等废弃物,并做到经常保洁。

（5）栏杆、园路、桌椅、井盖和牌饰等园林设施完整，做到及时维护和油饰。

（6）无明显的人为损坏，绿地、草坪内无堆物堆料、搭棚或侵占等；行道树树干上无钉栓刻画现象，树下距树干 2 m 范围内无堆物堆料、搭棚设摊、圈栏等影响树木养护管理和生长的现象。

二级养护质量标准：

（1）绿化比较充分，植物配置基本合理，基本达到黄土不露天，苗木成活率 95％以上。

（2）园林植物达到以下标准：

① 生长势正常，生长达到该树种该规格的平均生长量。

② 叶子正常，叶色、大小、薄厚正常；较严重黄叶、焦叶、卷叶及带虫尿、虫网、灰尘的株数在 2％以下；被啃咬的叶片最严重的每株在 5％以下。

③ 枝、干正常，无明显枯枝、死杈；有蛀干害虫的株数在 2％以下（包括 2％，以下同）；介壳虫最严重处主枝主干 100 cm² 在 2 头活虫以下，较细枝条每尺长一段上在 5 头活虫以下，株数都在 4％以下；树冠基本完整，主侧枝分布匀称，树冠通风透光。

④ 按二级技术措施要求认真进行养护。

⑤ 草坪覆盖率达 95％以上；草坪内杂草控制在 5％以内；草坪生长和颜色正常，不枯黄；每年修剪暖地型 5 次以上，冷地型 5 次以上；基本无病虫害。

（3）行道树和绿地内无死树，树木修剪基本合理，树形美观，能较好地解决树木与电线、建筑物、交通等之间的矛盾。

（4）绿化生产垃圾要做到日产日清，绿地内无明显的废弃物，能坚持在重大节日前进行突击清理。

（5）栏杆、园路、桌椅、井盖和牌饰等园林设施基本完整，基本做到及时维护和油饰。

（6）无较重的人为损坏。对轻微或偶尔发生难以控制的人为损坏能及时发现和处理，绿地、草坪内无堆物堆料、搭棚或侵占等；行道树树干无明显的钉栓刻画现象，树下距离树体 2 m 以内无影响树木养护管理的堆物堆料、搭棚、圈栏等。

三级养护质量标准：

（1）绿化基本充分，植物配置一般，裸露土地不明显，苗木成活率 95％以上。

（2）园林植物达到以下标准：

① 生长势基本正常。

② 叶子基本正常，叶色基本正常；严重黄叶、焦叶、卷叶及带虫尿、虫网、灰尘的株数在 5％以下；被啃咬的叶片最严重的每株在 8％以下。

③ 枝、干基本正常，无明显枯枝、死杈；有蛀干害虫的株数在 5％以下；介壳虫最严重处主枝主干上 100 cm² 在 3 头活虫以下，较细的枝条每尺长一段上在 7 头活虫以下，株数都在 5％以下；90％以上的树冠基本完整，有绿化效果。

④ 按三级技术措施要求认真进行养护。

⑤ 草坪覆盖率达 90％以上；草坪内杂草控制在 8％以内；生长和颜色正常；每年修剪暖地型草 4 次以上，冷地型草 4 次以上。

（3）行道树和绿地内无明显死树，树木修剪基本合理，能较好地解决树木与电线、建筑物、交通等之间的矛盾。

（4）绿化生产垃圾主要地区和路段做到日产日清,其他地区能坚持在重大节日前突击清理绿地内的废弃物。

（5）栏杆、园路和井盖等园林设施比较完整,能进行维护和油饰。

（6）对人为破坏能及时进行处理。绿地内无堆物堆料、搭棚侵占等,行道树树干上钉栓刻画现象较少,树下无堆放石灰等对树木有烧伤、毒害的物质,无搭棚设摊、围墙圈占等。

2. 对照标准,对相关养护技术人员进行培训,提高养护质量意识。

3. 选择专业的养护人员进行养护,提高养护质量和水平。

4. 养护质量检查与绩效考核相结合,建立质量考核奖惩制度。

（二）养护安全控制

（1）养护作业人员上岗前,需经相关安全教育,了解掌握作业中各项安全注意事项。

（2）在养护作业过程中,应严格遵守施工预案和相关安全管理制度,保障施工人员的安全。

（3）在进行道路养护作业时,必须根据相关规定穿戴警示标志服、安全帽。所有作业人员只能在封闭带内进行作业,不得随意穿越道路。

（4）机械操作人员必须熟悉机械的安全操作规程,特殊机械的操作应取得相应的操作证书。

（5）绿化人员在喷打药水时应戴好口罩,人应站立在上风向。

（6）绿化人员在使用有毒、有害药水时,必须严格遵守该毒物的使用和管理制度。

（7）绿化人员用刀锯修枝时,手不准挡在锯口下方。使用高竿拉剪时要防止接触或误剪架空电线。还要防止树枝落下伤人,刮大风时禁止修树。

（三）养护过程的督促检查

（1）养护经理要做好养护项目的日常检查工作,发现问题及时通知养护班组进行整改。

（2）区域公司定期对所属区域内的养护项目进行检查,及时发现问题、解决问题,督导养护工作。

（3）工程管理中心不定期地对各养护项目进行随机抽查,发现问题出具限期整改通知单,检查结果与月度考核挂钩。

（四）经济责任

园林工程一般比较复杂,项目维修往往由多种原因造成。所以,经济责任必须根据维修项目的性质、内容和维修原因等诸因素,由建设单位、施工单位和监理工程师共同协商处理。一般分为以下几种:

（1）养护项目确实由于施工单位施工责任或施工质量不良遗留的隐患,应由施工单位承担全部维修费用。

（2）由建设单位和施工单位双方的责任造成的,双方应实事求是地共同商定各自承担的维修费用。

（3）由建设单位的设备、材料、成品、半成品不良等原因造成的,应由建设单位承担全部维修费用。

（4）由于用户管理使用不当,造成构筑物等功能不良或苗木损伤死亡的,应由建设单位承担全部维修费用。

八、养护分包结算

养护经理负责对养护项目的人材机进行调度和安排,负责养护资金的使用,保证养护效果。所有养护结算单或报销单均需养护经理签字认可后方可入账。严禁非养护成本入账养护费用。养护结算总金额不得超过 B1 成本预估表当月累计预算的养护费用。

第二节　项目移交

一、项目预移交

(一) 工程移交应包含内容

(1) 工程项目实物及以上所要求的全部内容(若有)。

(2) 与工程项目实物配套的相关附件、备用件及资料。

(3) 经过上级领导审批的《工程移交清单》内容。

(4) 竣工工程项目的原始技术资料。

(二) 项目预移交程序

(1) 养护经理应在养护期满前 1 个月即做好养护移交的各项准备工作,并向区域公司发起项目预移交申请。

(2) 区域公司组织进行项目预移交验收。

(3) 养护经理对存在的问题进行整改,确保符合项目移交条件。

二、项目外部移交

工程养护期满通过区域公司内部移交以后,养护负责人应配合项目经理及时邀请养护接收单位参与工程移交。区域公司作为项目移交工作的牵头单位,原项目经理为项目移交的第一责任人。

移交验收的程序:

(1) 根据项目建设进度要求,区域公司应在拟定的移交日期前 30 天内以书面方式申请移交验收相关单位。

(2) 配合建设方、接收方对现场进行检查、清点。

(3) 及时督促建设方、接收方完善移交手续,尽快取得工程移交单。

(4) 对于逾期未能移交的工程,区域公司总经理应及时和建设方联系逾期养护费用签证事宜。

工程养护期满后无论是否决定由公司进行续养,养护负责人都应协同项目经理及时提请业主进行工程移交,并取得业主签发的工程移交单;如无工程移交单,以业主方出具移交证明或者相关证明为准。

第三节　客户回访

客户回访是公司对项目实施过程中或已竣工的工程的信息反馈工作。实践证明,加强工程回访,不断总结经验教训,提高施工管理水平,提高工程质量,做好建后服务工作,才能赢得社会信誉,从而在建筑市场竞争不断增强的形势下不断自我完善、自我发展,以达到提高社会效益和企业经济效益的目的。

一、回访目的

(1) 通过客户回访能够准确掌握每一个客户的基本情况和动态。

(2) 在对客户有翔实了解的基础上,了解客户需求,便于为客户提供更多、更优质的增值服务。

(3) 发现自身存在的不足,及时改进提高,提升服务能力。

(4) 减少客户投诉,增进客情关系,提升客户满意度,促进二次营销。

二、回访方式

通常采用下面两种方式进行回访。

1. 施工过程中的满意度调查

(1) 调查单位:工程管理中心。

(2) 调查对象:在建项目的建设单位负责人、监理单位负责人。

(3) 调查频次:每季度 1 次,一年共 4 次。

(4) 调查方式:电话调查。

(5) 调查内容:一般包括施工质量、施工进度、安全施工措施、人员素质及其他相关意见。

2. 调查结果的运用

(1) 由工程管理中心每季度对所有在建项目进行客户满意度调查(见表 5-2),根据调查内容进行打分、汇总。

(2) 对各在建项目调查得分情况进行排名、公示。

(3) 对项目调查中存在的问题及时通知区域公司进行限期整改,以达到客户要求,确保客户满意。

(4) 将相关调查结果和绩效考核进行挂钩。

表 5-2 顾客满意度调查表

NO.

顾客名称				工程名称				
调查方式	电话调查	被调查人				调查人	工程管理中心	
序号	调查内容	评价分值					备注	
		很满意 10分	满意 8分	基本满意 6分	不满意 4分	很不满意 2分		
1	施工质量							
2	施工进度							
3	安全施工措施							
4	文明施工措施							
5	人员素质							
实得分						分		

其他意见：

调查时间：

参考文献

［1］邹原东.园林工程施工组织设计与管理［M］.北京:化学工业出版社,2021

［2］项勇,等.工程项目管理［M］.北京:机械工业出版社,2017

［3］赵志刚.项目经理实战技能一本通［M］.北京:中国建筑工业出版社,2016

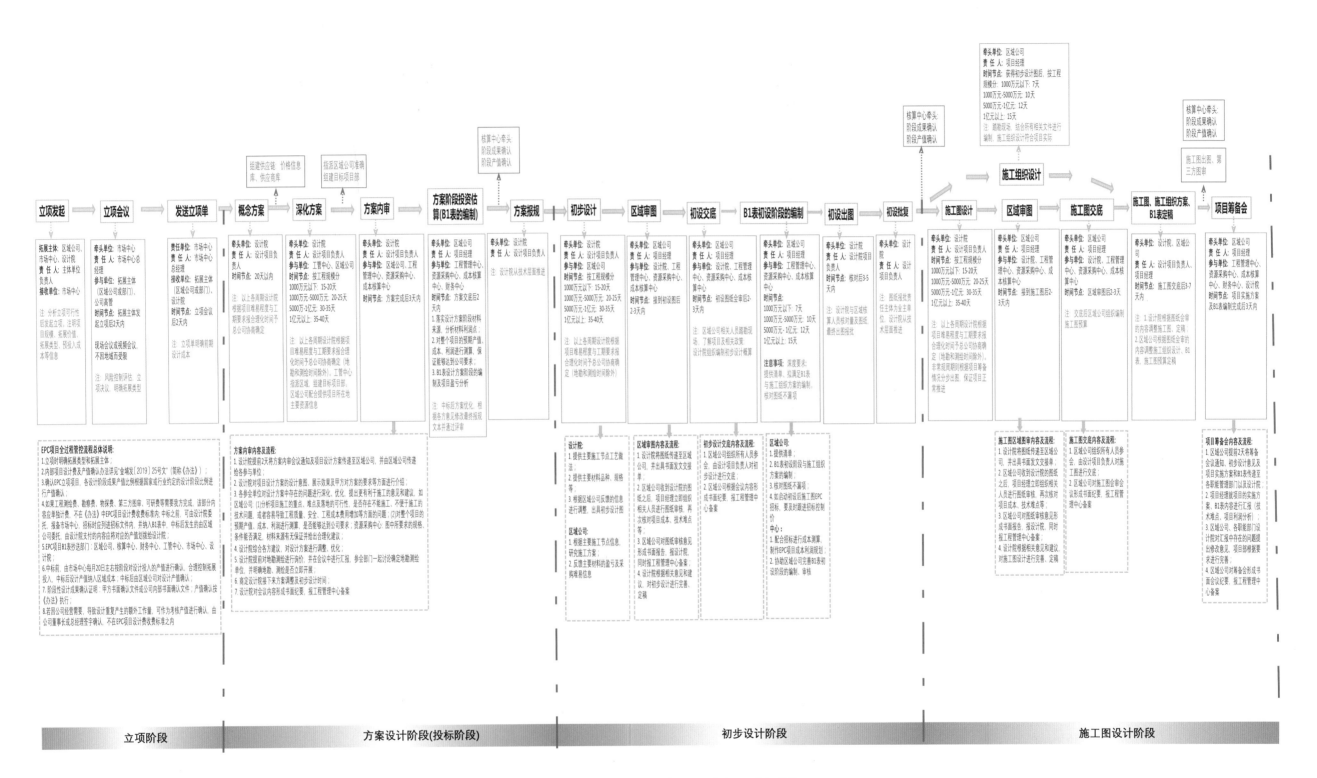

附图1-1　EPC项目前期管控流程(方案EPC中标项目)

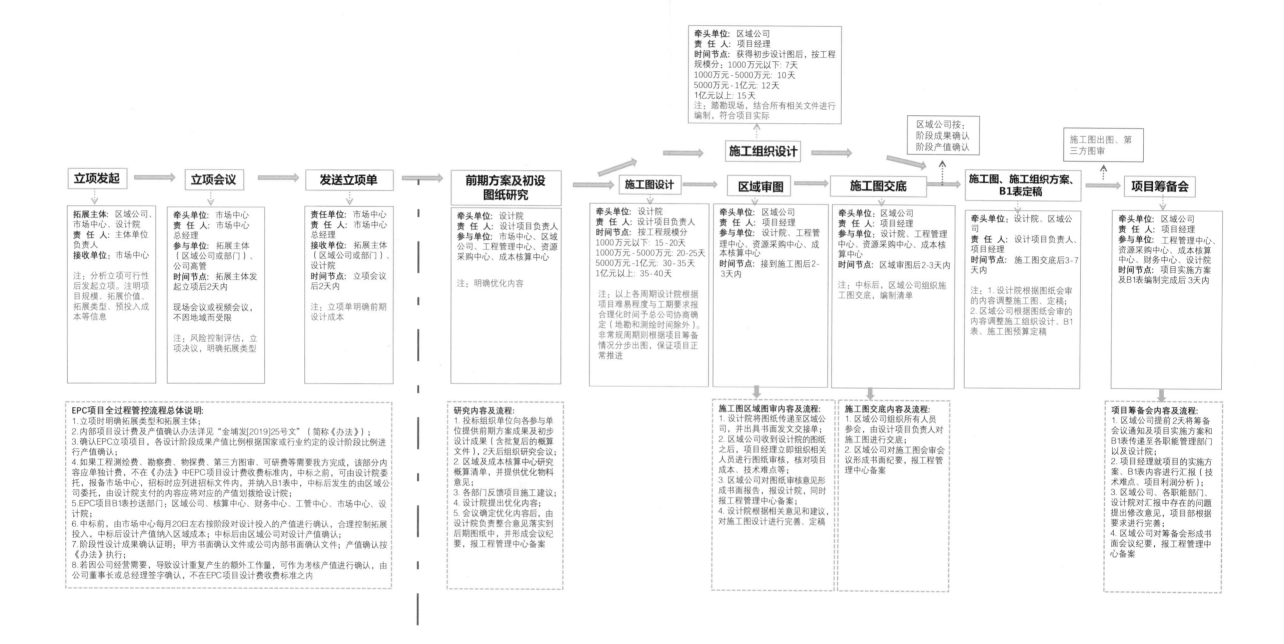

立项发起

拓展主体: 区域公司、市场中心、设计院
责任人: 主体单位负责人
接收单位: 市场中心

注: 分析立项可行性后发起立项。注明项目规模、拓展价值、拓展类型、预投入成本等信息

立项会议

牵头单位: 市场中心
责任人: 市场中心总经理
参与单位: 拓展主体（区域公司或部门）、公司高管
时间节点: 拓展主体发起立项后2天内

现场会议或视频会议，不因地域而受限

注: 风险控制评估，立项决议，明确拓展类型

发送立项单

责任单位: 市场中心
责任人: 市场中心总经理
接收单位: 拓展主体（区域公司或部门）、设计院
时间节点: 立项会议后2天内

注: 立项单明确前期设计成本

前期方案及初设图纸研究

牵头单位: 设计院
责任人: 设计项目负责人
参与单位: 市场中心、区域公司、工程管理中心、资源采购中心、成本核算中心

注: 明确优化内容

施工组织设计

牵头单位: 区域公司
责任人: 项目经理
时间节点: 获得初步设计图后，按工程规模分：1000万元以下: 7天
1000万元-5000万元: 10天
5000万元-1亿元: 12天
1亿元以上: 15天
注: 踏勘现场，结合所有相关文件进行编制，符合项目实际

施工图设计

牵头单位: 设计院
责任人: 设计项目负责人
时间节点: 按工程规模分
1000万元以下: 15-20天
1000万元-5000万元: 20-25天
5000万元-1亿元: 30-35天
1亿元以上: 35-40天

注: 以上各周期设计院根据项目难易程度与工期要求报合理化时间予总公司协商确定（地勘和测绘时间除外）。非常规周期则根据项目筹备情况分步出图，保证项目正常推进

区域审图

牵头单位: 区域公司
责任人: 项目经理
参与单位: 设计院、工程管理中心、资源采购中心、成本核算中心
时间节点: 接到施工图后2-3天内

区域公司按：
阶段成果确认
阶段产值确认

施工图交底

牵头单位: 区域公司
责任人: 项目经理
参与单位: 设计院、工程管理中心、资源采购中心、成本核算中心
时间节点: 区域审图后2-3天内

注: 中标后，区域公司组织施工图交底，编制清单

施工图出图、第三方图审

施工图、施工组织方案、B1表定稿

牵头单位: 设计院、区域公司
责任人: 设计项目负责人、项目经理
时间节点: 施工图交底后3-7天内

注: 1.设计院根据图纸会审的内容调整施工图、定稿；
2.区域公司根据图纸会审的内容调整施工组织设计、B1表、施工预算定稿

项目筹备会

牵头单位: 区域公司
责任人: 项目经理
参与单位: 工程管理中心、资源采购中心、成本核算中心、财务中心、设计院
时间节点: 项目实施方案及B1表编制完成后3天内

EPC项目全过程管控流程总体说明：
1. 立项时明确拓展类型和拓展主体；
2. 内部项目设计费及产值确认办法详见"金埔发[2019]25号文"（简称《办法》）；
3. 确认EPC立项项目，各设计阶段成果产值比例根据国家和行业约定的设计阶段比例进行产值确认；
4. 如果工程测绘费、勘察费、物探费、第三方图审、可研费等需要我方完成，该部分内容应单独计费，在《办法》中EPC项目设计费收费标准内，中标之前，可由设计院委托，报备市场中心，招标时对应列进招标文件内，并纳入B1表中，中标后发生的由区域公司委托，由设计院支付的内容应将对应的产值划给设计院；
5. EPC项目B1表抄送部门：区域公司、核算中心、财务中心、工管中心、市场中心、设计院；
6. 中标前，由市场中心每月20日左右按阶段对设计投入的产值进行确认，合理控制拓展投入，中标后设计产值纳入区域成本；中标后由区域公司对设计产值确认；
7. 阶段性设计成果确认证明：甲方书面确认文件或公司内部书面确认文件，产值确认按《办法》执行；
8. 若因公司经营需要，导致设计重复产生的额外工作量，可作为考核产值进行确认，由公司董事长或总经理签字确认，不在EPC项目设计费收费标准之内

研究内容及流程：
1. 投标组织单位向各参与单位提供前期方案成果及初步设计成果（含批复后的概算文件），2天后组织研究会议；
2. 区域及成本核算中心研究概算清单，并提供优化物料意见；
3. 各部门反馈项目施工建议；
4. 设计院提出优化内容；
5. 会议确定优化内容后，由设计院负责整合意见落实到后期图纸中，并形成会议纪要，报工程管理中心备案

施工图区域审图内容及流程：
1. 设计院将图纸传递至区域公司，并出具书面发文交接单；
2. 区域公司收到设计院的图纸之后，项目经理立即组织相关人员进行图纸审核，核对项目成本、技术难点等；
3. 区域公司对审图意见形成书面报告，报设计院，同时报工程管理中心备案；
4. 设计院根据相关意见和建议，对施工图设计进行完善、定稿

施工图交底内容及流程：
1. 区域公司组织所有人员参会，由设计项目负责人对施工图进行交底；
2. 区域公司对施工图会审会议形成书面纪要，报工程管理中心备案

项目筹备会内容及流程：
1. 区域公司提前2天将筹备会议通知及项目实施方案和B1表传递至各职能管理部门以及设计院；
2. 项目经理就项目的实施方案、B1表内容进行汇报（技术难点、项目利润分析）；
3. 区域公司、各职能部门、设计院对汇报中存在的问题提出修改意见和建议，项目根据要求进行完善；
4. 区域公司对筹备会形成书面会议纪要，报工程管理中心备案

立项阶段

施工图设计阶段

附图1-2　EPC项目前期管控流程(施工图EPC中标项目)

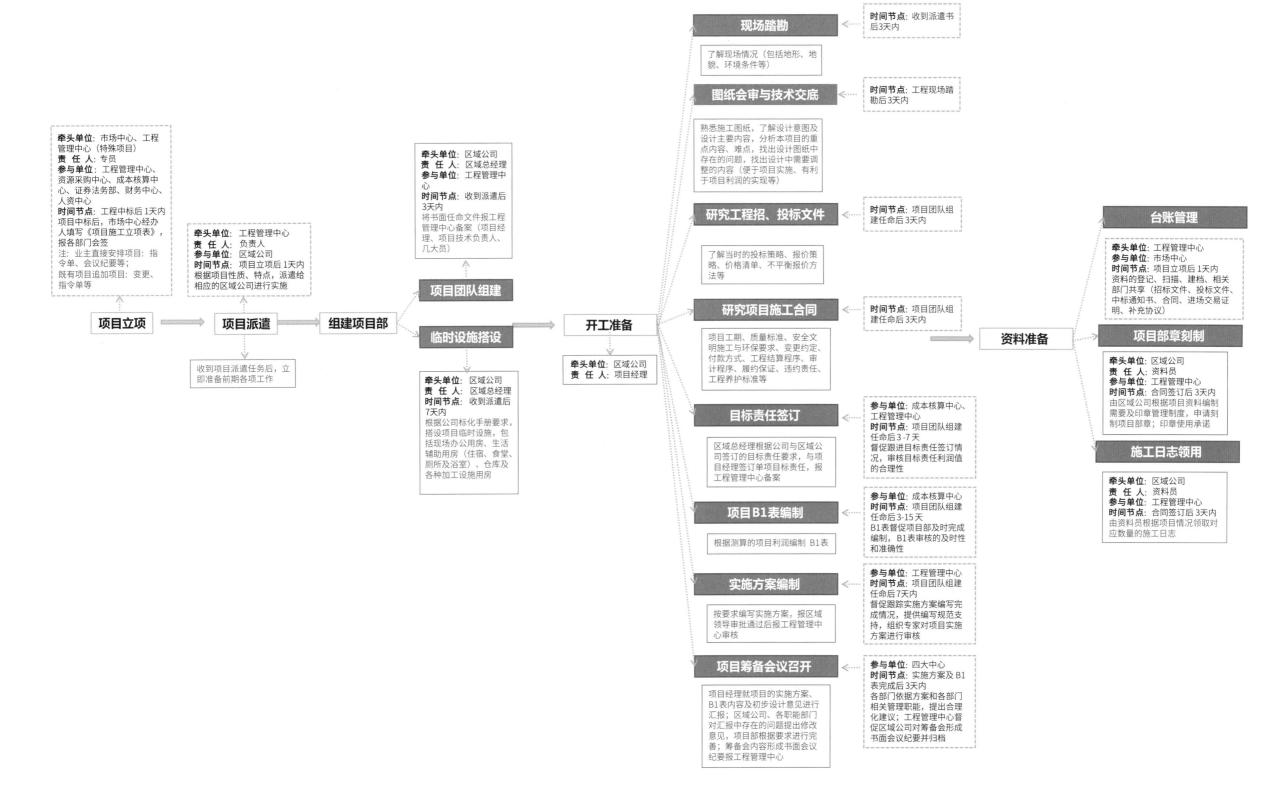

现场踏勘

时间节点: 收到派遣书后3天内

了解现场情况（包括地形、地貌、环境条件等）

图纸会审与技术交底

时间节点: 工程现场踏勘后3天内

熟悉施工图纸，了解设计意图及设计主要内容，分析本项目的重点内容、难点，找出设计图纸中存在的问题，找出设计中需要调整的内容（便于项目实施、有利于项目利润的实现等）

研究工程招、投标文件

时间节点: 项目团队组建任命后3天内

了解当时的投标策略、报价策略、价格清单、不平衡报价方法等

研究项目施工合同

时间节点: 项目团队组建任命后3天内

项目工期、质量标准、安全文明施工与环保要求、变更约定、付款方式、工程结算程序、审计程序、履约保证、违约责任、工程养护标准等

目标责任签订

参与单位: 成本核算中心、工程管理中心
时间节点: 项目团队组建任命后3-7天
督促跟进目标责任签订情况，审核目标责任利润值的合理性

区域总经理根据公司与区域公司签订的目标责任要求，与项目经理签订单项目标责任，报工程管理中心备案

项目B1表编制

参与单位: 成本核算中心
时间节点: 项目团队组建任命后3-15天
B1表督促项目部及时完成编制，B1表审核的及时性和准确性

根据测算的项目利润编制 B1表

实施方案编制

参与单位: 工程管理中心
时间节点: 项目团队组建任命后7天内
督促跟踪实施方案编写完成情况，提供编写规范支持，组织专家对项目实施方案进行审核

按要求编写实施方案，报区域领导审批通过后报工程管理中心审核

项目筹备会议召开

参与单位: 四大中心
时间节点: 实施方案及B1表完成后3天内
各部门依据方案和各部门相关管理职能，提出合理化建议；工程管理中心督促区域公司对筹备会形成书面会议纪要并归档

项目经理就项目的实施方案、B1表内容及初步设计意见进行汇报；区域公司、各职能部门对汇报中存在的问题提出修改意见，项目部根据要求进行完善；筹备会内容形成书面会议纪要报工程管理中心

牵头单位: 市场中心、工程管理中心（特殊项目）
责 任 人: 专员
参与单位: 工程管理中心、资源采购中心、成本核算中心、证券法务部、财务中心、人资中心
时间节点: 工程中标后1天内项目中标后，市场中心经办人填写《项目施工立项表》，报各部门会签
注: 业主直接安排项目: 指令单、会议纪要等；既有项目追加项目: 变更、指令单等

牵头单位: 区域公司
责 任 人: 区域总经理
参与单位: 工程管理中心
时间节点: 收到派遣后3天内
将书面任命文件报工程管理中心备案（项目经理、项目技术负责人、几大员）

牵头单位: 工程管理中心
责 任 人: 负责人
参与单位: 区域公司
时间节点: 项目立项后1天内根据项目性质、特点，派遣给相应的区域公司进行实施

项目立项 → **项目派遣** → **组建项目部**

收到项目派遣任务后，立即准备前期各项工作

项目团队组建

临时设施搭设

牵头单位: 区域公司
责 任 人: 区域总经理
时间节点: 收到派遣后7天内
根据公司标化手册要求，搭设项目临时设施，包括现场办公用房、生活辅助用房（住宿、食堂、厕所及浴室）、仓库及各种加工设施用房

开工准备

牵头单位: 区域公司
责 任 人: 项目经理

资料准备

台账管理

牵头单位: 工程管理中心
参与单位: 市场中心
时间节点: 项目立项后1天内
资料的登记、扫描、建档、相关部门共享（招标文件、投标文件、中标通知书、合同、进场交易证明、补充协议）

项目部章刻制

牵头单位: 区域公司
责 任 人: 资料员
参与单位: 工程管理中心
时间节点: 合同签订后3天内
由区域公司根据项目资料编制需要及印章管理制度，申请刻制项目部章；印章使用承诺

施工日志领用

牵头单位: 区域公司
责 任 人: 资料员
参与单位: 工程管理中心
时间节点: 合同签订后3天内
由资料员根据项目情况领取对应数量的施工日志

附图2-1　一般项目工程管理全过程控制(项目准备阶段)

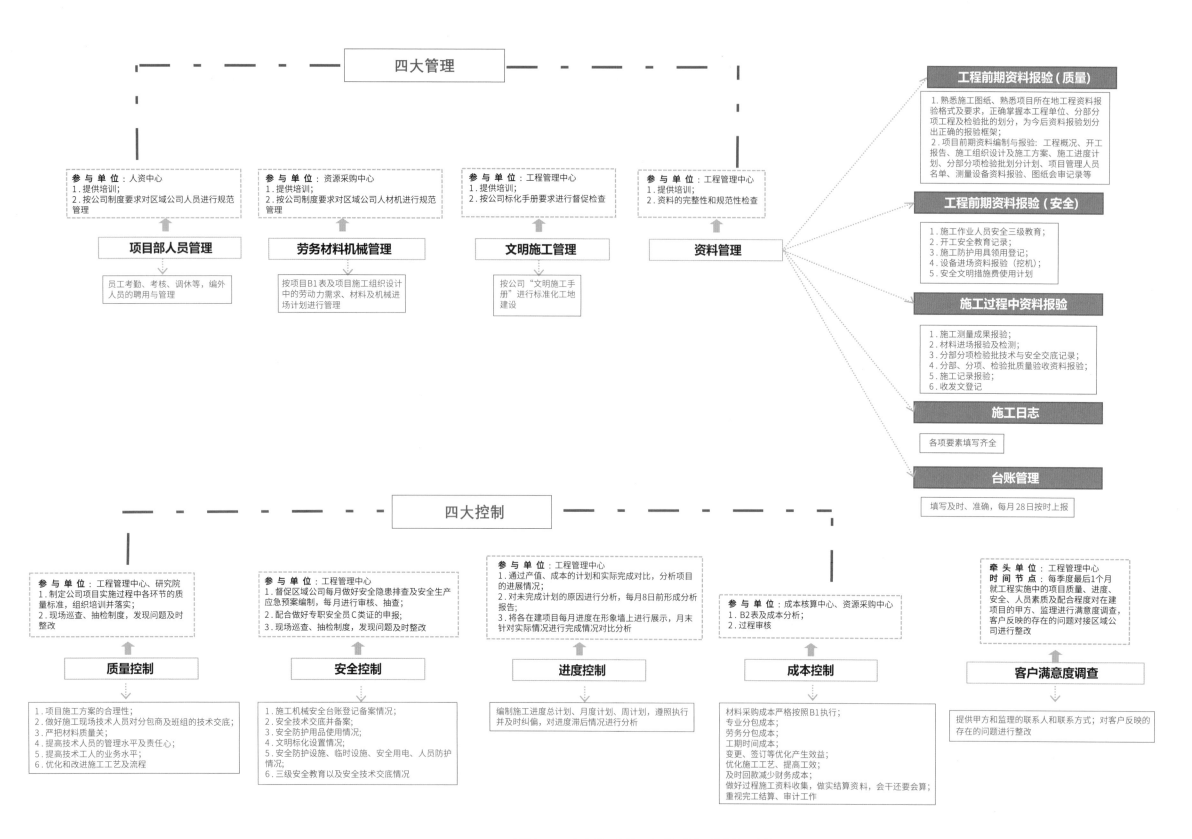

附图2-2 一般项目工程管理全过程控制 (项目施工阶段)

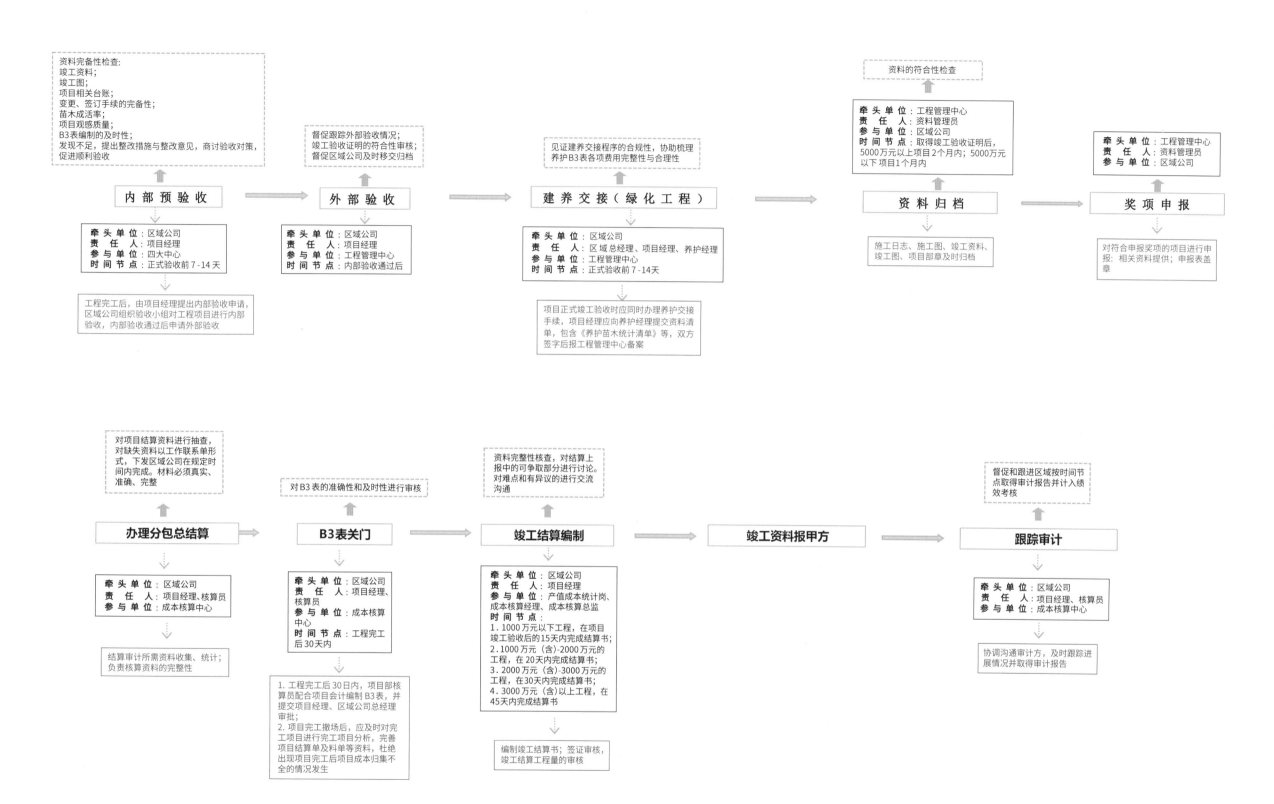

附图2-3 一般项目工程管理全过程控制（竣工验收、结算审计阶段）

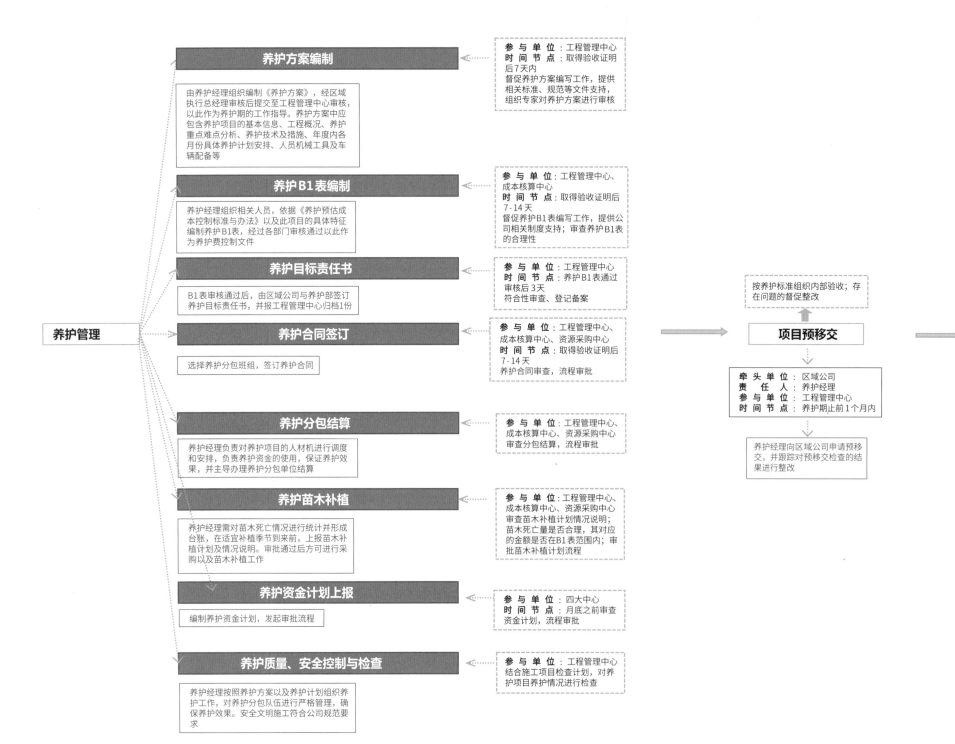

养护方案编制

由养护经理组织编制《养护方案》，经区域执行总经理审核后提交至工程管理中心审核，以此作为养护期的工作指导。养护方案中应包含养护项目的基本信息、工程概况、养护重点难点分析、养护技术及措施、年度内各月份具体养护计划安排、人员机械工具及车辆配备等

参 与 单 位：工程管理中心
时 间 节 点：取得验收证明后7天内
督促养护方案编写工作，提供相关标准、规范等文件支持，组织专家对养护方案进行审核

养护B1表编制

养护经理组织相关人员，依据《养护预估成本控制标准与办法》以及此项目的具体特征编制养护B1表，经过各部门审核通过以此作为养护费控制文件

参 与 单 位：工程管理中心、成本核算中心
时 间 节 点：取得验收证明后7-14天
督促养护B1表编写工作，提供公司相关制度支持；审查养护B1表的合理性

养护目标责任书

B1表审核通过后，由区域公司与养护部签订养护目标责任书，并报工程管理中心归档1份

参 与 单 位：工程管理中心
时 间 节 点：养护B1表通过审核后3天
符合性审查、登记备案

养护合同签订

选择养护分包班组，签订养护合同

参 与 单 位：工程管理中心、成本核算中心、资源采购中心
时 间 节 点：取得验收证明后7-14天
养护合同审查，流程审批

养护分包结算

养护经理负责对养护项目的人材机进行调度和安排，负责养护资金的使用，保证养护效果，并主导办理养护分包单位结算

参 与 单 位：工程管理中心、成本核算中心、资源采购中心
审查分包结算，流程审批

养护苗木补植

养护经理需对苗木死亡情况进行统计并形成台账，在适宜补植季节到来前，上报苗木补植计划及情况说明。审批通过后方可进行采购以及苗木补植工作

参 与 单 位：工程管理中心、成本核算中心、资源采购中心
审查苗木补植计划情况说明；苗木死亡量是否合理，其对应的金额是否在B1表范围内；审批苗木补植计划流程

养护资金计划上报

编制养护资金计划，发起审批流程

参 与 单 位：四大中心
时 间 节 点：月底之前审查资金计划，流程审批

养护质量、安全控制与检查

养护经理按照养护方案以及养护计划组织养护工作，对养护分包队伍进行严格管理，确保养护效果。安全文明施工符合公司规范要求

参 与 单 位：工程管理中心
结合施工项目检查计划，对养护项目养护情况进行检查

养护管理

按养护标准组织内部验收；存在问题的督促整改

项目预移交

牵 头 单 位：区域公司
责 任 人：养护经理
参 与 单 位：工程管理中心
时 间 节 点：养护期止前1个月内

养护经理向区域公司申请预移交，并跟踪对预移交检查的结果进行整改

督促跟踪移交情况；督促区域公司及时取得移交证明并归档

外部移交

牵 头 单 位：区域公司
责 任 人：项目经理、养护经理
参 与 单 位：工程管理中心
时 间 节 点：养护期满15天内

1．项目经理负责对外移交手续的办理；
2．养护经理对现场养护效果负责，对因养护不住而影响移交之处进行整改，配合项目经理完成移交工作

附图2-4　一般项目工程管理全过程控制（养护移交阶段）